羊依军　三虎◎编著

Excel数据分析
方法、技术与案例

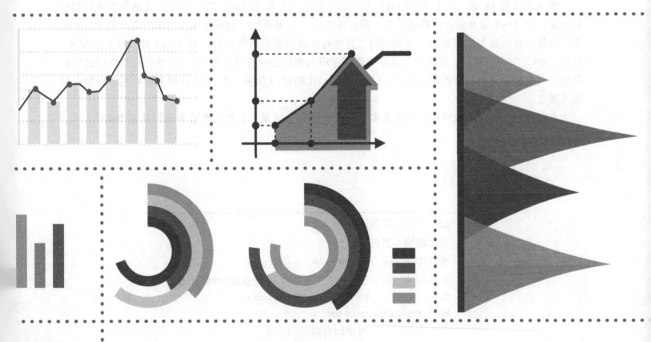

U0377800

人民邮电出版社

北　京

图书在版编目（CIP）数据

Excel数据分析方法、技术与案例 / 羊依军，三虎编
著. -- 北京：人民邮电出版社，2022.11
ISBN 978-7-115-57985-0

Ⅰ．①E… Ⅱ．①羊… ②三… Ⅲ．①表处理软件
Ⅳ．①TP391.13

中国版本图书馆CIP数据核字(2021)第237401号

内 容 提 要

　　本书主要讲解使用Excel进行数据分析的思路、方法与案例，以帮助读者系统地建立数据分析思维，快速提高数据处理能力。

　　本书共分为18章，第1章介绍数据分析的核心目的与常见误区；第2章介绍数据分析流程与分析元素；第3～8章分别介绍数据采集、数据规范化、常用函数、数据可视化与图表变形技术、9种常用数据分析方法与实战案例，以及利用工具进行高级数据分析等内容；第9～14章分别介绍商务、财务、HR、生产、质量、经营管理这6个领域常用的数据分析方法；第15～17章分别介绍构建分析模型、利用控件定制分析模型的方法，以及Power BI的使用方法；第18章介绍多种数据分析报告的撰写要点。

　　本书内容全面，系统性强，案例真实且贴近实际工作场景，非常适合数据分析从业者阅读。

◆ 编　著　羊依军　三　虎
责任编辑　贾鸿飞
责任印制　王　郁　胡　南

◆ 人民邮电出版社出版发行　　北京市丰台区成寿寺路11号
邮编　100164　电子邮件　315@ptpress.com.cn
网址　https://www.ptpress.com.cn
北京七彩京通数码快印有限公司印刷

◆ 开本：787×1092　1/16
印张：26　　　　　　2022年11月第1版
字数：650千字　　　2024年12月北京第7次印刷

定价：109.90元

读者服务热线：(010)81055410　印装质量热线：(010)81055316
反盗版热线：(010)81055315
广告经营许可证：京东市监广登字20170147号

前　言

当今的社会存在海量数据，每天都有无数数据被制造出来。很多企业意识到数据是一座"金矿"，对数据进行分析、研究，往往可以获得巨大的回报，如业绩提升、成本降低、决策更优等。

不少人已经开始学习数据分析，希望为将来的工作打下更好的基础；也有不少本职工作为销售、采购、生产的人逐渐接触数据分析工作，这也是近年来数据分析方面的学习人数增长较快的主要原因。不过，很多人想要学习数据分析却感到无从下手，因为仅仅学会使用 Excel，以及制作简单的透视表并不能很好地完成数据分析工作，初学者缺乏的是系统的知识框架、分析思路、分析方法与实战经验，而这些是难以通过自学快速积累的。

本书作者长期从事数据分析工作，也有较为丰富的教学经验，非常了解初学者的技能短板与学习需求。为了让数据分析初学者能够快速入门，让具有一定基础的读者能够得到进一步提高，作者结合自己丰富的数据分析经验撰写了本书。本书首先介绍常用的数据分析知识，然后由浅到深地详细讲解分析设计、数据采集、规范化处理、图表变形技术和高级分析技术，随后介绍在商务、财务等 6 个领域中进行数据分析的方法，最后讲解数据建模、控件定制和 Power BI 分析等技能，让读者可以系统、全面地掌握数据分析的方法，并能将编者积累多年的数据分析经验应用到实际工作中，为公司创造更多财富，同时让自我价值得到极大的提升。

为了让读者能够更加高效地学习，本书使用大量的图片演示操作过程，辅以详细的指示图标，方便读者轻松阅读、快速理解。书中还使用大量的案例，从实战角度讲解数据分析的方法，让读者能够将技能与工作紧密结合起来。此外书中还附有很多小栏目，对关键的知识点和操作要点进行提示，这样能有效提升读者的学习效率。

本书内容全面，知识架构完善，含有大量实战经验，非常适合数据分析初学者阅读学习，同时也能帮助有一定工作经验的职场人员提升数据分析的水平。本书还可作为各类院校及培训机构相关专业的参考书。

由于成书仓促，因此书中难免存在错漏之处，还望读者谅解并不吝指正，可将电子邮件发送至 jiahongfei@ptpress.com.cn，编者将竭力回复。

编　者

序章　写在前面的话

本书主要讲解使用 Excel 进行数据分析的理念、方法与技巧，浓缩了笔者多年的工作与教学经验。本书与市面上纯粹讲解函数用法、数据透视表用法的 Excel 图书有较大的区别，内容具有一定深度，对掌握了 Excel 用法，想深入学习数据分析的读者有较大的帮助。

为了让读者能够更好地理解本书的内容，特设置本序章，对数据分析方法的架构、读者的需求等进行简单的探讨。

数据分析方法的架构

不同的数据分析方法可以形成一定的架构，本书将这个架构命名为"353693"，便于读者记忆。这串数字实质上是指数据分析的各个环节所包含的方法、类型等的数量。整个数据分析方法的架构如下图所示。

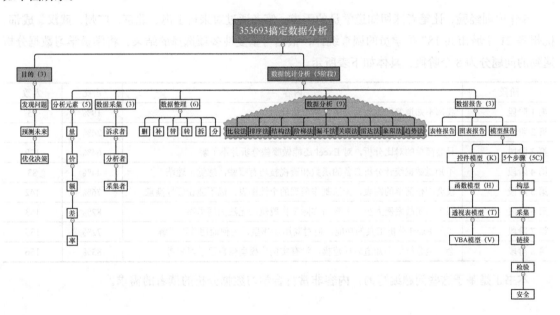

本书内容亮点

本书在内容上有很多亮点，例如数据处理的实战 6 字秘诀、5C 法建模等，希望能给读者茅塞顿开之感。本书亮点如下表所示。

亮点	说明	特点	亮点评级
元素总结	透析数据分析的5个元素——量、价、额、差、率，锁定分析维度	原创心得	★★★★★
秘诀概括	数据处理的实战6字秘诀——删、补、替、转、拆、分，确保数据规范	实战经验	★★★★★
案例众多	实战案例和实战模型多，涉及商务、财务、生产、经营管理等多个领域，适用面广	实例众多、原创首发	★★★★★
图表变通	很多 Excel 图表类图书仅仅围绕如何创建与使用图表来讲解，对图表的变通技巧则少有提及。本书着重讲解图表的变通技巧，让读者能够学到更实用的知识	原创首发	★★★★★
方法丰富	集中讲解常用的、适用的数据分析方法，如九大常用分析方法与相应的实战案例，让读者对数据分析不再畏惧	方法多样实用	★★★★★
工具详解	Excel 自带的分析工具功能非常强大，但是很多书只会讲应用方法，不会讲为何这么用，应用案例是什么。本书在这些方面进行了深度透析，因此比较实用	深度透析	★★★★★
5C 法建模	众所周知，模型是效率之王。只要将基础数据录入模型，整个分析过程就可以自动呈现，而不需要再进行数据处理、图表绘制等工作，效率非常高	原创首发	★★★★★

能满足读者的需求

5 年内训经验，让笔者深切知道学员的需求。笔者通过对来自上海、北京、广州、武汉、成都、杭州等 21 个城市共 187 位学员的调查统计，根据可重复性多项选择的结果，将学员学习数据分析遇到的问题分为 8 个阶段，具体如下表所示。

阶段	内容	占比	人数
第1阶段	我都不知道怎样做数据分析，要分析什么	19%	35
第2阶段	分析有思路，但面对一堆杂乱的数据，不知道该如何处理	24%	45
第3阶段	只会简单的对比分析，对 Excel 还能做哪些分析并不了解	64%	120
第4阶段	不知道数据统计分析必备的函数和透视技巧有哪些，感觉很迷茫	44%	83
第5阶段	仅会制作简单的图表，无法制作美观的个性图表，远不能让领导满意	76%	142
第6阶段	很多书实战案例太少，多数与实际工作脱轨，无法拓展思路	82%	153
第7阶段	了解 Excel 分析工具的功能，但对其用在哪里，为何而用并不了解	72%	135
第8阶段	会一定分析但不知道怎样建模，没有实例化模型供自己学习参考	83%	156

本书正是基于这些问题编写的，内容非常符合学习数据分析的读者的需求。

本书适合人群

本书内容层层递进，适合多种水平的读者，包括以下人群。

（1）数据分析新手，包括学生和职场人士。

（2）只会简单的数据处理，期望学到更多数据分析思路的人。

（3）知道一些数据分析理论，但是缺少实战案例来拓展思路的职场精英。

（4）不会使用数据分析工具，或会用工具但是不知道分析原理的人。

（5）会制作基本图表但是不懂得变通的人。

（6）有一定数据分析基础，急需通过可视化模型来提高工作效率的职场人士。

其他想要深入学习数据分析思维、方法与技巧的读者，也可以阅读本书。

鸣谢

感谢三虎老师在写作过程中给予很多指导和建议；感谢编辑团队的辛勤付出。

感谢家人，没有家人的支持就不会有本书的诞生。

感谢读者的信任，感谢你们购买此书！

结语

本书的内容是我对 16 年数据分析工作及教学经验的总结，虽然没有提出很多"高大上"的概念，却能帮助读者在数据分析工作中分析问题、预测数据、优化决策。此外本书引入了大量案例，相信能对读者有所启发。

学习知识要会举一反三，只有突破才能蜕变。正所谓"师父领进门，修行在个人"，本书既不是学习的起点，更不是学习的终点。愿本书成为读者在学习数据分析路上的一道美丽风景，更希望读者顺利站上胜利的顶峰。

羊依军

目　录

第 3 章

数据采集：快速获取有价值的数据

第4章

数据规范化处理方法与技巧

第5章

数据分析必备函数使用和数据透视技术

第6章

专业数据可视化与图表变形技术

第7章
9种常用数据分析方法与实战案例

第**8**章
利用工具进行高级数据分析

第**9**章
商务数据的分析案例与模型

第 10 章

财务数据的分析案例与模型

第 11 章

HR 数据的分析案例与模型

第12章

生产数据的分析案例与模型

第13章

质量数据的分析案例与模型

第14章

经营管理数据的分析案例与模型

第15章

构建数据分析模型与可视化报告

第16章
利用控件定制高级动态分析模型

第17章
Power BI 与超级数据透视

第 **18** 章
制作高质量的数据分析报告

第 1 章

数据分析的核心目的与常见误区

要 点 导 航

1.1 数据分析的三大核心目的

1.2 数据分析的四大误区

在大数据时代，各行各业都需要分析海量的数据，才能更好地进行决策和经营。企业通过分析数据，可以及时发现运营中存在的问题并进行纠正，可以科学地预测行业走向、产品销量等信息，帮助决策者在多种选择之中找到较优甚至最优的方案，降低运营成本，具备更强的竞争力。在学习数据分析之前，先要了解数据分析的三大核心目的与四大误区，如图 1-1 所示。

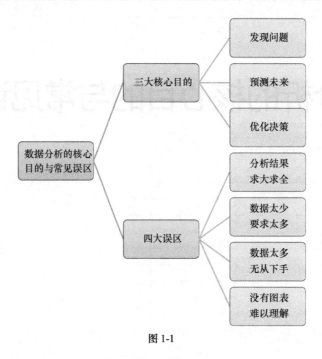

图 1-1

1.1 | 数据分析的三大核心目的

数据分析的目的可以有很多，但究其核心，不外乎发现问题、预测未来与优化决策这 3 类。这 3 类目的实际上是从多数企业的需求中提炼出来的，具有较好的广泛适用性。

1.1.1　发现问题

企业在运营中常常会出现各种问题。出现问题并不可怕，但出现问题后如果无法找到其根源并加以解决，就会让企业不断"失血"，从而让企业发展走向颓势。在发现问题以后，如何找到问题产生的根源？靠经验或猜测不能保证准确性，多数情况下只有对数据进行分析，才能找到真正的原因。

【案例 1——超标开支都到哪里去了】

某公司销售部的费用支出连续 3 个月超标，领导要求分析开支情况，弄清楚钱都用到哪里去了。管理室将销售部 1～3 月的开支进行了分类统计，并制作了一张报表，如表 1-1 所示。

表 1-1

月 份	1 月	2 月	3 月	1~3 月合计	比 例
物流费	5600	4100	5870	15570	6%
装卸费	25000	23600	25170	73770	26%
招待费	16000	14800	16560	47360	17%
广告费	30200	28500	29600	88300	32%
展览费	15000	13400	14800	43200	15%
保修费	4000	2500	3640	10140	4%
其 他	200	500	800	1500	1%
合 计	96000	87400	96440	279840	100%

从表中可以看出：装卸费和广告费偏高，两项加起来占比约 58%，因此这两项费用是控制的重点。当然，这只是一个极简单的数据分析案例，用以说明数据分析的应用场景。在真实情况下，数据可能会很多，数据之间的关系可能非常复杂，并不是一眼就能看出问题根源的。下面就来看一个稍微复杂一些的案例。

【案例 2——哪些产品是改善的重点】

公司领导很苦恼，一年投入的生产材料超过 30000 吨，材料成本占总成本的 65%，费用高达 1.5 亿元，利润却没有达到预期，但又找不到改善的方向。于是领导找到财务部门的小唐，要求他对数据进行分析，以找到突破口。小唐先将数据列为表格，如表 1-2 所示。

表 1-2

产 品	投入量	产出量	投入产出比
P0001	2500	2000	80%
P0002	2400	1600	67%
P0003	800	610	76%
P0004	4500	3800	84%
P0005	15000	10500	70%
P0006	6000	4700	78%
P0007	4500	3900	87%
合 计	35700	27110	76%

作为专业人员，小唐能从表格中直接看出问题。不过由于还要让领导能看懂表格，因此必须采用更加直观的模式。于是小唐将数据按投入产出比进行降序排列，如表 1-3 所示。

表 1-3

产 品	投入量	产出量	投入产出比
P0007	4500	3900	87%
P0004	4500	3800	84%
P0001	2500	2000	80%
P0006	6000	4700	78%

续表

产　品	投入量	产出量	投入产出比
P0003	800	610	76%
P0005	15000	10500	70%
P0002	2400	1600	67%
合　计	35700	27110	76%

此外，小唐还将表格数据绘制成图表，这样就显得更加直观，如图 1-2 所示。

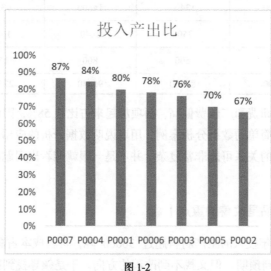

图 1-2

从图中可以看出投入产出比最低的是 P0002 产品和 P0005 产品，那么是不是就应该把主要精力放在改善这两种产品的生产过程中呢？不一定，这是因为有的产品的原材料投入量本来就较少，改进它的收益不是很大，因此，这里还应该考虑产品的原材料投入量，找到原材料投入量较大而投入产出比较低的产品进行改善。于是，小唐对数据进行深挖，按照投入量和投入产出比这两个数据维度进行多条件组合排序分析。将数据按投入量降序排列的结果如表 1-4 所示。

表 1-4

产　品	投入量	产出量	投入产出比
P0005	15000	10500	70%
P0006	6000	4700	78%
P0004	4500	3800	84%
P0007	4500	3900	87%
P0001	2500	2000	80%
P0002	2400	1600	67%
P0003	800	610	76%
合　计	35700	27110	76%

最后，小唐将表格数据绘制成柱形图，效果如图 1-3 所示。

从图中可以直观地看出 P0005 产品和 P0006 产品的原材料投入量较大而投入产出比较低，因此应该把改善的重点放在 P0005 产品和 P0006 产品上。

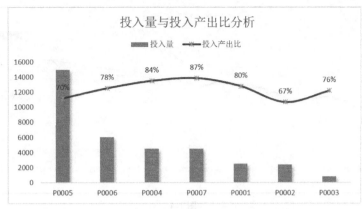

图 1-3

通过对以上两个案例的学习，大家可以知道：对数据进行分析，可以找到问题产生的主要原因并给出解决方案。在分析过程中，将数据可视化呈现，可以让阅读与分析数据更加直观方便。

1.1.2 预测未来

企业常常需要对未来进行预测，如预测明年的行业状况、明年的产品销量等。通过经验或者猜想进行预测，其结果的可靠性是不高的。只有对数据进行合理的分析，如相关性分析、回归分析、假设分析等，找出其中的规律，才能较为准确地对未来进行推测与判断。当然，预测的结果不是必然的，而是一种趋势下的大概率事件。

【案例 3——明年的销售情况如何预测】

某公司今年的销售数据如表 1-5 所示。公司领导要求运营部门预测明年的销售情况，并要求预测结果必须有理有据，不能是"空中楼阁"。

表 1-5

月　份	1 月	2 月	3 月	4 月	5 月	6 月	7 月	8 月	9 月	10 月	11 月	12 月
销售额	5500	5400	5800	6000	5900	5800	6200	6500	6600	6700	6500	6700

有人用本年平均值 6133 进行预测，公司领导不满意，认为没有前瞻性。

有人用上一年的数据进行预测，公司领导也不满意，认为没有基于本年度的数据，是一种敷衍行为。

有人则采用回归分析方法进行预测，结果如图 1-4 所示。

预测结果如下。

◇ 对数预测法：悲观。

◇ 线性预测法：乐观。

◇ 多项式预测法：中性。

相信如果给领导展示这个结果图，并选择中性的（多项式预测）结果，领导起码不会认为分析结果没有根据。

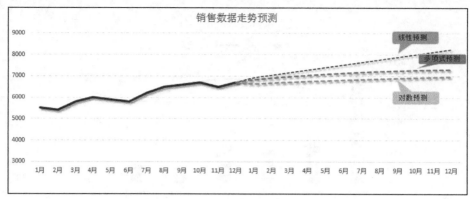

图 1-4

【案例 4——哪个价格更合适】

生产厂家经常需要向客户提供产品的报价。显而易见，报价并不是越高越好，恰到好处的报价可以兼顾双方的利益，有利于建立长期稳定的合作关系。现在一家公司要向采购方提供电机报价，需要从电机的功率和价格的关系，找出价格与功率的规律，从而预测采购方的目标价格，并根据预测价格给出一个合适的报价。

公司的电机型号及价格如表 1-6 所示，可以看到其中有一些不是很合理的地方，例如功率不同的电机，其价格却一样，这些数据可使用红色标注。

表 1-6

电机型号	功率（kW）	价　格
DJ23J	230	¥5400
DF27J	270	¥5600
DF32J	320	¥7100
DF36J	360	¥7100
DF45J	450	¥8200
DF50J	500	¥8600
DF51S	510	¥8600
DF55J	550	¥9000
DF60J	600	¥9000
DF70J	700	¥11000
DF90J	900	¥11100
DF120J	1200	¥12900

现这家公司要对功率为 1400kW 的电机进行报价，价格定为多少算相对合理？由于已知数据中并没有功率为 1400kW 的电机的价格，因此需要进行预测。这里分别采用线性预测法、对数预测法和多项式预测法进行预测，结果如图 1-5 所示。

预测结果如下。

◇ 线性预测法：15194 元。

◇ 对数预测法：13393 元。

◇ 多项式预测法：12935 元。

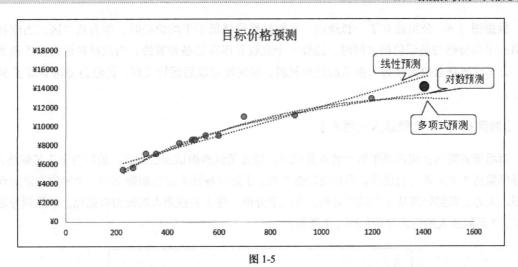

图 1-5

从预测结果可以看出，最低的目标价格应该在 12935 元左右，因此报价应定在 13300～14000 元，这样被砍价的概率比较低，或者说砍价空间不大。这就是一个典型的通过数据分析进行合理预测的案例。

1.1.3　优化决策

在企业的运营过程中，经常会遇到需要从多种方案中进行选择的情况。决策者通过对比数据，可以选择较优方案进行经营。

【案例 5——哪个价位适合建立库存】

在制造行业，原材料成本在制造成本中的占比非常高，因此企业对原材料的价格比较敏感。影响原材料价格的因素有很多，如国际铁矿石、原油等价格的变化，导致企业无法对原材料的价格进行有效掌控。因此，对企业来说，最好的办法是原材料在低价位时买入，合理增加库存，尽量降低市场行情变化对企业的负面影响。

某公司需要对牌号为"40MnBH"的原材料的价格进行预测，以便在低价位时购入。运营者对该材料历年来每月的价格走势进行了可视化分析，最低价格、最高价格、平均价格（不是最低和最高价格的简单算术平均，而是所有价格的加权算术平均）一目了然，如图 1-6 所示。

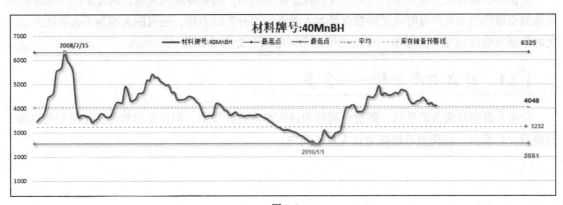

图 1-6

根据图 1-6，公司建立了一套规则：当原材料价格低于平均价格时，作为监控区；当原材料价格在平均价格与最低价格之间时，选择一个点设立库存储备预警线；当原材料价格接近预警线时，公司就要开会决定是否大批量购进原材料。规则设立以后运行良好，已经为公司节省了 3000 多万元。

【案例 6——哪个候选人更适合】

市场部需要从公司内部招聘一名业务经理。经过笔试和面试层层筛选，最后留下 3 名候选人。领导感觉这 3 个人都比较优秀，不知道怎么决策。于是领导让人力资源部拿出一个科学有效的评估方案。人力资源部经理从 5 个维度分析，并赋予分值，将 3 名候选人的能力数据化，以便领导进行决策。3 名候选人的能力评价如图 1-7 所示。

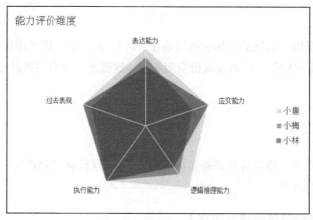

图 1-7

从图中可以直观地看到，小唐 5 个维度的能力都比较好，最后领导选择了小唐作为业务经理。事实证明，小唐确实很优秀，不仅能够很好地胜任业务经理的工作，还在两年后就被提升为主管。

1.2 | 数据分析的四大误区

数据分析也存在一些误区。例如，分析时想面面俱到，结果却顾此失彼；或者企图用极少的数据预测很遥远的未来；有时候又因数据量太大而不知道分析的方向；还有的人因为不会做图表，上交的数据表格让领导一头雾水……这些误区总结起来可分为 4 类。

1.2.1 什么都要分析——贪多

分析人员面对庞杂的数据，需要分析的内容和维度往往较多。但如果总想分析出所有的结果，到最后没有重点，提交的表格就会让人看不明白。

【案例7——面面俱到的分析结果，一定招人喜欢吗】

某企业领导将一个销售与成本的数据表格交给财务人员小李，如表1-7所示，然后说了一句"分析一下数据"，也没有告诉小李具体需要什么结果。

小李没有什么分析思路，于是他决定尽可能地做出最多的分析结果，让领导了解更多的信息。小李花了很多时间，做了很多表格，也画了不少的图，最后将一个比较复杂的分析结果上交给了领导。

表 1-7

序号	零件号	销量	销售价格	实物成本	辅料费用	折旧	动能	模具	工装	人工成本	其他制造成本	期间费用
1	P0232	938	46.7	2840	130	170	460	270	330	380	460	210
2	P0024	660	50.9	3180	130	240	490	300	350	400	490	240
3	P1243	840	50.8	3120	130	240	490	300	350	400	490	230
4	P0534	942	36.8	3160	130	210	400	240	280	330	400	230
……	……	……	……	……	……	……	……	……	……	……	……	……
12151	P1132	550	36.9	3170	130	210	400	240	280	330	400	230
12152	P1243	845	41.4	3670	130	290	430	260	310	360	430	260
12153	P1421	873	45.5	3410	130	210	400	240	280	330	400	240

领导看完分析结果后，对小李说："我要的是发现问题或有价值的信息，而不是拿这么多结果来让我甄别，我没那么多时间！你要分析数据、发现问题、给出解决方案，而不是写一个看起来面面俱到的报告！"

小李这才意识到，原来自己需要对数据做一些有方向性、目的性的分析，而不是贪多，把所有的分析结果都列出来。小李对数据重新进行了分析，同时对数据进行了归类、合并，通过占比、对比、结构等分析，得出分析结果并提出了整改方案。这一次，领导就能一眼看清楚分析结果，小李的分析工作也才过了关。

1.2.2 用几个数据想分析出"一朵花"——做梦

众所周知，在一定范围内，分析时使用的数据量越大，得到的结果越趋于准确与稳定。如果分析时使用的数据量过小，会出现什么问题呢？一是分析的结果可能不会很准确，二是没有办法对将来的情况进行预测。

【案例8——想用3个月数据预测下半年的销售情况】

有一次一个学员讲了这么一件事儿：领导交给他3个月的销量数据，想让他预测下半年的销量和利润情况，如表1-8所示。

表 1-8

类　别	1月	2月	3月
A	30	50	60
B	40	55	50
C	60	40	60

从表中可以看到，数据太少，判断销售是否有季节性、区域性等都没有一定量的数据做支撑。无论是谁，想通过简单的几个数据分析出比数据本身更多的信息，都是不可能的。最后学员说，其实他当时也告诉了领导，数据太少，做出来的预测很不可靠，并不能帮助公司做决策。

1.2.3　数据量大不知道该分析啥——抓瞎

有时候如果分析的数据量过于庞杂，难免存在不规范的数据甚至错误数据，让分析人员感到无从下手。而领导布置任务时，通常又只丢下一句话："你给分析分析。"面对这样的情况，分析人员通常会感到非常烦恼。其实领导这么说也是有原因的，比如他可能觉得自己在统计分析方面是外行，不便讲太多，否则会干扰专业人员的思维。

【案例9——一句话的任务】

成都的一个学员小张说，一次领导传给他一张表格，丢下一句"你把这些数据分析一下"就去出差了，这些数据如表1-9所示。

表1-9

序号	公司合同编号	客户名称	合同金额	开票总金额	回款总金额	是否完毕	合同类型	销售负责人
1	DM0228CDDX	A客户	0	371000.0	0.0	否	运营服务	N10633
2	DM0425CDDX	C客户	742000	371000.0	0.0	否	保修服务	N10633
3	DM0620CDDX	H客户	4863280	2917968.0	2917968.0	否	软件	N106333
4	DM0621CDDXRD	A客户	1055018	633010.8	633010.8	N	软件开发	N10134
5	DM0622CDDX	U客户	#N/A	282384.0	282384.0	否	软件开发	
6	DM0623CDDX	C客户	525548	315328.8	315328.8	否	软件开发	N10134
……	……	……	……	……	……	……	……	……
503	DM0927CDDX	A客户	843230	0.0	0.0	否	软件开发	N10134
504	DM0928CDDX	W客户	1160912	0.0	0.0	否	软件开发	#N/A
505	DM1012CQDX	H客户	116600	0.0	0.0	s	软件开发	D9280
506	DM0126XZDX		478000	478000.0	239000.0	否	保修服务	
507	DM0225XZDX	U客户	5455.8	5455.8	5455.8	否	保修服务	D0589

小张一看这张表格就觉得头大，因为里面有很多"问题数据"，例如，有的合同编号多了两位，有的数据中间多了一个空格，有的单元格缺少数据，有的单元格中的数据是错误的……

数据的问题具体表现在两个方面：数据不规范、数据不标准。那么在分析时，不妨按照以下两个步骤进行处理。

（1）数据预处理：先对数据进行整理，使之规范化，然后进行分类，再进行统计，最后做分析。

（2）选对分析方法：分析的方法有很多，常用的有对比、同比、环比、基比、排序、占比等（后续会详细讲解），针对不同的数据、不同的要求，要选择合适的分析方法。

1.2.4 不会可视化数据——晕菜

很多时候，看分析结果的人并不是专业人士，如果把分析结果做成表格，他们在阅读时可能无法快速、深入地理解分析结果，更谈不上及时做出正确的决策。因此分析人员在写分析报告时，一定要考虑到阅读者是否能直观地看懂分析结果，具体的操作就是将表格图形化，并辅以合适的文字进行说明。画图时还要一定程度地考虑美观问题，尽量做到让图表直观、美观，这样才能够打动阅读者，体现数据分析工作的价值。

【案例10——怎样发现哪些产品是明星产品】

某公司需要通过数据分析统计出 A01～A08 产品的销售量、销售价和利润率，从而弄清楚哪些产品可以减小销售力度，哪些产品要加大销售力度，以便调整经营策略。A01～A08 产品的销售情况如表 1-10 所示。

表 1-10

产品	销售量（万件）	销售价	利润率
A01	17	17	15%
A02	14	18	5%
A03	16	19	20%
A04	14	17	25%
A05	12	17	1%
A06	12	17	2%
A07	18	19	5%
A08	19	18	9%

领导看了表格无法得出结论，于是要求数据分析人员对此表格进行分析。数据分析人员研究了表格以后，认为可以采用销售量、销售价、利润率这 3 个维度的数据做一个气泡图，横坐标为销售量，纵坐标为销售价，气泡大小表示利润率高低。完成后的气泡图如图 1-8 所示。

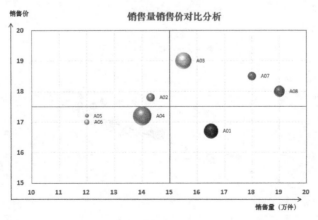

图 1-8

销量越大、价格越高且利润丰厚的产品就是明星产品。从图中可知，A03、A07、A08 产品应该加大销售力度，尤其是 A03 和 A08。如果产品的销售价不是很高，销售量也不是很大，但是它的利润率还不错的话，可以想办法提高销售量，例如 A04 产品。对于 A01 产品，销售量不错，但是销售价不高，可以挖掘卖点，迭代升级，提高价格。如果产品的销售价不高、销售量少、利润率也不高，像 A05 和 A06 产品，可以考虑减少产量或将其淘汰。其他分析，不再介绍。总之，可以通过可视化分析提高分析和决策效率。

【案例 11——哪些价格是不合理的】

供应商要对几款产品涨价。采购部部长要求采购人员分析哪些价格是合理的，哪些是不合理的，并制定整体调整方案，把亏损严重的产品适当涨价，把利润高的产品价格适当下调，让整体价格合理化，不能随便应供应商的要求涨价，那样并不符合公司利益。采购人员拿到的产品重量和价格数据如表 1-11 所示。

表 1-11

产品	重量	价格	产品	重量	价格
P0001	9.00	90.00	P0014	23.90	139.42
P0002	10.00	95.00	P0015	23.50	148.49
P0003	12.00	78.00	P0016	24.00	144.49
P0004	12.30	92.00	P0017	24.60	178.48
P0005	15.00	95.00	P0018	25.30	145.26
P0006	15.50	105.00	P0019	25.40	152.11
P0007	17.00	116.00	P0020	25.80	172.31
P0008	18.00	130.00	P0021	27.10	156.08
P0009	18.50	125.00	P0022	27.20	158.33
P0010	19.00	128.00	P0023	27.40	189.34
P0011	19.20	130.00	P0024	27.50	173.48
P0012	22.00	135.00	P0025	27.80	168.28
P0013	23.00	150.26	P0026	28.50	195.60

直接看表格肯定什么都发现不了，当把表格中的数据制成图以后就变得直观了，如图 1-9 所示。

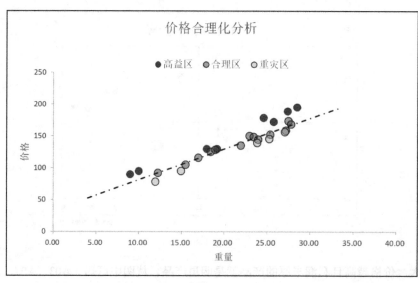

图 1-9

从图中可以直观地看到产品价格分为 3 个区域：高益区、合理区和重灾区。从采购的角度来讲，处于重灾区的几个产品，其价格应该适当地往上调；处于高益区的一些产品，其价格还有很大的下降空间。

当繁杂的表格数据转化成图以后，其可读性得到了很大的提高，就连外行人都可以直观地发现其中的问题，这就是数据可视化的好处。

1.2.5 机智地回答领导的"灵魂三问"

从前述四大误区的案例可以看出，很多时候领导并不会对数据分析人员提出特别具体的分析目标，因此，数据分析人员经常会被领导问到 3 个模糊的问题，即"大概什么情况""有什么问题""你的建议呢"，这几个问题被大家称为"灵魂三问"。

其实解答"灵魂三问"是有技巧的，大家只要正确解读领导的意图，然后做出正确的应对方案，就可以完美地回答"灵魂三问"，如表 1-12 所示。

表 1-12

领导的问题	解读	应对方案
大概什么情况	领导要的是整体情况，因此分析方向不要太发散，需要集中和概括	抓住诉求：抓住领导平时关注的问题和要点进行分析；如果领导没有要求，那就按自己的思路，对发现的问题进行分析
有什么问题	领导希望通过数据分析发现一些问题和有价值的信息	先总后分：从整体到局部，按自己的思路进行分析，注重上下、前后的逻辑关系，每一个问题要讲透、讲清楚
你的建议呢	领导希望看到有价值的建议，希望看到数据分析人员主动进行思考并提出解决方案，而不是只给出一个分析结果	必须建议：对发现的问题要提出对应的解决方案，证明自己在思考，在为企业着想

第 2 章
数据分析流程与分析元素

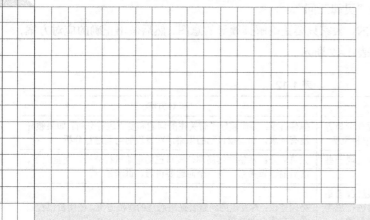

要 点 导 航

2.1 数据分析流程的五大步骤

2.2 "一句话的任务"案例

2.3 分析的 5 个元素：量、价、额、差、率

及其组合

上一章章末提到了领导的"灵魂三问",并给出了常见的解决思路。"灵魂三问"之所以较难回答,是因为这类问题的描述通常很简短,就只有一两句话,意图也不是很清晰,数据分析人员需要积累较多经验才能正确应对。实际上,领导在工作中还会给出很多"一句话任务",有时候可能还会提出一些不专业的要求,这个时候,数据分析人员怎样才能做出专业的分析结果呢?

其实,不管任务意图是否模糊,任务要求是否专业,分析人员只要掌握了数据分析的 5 个步骤,结合合适的分析元素,即可做出一份专业的分析报告,如图 2-1 所示。

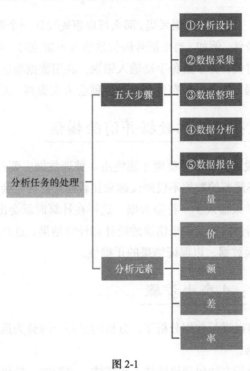

图 2-1

2.1 | 数据分析流程的五大步骤

笔者从实际工作中总结出了数据分析流程的五大步骤,虽然不敢说是"铁律",但可以说是一个比较合理、高效的流程,这里抛砖引玉,供大家参考。

2.1.1 分析设计:先思考,再动手

有的人喜欢在领到任务以后马上就去收集数据,紧接着就进行分析。其实这是一种不够成熟的做法。正确的做法是,先确定需要分析的问题,然后针对这些问题去收集数据,这样才不会浪费精力与时间。要学会先思考,先构思,再动手。

做数据分析时,先要对数据进行分类,如果没有分类,用行话来说就会"万条数据万个类,分析起来两行泪"。分析类别一般包括地区、日期、规模(量、额)、档次、价值等。此外,一些重要元素,如数量、价格、金额等,也通常是分析的对象。

2.1.2　数据采集：尽量确保原始数据的规范性

确定了数据类型与分析元素，接下来就是数据采集阶段的工作了。数据采集的最终目的是获得有价值的数据，需要从大量的，可能杂乱无章、难以理解的数据中抽取并推导出对解决问题有价值、有意义的数据。这就需要在采集数据时采取一些方法来确保数据的价值，尽量减少后面数据整理阶段的工作量。

例如，有时候会委托第三方进行数据采集，那么可以事先设计一个规范化的数据输入模板表格，在表格中设置好各种输入条件。例如，当电话号码位数输入不规范时，弹出提示对话框提示输入者；当需要选择输入男、女的时候，为了避免手动输入错误，利用数据验证功能制作下拉列表等。使用这样的规范化表格采集数据，数据的规范性和有效性就会大大提高，对后面的分析工作十分有利。

2.1.3　数据整理：规范化数据并消除错误

采集到的原始数据一般来说要经过整理才能使用。整理数据主要有以下两个目的。

（1）让数据规范化。不规范的数据不仅阅读起来比较困难，而且会影响计算。例如，有的单元格应该输入数字型数据，结果输入了字符型数据，这样在计算时就会出错。

（2）消除错误数据。错误数据会带来错误的统计和计算结果，这是不言自明的。因此，整理数据的一大要务就是消除错误数据，以保证结果的正确性。

2.1.4　数据分析：4 个小步骤

数据整理完毕后，就可以进行数据分析了。分析的过程一般分为选择分析方法、统计计算、数据呈现和得出结论 4 个步骤。

（1）选择分析方法：分析方法包括比较法、阶梯法、象限法、趋势法、雷达法等，对于不同的分析诉求，要选择不同的分析方法，均以目的为导向。

（2）统计计算：选择适用的方法进行统计计算，如函数、透视表、VBA 等。

（3）数据呈现：用表格形式或图表形式呈现数据。

（4）得出结论：分析主要问题在哪里、未来会怎样、哪个解决方案更优等，得出结论。

经过以上步骤以后，基本就可以得出一个比较有说服力的结论了，下面要考虑的就是如何将结论撰写为一个有说服力的报告。

2.1.5　数据报告：围绕说服力进行撰写

数据分析过程是对各个数据模块进行分析，体现的是数据分析人员的分析技术；而数据报告是整个数据分析的成果展示，如果这个环节做得不好，前面的工作效果就会大打折扣。因此数据报告应具有数据翔实、条理清晰、分析到位等特点，以增强报告的说服力。数据报告一般分为例行报告和临时报告两种，这两种报告各有其特点。

（1）例行报告。

例行报告需要体现逻辑性和完整性，因此采用总分式结构，最后给出结论和建议。

① 总体概述：整体情况描述，整体的结论。

② 板块分析：分板块细说，用表格或图表呈现。

③ 分析结论：对数据分析结果进行定论。

④ 相关建议：包括解决方案（project）、预定目标（target）、实施对象（object）、实施时间（time）等。

（2）临时报告。

撰写临时报告时，由于受众对分析结果比较关注，因此要结论先行，然后给出建议。

① 结论先行：用图表、文字说明结论。

② 问题建议：包括解决方案、预定目标、实施对象、实施时间等。

2.2 | "一句话的任务"案例

在快节奏的工作方式下，我们必须快速理解领导的诉求，并提出解决方案。在领导布置的工作中，"一句话的任务"是比较难完成的。下面就用"一句话的任务"案例来进行分析，帮助大家理解和认识数据分析都有哪些步骤。掌握了这些方法，完成其他需求更详细的任务就不在话下了。

【案例1——一句话的任务】

领导：小张，分析一下本月销售数据，下午给我一个报告。

小张：好的，没问题。

第一步：分析设计

虽然领导没有给出明确的分析方向，但是对于销售数据而言，不外乎就是从销量、价格、销售额这几个元素入手进行分析，这就确定好了分析的重点。而产品则应按产品样式、市场、功能等进行分类分析，在这里用产品样式进行分类。

第二步：数据采集

小张开始采集销售数据，得到了初始的数据，如表 2-1 所示。

表 2-1

零件号	销量	价格	销售额
P0001	87	540	46980
P0002	87	490	42630
P0003	76	520	39520
P0004	65	540	35100
P0005	45	#N/A	#N/A
P0006	75	530	39750
P0007	66	440	29040
P0008	74	400	29600
P0009	61	400	24400
P0010	62	470	29140

其中，P0005 产品因为价格没有确定，还在与客户沟通，所以价格与销售额均为"#N/A"，表示数据缺失。数据缺失的单元格是无法参与分析计算的。

第三步：数据整理

由于初始数据存在不规范的数据，因此应对这些数据进行修改。目前可对 P0005 产品的价格进行暂估，并得出相应的销售额。整理完数据的表格如表 2-2 所示。

表 2-2

零件号	类别	销量	价格	销售额
P0001	衬衣	87	540	46980
P0002	衬衣	87	490	42630
P0003	T恤	76	520	39520
P0004	夹克	65	540	35100
P0005	T恤	45	500	22500
P0006	夹克	75	530	39750
P0007	衬衣	66	440	29040
P0008	T恤	74	400	29600
P0009	夹克	61	400	24400
P0010	衬衣	62	470	29140

第四步：数据分析

（1）合计销量和销售额

销量和销售额的合计是最基本的统计项目，结果如表 2-3 所示。

表 2-3

零件号	类别	销量	价格	销售额
P0001	衬衣	87	540	46980
P0002	衬衣	87	490	42630
P0003	T恤	76	520	39520
P0004	夹克	65	540	35100
P0005	T恤	45	500	22500
P0006	夹克	75	530	39750
P0007	衬衣	66	440	29040
P0008	T恤	74	400	29600
P0009	夹克	61	400	24400
P0010	衬衣	62	470	29140
合计		698		338660

（2）占比分析

占比分析主要分析产品的销售结构，分别从销量、销售额入手。分析结果如表 2-4 所示。

表 2-4

类别	销量		销售额	
	数量	占比	金额	占比
衬衣	302	43%	147790	44%
T恤	195	28%	91620	27%
夹克	201	29%	99250	29%
合计	698	100%	338660	100%

（3）对比分析

对比分析与去年同期对比。对比之后发现衬衣销量与去年同期相比大幅度下滑，结果如表 2-5 所示。

表 2-5

类别	去年销量	今年销量	同期变动率
衬衣	500	302	−40%
T恤	205	195	−5%
夹克	200	201	1%
合计	905	698	−23%

询问相关部门后，找到了原因：去年推出了 15 种新款衬衣，而今年目前仅推出了 5 种，新款款式少是衬衣销量下滑的主要原因。

第五步：数据报告

（1）描述整体数据现状

报告中肯定要先给出整体数据现状，主要从销量与销售额两个角度来进行分类占比计算，如表 2-4 所示。

（2）汇报发现的问题

发现的问题可以以两种方式进行汇报，一是表格。表格的优点在于，当数据量较少时，阅读起来较为简单，制表人的意图也不容易被误解，如表 2-5 所示。

二是图表。图表的优点在于，当数据量较多时，可以更为直观地展示出各种数据间的关系及数据分析结果，与阅读表格相比，阅读者更容易领会到图表所表达的意图，如图 2-2 所示。

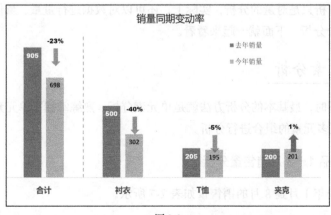

图 2-2

（3）提出改善建议

分析报告中不能只给出分析结果，还要提出改善建议。改善建议中通常要回答以下几个问题：谁？做什么事？目标是什么？什么时间完成？因此，小张给出的改善建议为：

设计部应开发新的衬衣款式，从下月起陆续推出 10 款以上，市场部配合做好相应的推广工作，确保今年衬衣的销售额不低于去年。

> ❖ **名师经验**
>
> 撰写数据分析报告时，不管是大报告（内容多、正式场合）还是小报告（内容少、非正式场合），都要保证逻辑清晰。另外，数据分析报告若要出彩，必须关注分析目的，即发现问题、预测未来、优化决策。

2.3　分析的 5 个元素：量、价、额、差、率及其组合

量、价、额、差、率，这 5 个元素是日常数据分析中最常用、最有效的元素。很多分析人员只擅长对其中的两三项进行分析，如只对量价率进行分析，或者只对量额差进行分析，这都是有一定局限性的。作为一个专业的数据分析人员，最好对这 5 个常用的分析元素及其组合都有所了解。

2.3.1　一分钟了解五大元素

量、价、额、差、率，即数量、价值、金额、差异值与差异率。它们各自的含义如表 2-6 所示。

表 2-6

元素	含义
量	分析对象的数量，如销售量、库存量、产品数、人员数、高度值、浓度值等
价	分析对象的价值，如销售价格、制造成本、人员工资、消耗时间等
额	分析对象的价值总额，额与量、价存在运算关系，如销售额、索赔额、成本额、工资额等
差	分析对象的量、价、额与目标或参考基准之间的差异值，如利润额、成本差异额、增加量、与目标差异量、涨价值等
率	分析对象的量、价、额与目标或参考基准之间的差异率，如利润率、成本差异率、增加率、与目标差异率、涨价幅度等

有时候大家的分析只是对量的分析，实际上，还可以对数据进行量量、量价、量额、量率、量价额、量量率等组合分析，下面就一起来看看。

2.3.2　单元素分析

对数据进行分析时，最基本的分析方法就是单元素分析。熟练掌握了单元素分析，才能更好地对 2 个、3 个甚至更多元素的组合进行分析。

【案例 2——产品 1～8 月销售量分析】

某厂的产品在今年 1 月到 8 月的销售量如表 2-7 所示。

表 2-7

月份	1 月	2 月	3 月	4 月	5 月	6 月	7 月	8 月
销售量	52	57	56	60	67	66	72	85

这里分析的销售量属于五大元素中的"量"，这种分析属于单元素分析。将 1～8 月的销售量制作成图表，那么整个销售趋势就一目了然了，如图 2-3 所示。可以看出销售趋势是越来越好，说明现在的销售策略是正确的。

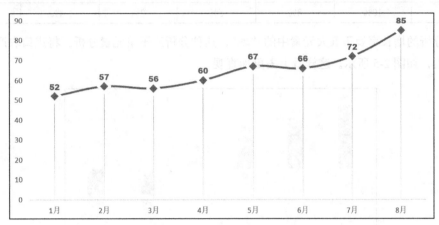

图 2-3

【案例 3——农产品全年销售额分析】

某有机农场全年农产品销售额分类统计后的结果如表 2-8 所示。

表 2-8

品种	销售额（万元）
冬瓜	100
南瓜	80
西瓜	60
白瓜	40
苦瓜	15

这里分析的销售额属于五大元素中的"额"，这种分析属于单元素分析。将产品销售额按农产品品种制作成饼图，就可以清楚地看到农产品的销售结构了，如图 2-4 所示。

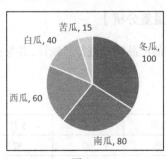

图 2-4

【案例 4——进口农产品增长率分析】

年终，某农产品进出口公司对当年进口的农产品进行了统计。与去年的进口量相比，当年进口的农产品增长率如表 2-9 所示。

表 2-9

种类	大豆	玉米	花生	油菜籽	芝麻	葵花籽
增长率	10%	8%	5%	2%	-4%	-6%

这里分析的增长率属于五大元素中的"率"，这种分析属于单元素分析。将进口农产品增长率制作成图表，如图 2-5 所示。这样看上去更加直观。

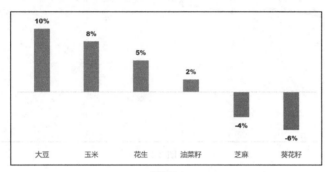

图 2-5

2.3.3　双元素分析

双元素分析是指仅对两种元素进行相对性或相关性分析。

相对性分析：例如量量、价价、额额分析。这样说比较枯燥，举个例子，将今年的销售量与去年的销售量做对比分析，这就是量量分析；将今年的成本与去年的成本做对比分析，这就是价价分析。

相关性分析：例如量价、量率、价率分析。同样举例说明，将今年的销售量和销售量的增长率做分析，也就是既要看今年的销售量，同时也要看销售量的同比变化率（变化率与今年销售量相关），这就是量率相关性分析。有时候也存在量价相关性分析，这样的相关并不是直接计算的相关性，而是两种元素组合产生一种定位，也就是说两种元素的大小会影响定位结果，例如后续案例 6 将会讲到的通过量价分析寻找明星产品。

【案例 5——对产品销量进行量量分析】

某公司在 9 月初对今年 1～8 月的产品销量进行了统计，并与去年同期进行了对比，结果如表 2-10 所示。

表 2-10

月份	1 月	2 月	3 月	4 月	5 月	6 月	7 月	8 月
今年销量	52	57	56	60	67	66	72	85
去年销量	45	50	55	62	65	70	72	80

这里分析的是今年和去年的销量，即量量分析，属于双元素分析。将今年与去年的同期销量制作成图表，如图 2-6 所示。可以清楚地看到同期销量的差异，这样就方便对同期销量下滑的月份进行调查，找出原因。

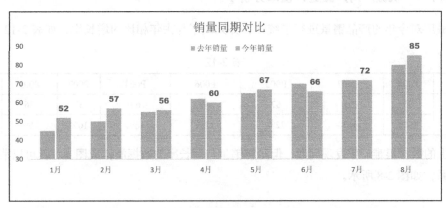

图 2-6

【案例 6——网店对当周销量进行量价分析】

某网店对店内 7 款产品的当周销量进行了统计。店长打算提高销售额，于是对这些产品的价格与销量进行分析，也就是量价分析，结果如表 2-11 所示。但这样的数据让人很难从中发现问题，以及采取对策。

表 2-11

产品	N001	N002	N003	N004	N005	N006	N007
价格	5	8	10	12	3	6	11
销量	100	120	140	90	60	120	60

于是，他将产品的价格与销量数据制作成图表进行分析，这样能清楚地看到二者的关系，如图 2-7 所示。

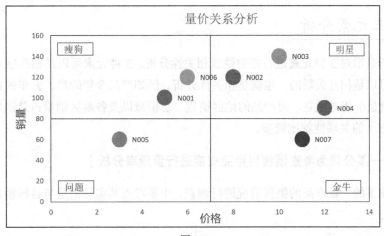

图 2-7

从图中可以看到 N002、N003、N004 产品是明星产品，所以应加大对它们的推广力度，而 N005

产品是问题产品，要么舍弃，要么找出它的问题所在，进行整改。其他几种产品也各有优缺点，或销量高但利润低，或利润高但销量低，都要采取一定的策略进行调整，达到提高销售额的目的。

【案例 7——机械厂对产品进行量率分析】

某机械厂对今年的产品销量进行了统计，并列出了与去年相比的增长率，如表 2-12 所示。

表 2-12

产品	P008	P007	P005	P006	P004	P002	P003	P001
今年销量	85	72	67	66	60	57	56	52
增长率	15%	18%	22%	12%	16%	10%	15%	14%

从以上的数据很难一眼发现问题，但是将销量与增长率的数据制作成图表，就可以清晰地看到二者的关系，如图 2-8 所示。

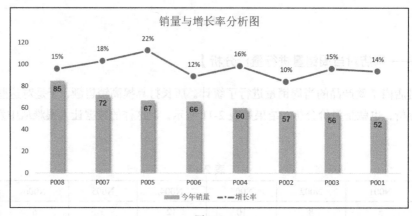

图 2-8

❖ **名师经验**

　　两种不同形式或状态的元素交叉分析，也就是交叉双元素分析，一般情况下做可视化图表进行分析，如双坐标分析、象限分析或相关性分析等。

2.3.4 三元素分析

三元素分析是指对 3 种元素进行相对性或相关性分析。3 种元素可以是相互独立的，也就是相对性分析；也可以是相互关联的，也就是相关性分析。例如产品今年的量、去年的量、前年的量这 3 种元素（量量量）相对独立，而产品的地区销量、总销量以及各地区销量占总销量的百分比这 3 种元素（量量率）的关联性就比较强。

【案例 8——某公司为考查销售目标完成度进行量量率分析】

某公司对旗下的一款产品的销售情况进行调查，主要考查其实际销量与目标销量的比值，结果如表 2-13 所示。

表 2-13

月份	1月	2月	3月	4月	5月	6月	7月	8月
目标销量	52	57	56	60	67	72	80	85
实际销量	45	45	50	65	72	68	85	92
达成率	87%	79%	89%	108%	107%	94%	106%	108%

将目标销量、实际销量及达成率数据制作成图表，可以清晰地看到三者的关系，如图 2-9 所示。

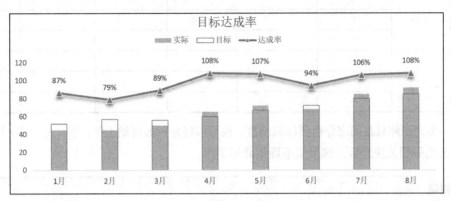

图 2-9

从图中可以看到，2 月达成率最低，需要检查以下几个方面：是否 2 月份的目标销量有问题，是否 2 月的销售策略有问题，是否有其他因素影响了 2 月的实际销量，等等。此外还可以对达成率超过 100% 的月份进行调查，总结销售经验。

2.3.5　五大元素与其他元素的组合分析

在掌握了五大元素的单一及组合分析思路之后，还可以将其与其他元素进行组合分析，将分析的五大元素与区域、单位、团队、档次、规格进行组合，可以构建出非常多的分析指标或维度，称为"类元矩阵"，并以此进行分析。五大元素与其他常见元素的组合如表 2-14 所示。

表 2-14

分析维度（类元矩阵）		元素				
		量	价	额	差	率
分类	区域 国					
	省					
	片区					
	单位 公司					
	车间					
	班组					
	团队 部门					
	科室					
	个人					

续表

分析维度（类元矩阵）			元素				
			量	价	额	差	率
分类	档次	高					
		中					
		低					
	规格	大					
		中					
		小					
	—	—					
		—					

当然，类元矩阵只是确定分析指标或维度，也可以将分析的周期（年、季、月、日）与之结合，做同比、占比等相关性分析，这里就不详细介绍了。

❖ **名师经验**

掌握了类元矩阵分析法后，在实际分析工作中，就可以做出十几个甚至更多的分析指标，对于没有分析思路的人来说，分析思路和维度就全然开阔了。但值得注意的是，虽然我们可以构造出很多分析指标，但绝对不能失去分析的重点，也就是主要指标，不要犯了第 1 章中谈到的"贪多"的毛病。类元矩阵分析法的目的是让分析更有指向性，如果违背了这个原则，就要重新审视自己的分析思路。

2.3.6　确定分析维度的 3 种原则

前面介绍了五大分析元素的单一及组合分析以及它们与其他元素之间的组合分析，那么，在分析时如何确定需要哪些元素，不需要哪些元素呢？这里不会给出一个固定的答案，而是根据 3 种情况给出分析方向上的建议。

（1）有明确诉求。

明确的诉求一般是诸如"分析今年销售目标完成度""预测明年产品销量"等指向清楚的诉求，这种情况下根据诉求者的需求来进行分析即可。

（2）无明确诉求。

有时候诉求者只要求进行分析，没有提出明确的诉求。这种情况下就按照分析的目的（发现问题、预测未来、优化决策），结合五大元素进行分析即可。

（3）有诉求但缺目的。

虽然按诉求者的分析要求做出了分析结果，但是分析结果不能达到分析的目的（发现问题、预测未来、优化决策）。那么作为专业的数据分析人员，就必须以数据分析的目的为导向，多做一点分析，因为诉求者只是表达了分析诉求，可能诉求表达得不是很全面，所以我们要从专业的角度挖出问题、预测未来、给出优化的分析建议，这样才能让数据分析更有意义、更有价值。

第 3 章

数据采集：快速获取有价值的数据

要分析数据，就要先对数据进行采集。采集数据就是从大量的、杂乱无章的、难以理解的数据中抽取并摘录出对解决问题有价值、有意义的数据。很多人可能觉得数据采集就是从数据源导入数据到 Excel 中，并没有什么需要特别注意的地方。其实这种想法是不太成熟的，因为数据采集不仅涉及诉求者、分析者和采集者三方的关系，还要根据不同数据源实施不同的采集方法，如图 3-1 所示。

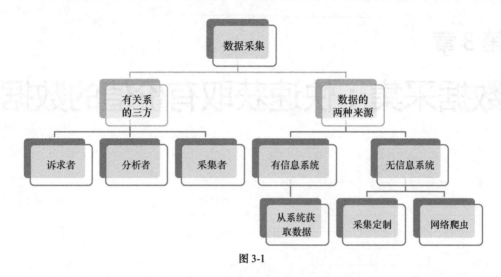

图 3-1

从上图可以看到，专业的数据采集涉及人和数据来源两大方面的因素，下面就分别进行详细的讲解。

3.1 | 数据采集必须考虑的三者关系

数据采集的目的是获得有价值的数据。那么怎样才能避免获得混乱的、不可用的或者过于冗余的数据呢？这就必须理顺诉求者、分析者和采集者三者之间的关系。分析者应该与诉求者充分沟通，理解诉求者的分析目的，然后根据这个目的设计出合适的采集方案，并交给采集者实施。三者的关系如图 3-2 所示。

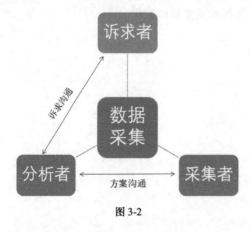

图 3-2

那么，诉求者、分析者和采集者各自有什么特点呢？

3.1.1 诉求者：着重沟通

诉求者：数据分析的发起人，也是数据结果的诉求者，可以是领导、同事，或者客户等其他诉求者，不同的诉求者可能有不同的分析要求。不管诉求者提出什么问题，分析者都可以从下面 4 个问题来进行思考，如表 3-1 所示。

表 3-1

问题	涉及的内容
分析的内容是什么	与诉求者沟通，确定分析元素、指标、维度
分析的目的是什么	与诉求者沟通，确定其分析目的
是临时分析还是例行分析	与诉求者沟通，确定本次分析是临时分析还是例行（定期）分析，效果呈现有什么要求
分析的时限是长是短	与诉求者沟通，根据分析时限确定分析深度和精细度

从表中可以看出，与诉求者充分进行沟通是非常必要的。沟通得越仔细，获得的信息就越多，这样就能避免各种误解与错误，降低做无用功的可能性。只要与诉求者沟通时提出上述 4 个问题并获得了明确的答案，那么分析的内容和框架就基本可以确定了。

> ❖ **名师点拨**
>
> 有时候诉求者也是数据报告者，这时要问清楚报告的对象是谁。这个非常关键，关系到分析报告的内容，有些内容要提纲挈领，有些数据就要细致到末端。例如部长给总经理报告销售数据，数据分析可能涉及部门级、科室级、员工级 3 个层级，那么报告内容最多到科室级，因为太细节的数据总经理一般也不会去关注。又比如，做质量索赔分析，整车级、总成级、零部件级，一般情况下汇报前两级，但是如果零部件某一类数据明显异常，那么需要展开分析，因为总经理可能会问到这些问题。因此，关于数据分析时的分析深度和精细度还需要在工作中慢慢领悟。

【案例 1——沟通不畅导致数据分析返工】

上海某数据分析公司接到一笔业务，某厂希望对过去 5 年的产品销售情况做一个整体的分析。由于业务量不是很大，数据公司派出了一个入行一年多的员工小 A 与厂方沟通。经验不足的小 A 对厂方的需求摸得不是很清楚，同时，厂方负责接洽的人员也并不是专业人士，提的需求也不是很具体，这就导致了分析过程一波三折。

当小 A 第一次交付分析结果给厂方时，厂方认为没有分析到需要的趋势，希望分析公司这边添加相应的分析结果；当第二次交付时，厂方又说既然给出了趋势预测，怎么没有相应的对策？于是小 A 进行第三次分析，最终这一版的分析结果才让厂方满意。

事后，小 A 的领导批评了他，因为小 A 没有准确摸清厂方需求，导致一个小小的报告竟然两次返工，希望他以后遇到不会做的就请示领导或向老员工求教。小 A 认识到自己的不足，也接受批评。此后，小 A 凡是遇到不会、不懂的问题，都虚心地向老员工请教，很快他就掌握了摸清分析需求的技巧。

3.1.2 分析者：专注分析

分析者：分析数据的人，要对数据进行处理、分析、得出结论，并给出建议。分析者要与诉求者和采集者充分沟通，但分析者主要的工作是考虑如何正确地进行分析，并将分析结果以合适的形式进行展示，具体来说包括以下几个方面，如表 3-2 所示。

表 3-2

分析者考虑的几个方面	具体包含的内容
分析维度	根据分析诉求确定分析元素、指标、维度
分析方法	根据目的确定分析方法，如同比、环比、对比、占比等
分析深度	若分析时限短则不能深度分析，反之则可进行深度分析
分析报告	确定是临时报告还是例行报告，确定报告的呈现方式、适用的模型，给出结论和建议

这几个方面的工作占分析者工作总量的百分之七八十，是非常重要的部分，也是最具有技术含量的部分，分析者的报告是否能够得到认可，就要看这部分工作的质量如何。

3.1.3　采集者：满足需求

采集者：为分析者提供数据的机构或人。采集者可以是信息管理系统的开发机构或使用机构，也可以是数据录入或编辑人员。采集者的主要工作是理解分析的需求，按照分析者的要求采集相应的数据。采集者在采集数据时，要考虑数据是否存在、是否完整，以及是否缺漏、是否规范等问题，具体如表 3-3 所示。

表 3-3

评价标准	具体内容
可获性	数据是否存在
完整性	数据是否完整，是否存在缺漏
正确性	数据是否有错误
标准性	数据是否标准化？对于非系统提供数据的情况，需要标准化模板，便于数据规范化

站在分析者的角度，在委托采集者采集数据时，最方便的方法是制作一个采集模板，让采集者将数据输入模板中，并让采集者对模板中的数据的完整性、正确性等进行检查，然后再提交给分析者，这样可以大幅度地减少分析者对数据进行规范化的工作量。

> ❖ **名师经验**
>
> 　　高级的数据分析师建好模型，等采集者提供数据后，只需要把数据粘贴到模型中，整个分析过程就会自动完成。笔者在《Excel 图表应用大全（高级卷）》中详细介绍了建模和制作数据分析系统的方法，感兴趣的读者可以去研究一下。

【案例 2——我给你一个模板，简单明确效率高】

今年 1 月，公司新来的王经理要对库存商品进行大盘点，需要库管员老马提供相应的信息。由于王经理计划彻底盘点，因此需要的数据也非常详细。会议上，老马记录了好几页纸，总算觉得自己弄清楚了王经理的要求。

大家都知道，库存管理面临的主要是产品入库、出库、留存、报废等情况，数据看似简单，逻辑也不复杂，但是整理起来挺费时间。老马花了 3 天时间，按照会议记录制作了一个长长的 Excel 表格，将各项数据输入表格中，经过一番复杂的核算，总算完成了表格。王经理看到表格后，认为起码有 10 多项数据不符合要求，于是老马拿出会议记录与王经理核对。二人沟通了半天，在关于去年入库数据的计算上始终无法达成共识。最后，王经理说："不如这样，我先做一个表格模板，你只管按照模板填写数据，这样的话，我们就不用花精力去弄清楚数据之间的关系，你只对数据的准确性和标准化负责即可。"老马很快就提供了数据，王经理通过逻辑关系构建模型，轻松地找出了入库数据不准确的原因。这就是使用模板的效率。

3.2 | 数据的 3 个主要来源

数据的来源有很多渠道，例如从考勤机中导入、从调查机构购入、由员工录入、使用程序从网上自动收集等。总的来说，数据采集可以分为两种情况，即有信息系统和无信息系统，如表 3-4 所示。

信息系统是指专门提供数据的设备、系统或机构，如考勤机、销售管理系统等。通过信息系统，可以获得更规范和完整的数据。

在无信息系统的情况下，采集数据一般来说有两个渠道，一是使用定制模板收集数据，二是自行编写程序收集数据。

表 3-4

数据来源种类	获取渠道	注意事项
有信息系统	从系统获取数据：信息系统的数据来源于传感器采集、录入、导入等，需要数据时可以从信息系统导出	如果发现数据有问题，需要对信息系统管理和维护部门提出诉求，要求其进行修改、完善，避免由数据不规范、不统一、不正确导致的二次分析
无信息系统	定制采集：进行数据采集之前，需要定制格式化的表格，让采集者依据表格进行调查、访谈、录入、统计，最后反馈给分析者	尽量采用固化模板，即使用标准化原则，确定需要采集的内容，格式也需要固化，避免录入过程中出现数据错误、效率低等问题，从而避免数据二次处理
	网络爬虫：网络爬虫是一种按照一定的规则，自动地抓取互联网上的网页信息的程序或者脚本。采用网络爬虫可以高效率地获取大量数据，其弊端是数据的精准度可能不会很高	在设计程序之初，就要规划好程序的过滤部分，自动过滤掉无关、无用或不精准的数据；此外还应设计好输出的格式，务必要符合分析者对格式的要求

3.3 | 数据采集方面的案例

越大的公司往往分工越细。在大公司中，分析者常常会要求生产、销售等部门提交数据，以便进行分析。这种跨部门的合作，要点在于一定要规划好数据采集的标准模板，让采集者尽量少犯错、不犯错，提供高质量的数据。

【案例 3——多部门数据采集与合并】

某公司每月都需要做销售数据分析，分别对各区域销量、利润等进行分析，以及对每款产品的销量进行对比，其分析结果如图 3-3 所示。

为了完成图 3-3 所示的图表及模型的制作，分析人员需要完备的数据，因此在采集数据之初分析人员就规划出一个数据源表，表中的数据可以满足分析所需，如表 3-5 所示。

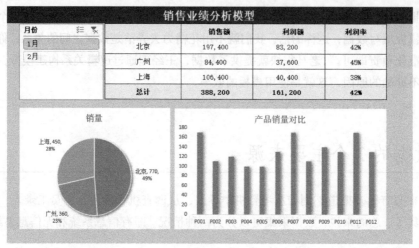

图 3-3

表 3-5

数据源表：		区域提供		财务提供		自动计算			
月份	区域	产品号	销量	销售价格	销售额	产品成本	单品利润	利润额	利润率
1 月	北京	P001	170	220	37400	170	50	8500	23%
1 月	上海	P002	110	210	23100	130	80	8800	38%
1 月	北京	P003	120	230	27600	120	110	13200	48%
1 月	广州	P004	100	220	22000	130	90	9000	41%
1 月	上海	P005	100	220	22000	120	100	10000	45%
1 月	广州	P006	130	220	28600	120	100	13000	45%
1 月	北京	P007	170	300	51000	150	150	25500	50%
1 月	上海	P008	110	250	27500	160	90	9900	36%
1 月	北京	P009	140	290	40600	130	160	22400	55%
1 月	上海	P010	130	260	33800	170	90	11700	35%
1 月	北京	P011	170	240	40800	160	80	13600	33%
1 月	广州	P012	130	260	33800	140	120	15600	46%
2 月	北京	P001	170	220	37400	170	50	8500	23%
2 月	上海	P002	120	210	25200	130	80	9600	38%
2 月	北京	P003	150	230	34500	120	110	16500	48%
2 月	广州	P004	170	220	37400	130	90	15300	41%
2 月	上海	P005	150	220	33000	120	100	15000	45%
2 月	广州	P006	180	220	39600	120	100	18000	45%
2 月	北京	P007	130	300	39000	150	150	19500	50%
2 月	上海	P008	170	250	42500	160	90	15300	36%
2 月	北京	P009	150	290	43500	130	160	24000	55%
2 月	上海	P010	180	260	46800	170	90	16200	35%
2 月	北京	P011	110	240	26400	160	80	8800	33%
2 月	广州	P012	130	260	33800	140	120	15600	46%

从表中第一行的说明可见，区域、产品号、销量数据由各大区域部门提供，销售价格、销售额数据由财务部门提供，后面几列数据则由表格中预置的公式自动计算得出，无须人工干预。制作此表大致的过程是，分析人员先让各区域经理采集数据，当各区域经理返回数据后，分析人员再汇总数据，然后将汇总表发送至财务部门让其提供销售数据。其中最关键的部分就是为各区域经理设计一个数据采集模板，使他们采集的数据格式统一、规范。分析人员设计的表格模板如表3-6所示。

表 3-6

月份	区域	产品号	销量
2月	广州	P012	140
2月	上海	P008	170
2月	北京	P009	150
2月	上海	P010	180
2月	北京	P011	110
2月	广州	P012	130

使用模板来采集数据以后，各区域经理返回的数据基本没有错误，基本上无须进行整理，就能直接汇总并发送给财务部门，极大地节省了时间和精力，提高了工作效率，也为公司节约了运营成本。

❖ 名师经验

　　数据分析者其实是一个数据管理者，他必须要对分析的结果负责。因此，分析过程中必须审核采集的数据，如果基础数据有误，那么结果的可信度可想而知。

第4章

数据规范化处理方法与技巧

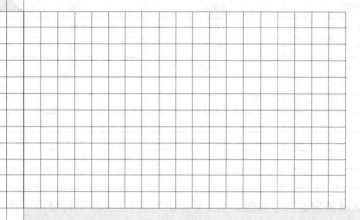

要 点 导 航

4.1 详解数据规范化处理的目的

4.2 快速审核数据必会的 4 种方法

4.3 数据规范化处理 6 字秘诀

4.4 人员信息数据综合处理的案例

数据规范化处理是指在分析数据之前对数据的正确性和有效性进行检测，对数据的类型和格式进行统一化的处理，使数据符合分析的需要，确保分析结果的正确性。数据规范化通常分为数据审核和数据处理两部分，这两部分又各自包含了一些相关的方法和技巧，如图 4-1 所示。

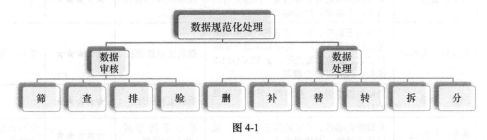

图 4-1

那么，在数据审核和数据处理的过程中，如何使用这些方法和技巧呢？笔者从多年的实际工作经验中总结出了一套行之有效的方法，下面就一起来看看。

4.1 | 详解数据规范化处理的目的

有很多新手可能只是知道要对数据进行规范化处理，但是对规范化处理的目的并不是非常了解，这就导致了他们在处理的时候可能会忽略掉一些重要的地方。数据规范化处理的目的其实是指要将数据处理成分析者想要的状态。一般来说，分析人员通过纠正数据的错误与异常、使数据标准化、对数据进行分类等方式，来保证数据的正确性、一致性、有效性、完整性和相似性，确保数据分析达到预期目的，如下所示。

◇ 正确性：通过纠正数据中的错误来保证，主要针对数据中的错误值、#N/A、空白数据等。

◇ 一致性：使数据符合标准化格式，主要针对长度不一致、名称不一致、数据类型不一致、数据中间有无效空格等情况。

◇ 有效性：通过清理异常数据来保证，主要针对数据超大、超小、重复、不符合逻辑等情况，例如产品的净重数据比毛重数据还大，这就是典型的不符合逻辑的情况。

◇ 完整性：有些数据存在缺失的情况，应进行处理，以保证数据完整性。很多时候，对于缺失而且无法补充的数据，宁可删掉也不能让它参与分析，否则很容易扭曲结果。

◇ 相似性：按同属性、同类别、同周期等对数据进行分类，以确保数据的相似性。如果数据没有分类，分析对象太分散，分析起来就会非常困难。

在了解数据规范化处理需要达到的目的之后，处理起数据来才会有的放矢。

4.2 | 快速审核数据必会的 4 种方法

为了确保数据的正确性、一致性、有效性、完整性和相似性，确保数据分析达到预期目的，我们通常采用筛、查、排、验 4 种方法快速审核数据，发现数据中的问题。筛、查、排、验这 4 种方法各有其特点和应用范围，如表 4-1 所示。

表 4-1

方法	优点	应用范围	应用场景	应用星级	备注
筛	简单、直接	对数据规范性、数据标准性、缺漏数据、异常数据等进行快速检查，只需要对比格式，不需要对比数据	分类看数据规范性或数据运算结果就筛选	★★★★★	
查	批处理、效率高	对数据正确性、数据完整性、数据缺漏等进行审查，通常采用函数和组合键进行检索、定位、对比等，如 VLOOKUP 函数、Ctrl+G 组合键等	批量比对就查找	★★★★★	常与筛选联用
排	巧妙、简单	判断数据正确性、规律性，不需要计算的对比	看权重就排序	★★★★★	
验	简单、精细化	对数据正确性、异常数据进行检查，采用数据运算、对比等方式	看数据间差异（率）就验算	★★★★★	常与筛选、查找联用

下面就来看一看这 4 种方法的具体使用效果。

4.2.1 筛：通过数据筛选，发现数据问题

数据中常常存在值为"#N/A"、空白、空格、"0"，符号、字符长度不统一，字符不规范，数据异常（数据偏大、偏小、不应该有负值处出现负值）等问题，使用 Excel 的筛选功能，可以将这一类有问题的数据轻易地筛选出来。

【案例 1——筛选出不正常的类别】

集团销售科从各分公司拿到了今年的销售数据，分析人员对数据进行了合并，表格中的数据有5000 多行，这里只列举一部分来说明问题，如表 4-2 所示。

表 4-2

序号	状态	品号	类别	数量（吨）
1	出口	P24035	大麦	60
2	内销	P24032	玉米	52
3	内销	P24068	大豆	415
4	出口	P26524	玉米	245
5	内销	P29694	大 豆	120
6	出口	P296935	大麦	0
……	……	……	……	……
5517	出口	P22541	大麦	262
5518	内销	P29365	玉米	142

分析人员运用"筛"字诀，选中如表 4-3 所示的标题行，按 Ctrl+Shift+L 组合键，使表头出现下拉列表按钮，处于筛选状态。

表 4-3

序号	状态	品号	类别	数量（吨）
1	出口	P24035	大麦	60
2	内销	P24032	玉米	52
3	内销	P24068	大豆	415

续表

序号	状态	品号	类别	数量（吨）
4	出口	P26524	玉米	245
5	内销	P29694	大　豆	120
6	出口	P296935	大麦	0
……	……	……	……	……
5517	出口	P22541	大麦	262
5518	内销	P29365	玉米	142

这里分析人员要检查"类别"列数据的异常情况，于是他单击"类别"列的下拉列表按钮，结果他发现，在筛选列表里出现了两个"大豆"，其中一个"大豆"的中间有空格，显然是不正确的数据，于是他勾选了该"大豆"进行显示，如图 4-2 所示。

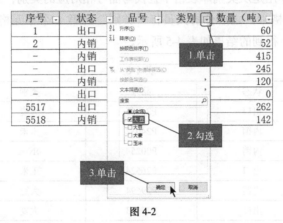

图 4-2

从筛选结果中可以看到，品号为 P29694 的大豆，其类别数据有误（中间有空格），如表 4-4 所示。

表 4-4

序号	状态	品号	类别	数量（吨）
-	内销	P29694	大　豆	120

使用同样的方法还可以轻松找到销售数量为 0 的大麦，分析人员应该对这个销售数量进行核实。由此可见，使用筛选功能可以轻松地找到不正确的数据，例如 0、负值数据，或筛选值小于、大于、等于特定值的数据，或筛选排行前 10 的数据，或进行颜色筛选等，具体参见筛选功能，在此不做详细介绍。

4.2.2　查：通过索引、查找、定位，发现数据问题

如果说筛是"分类定向识别"，那么查就应该是"个体精确制导"，即对特定的错误进行定位。常用的方法是通过索引（使用 VLOOKUP、LOOKUP、INDEX、FIND、SEARCH 等函数）、查找（使用 Ctrl+F 组合键）功能和定位（使用 Ctrl+G 组合键）功能来发现数据问题，如值为"#N/A"、"0"，符号、数据异常等。

【案例 2——用 VLOOKUP 函数查出异常品号】

还是以之前的案例所用的表格为例进行讲解。不过这次的情况有所不同，表格的"类别"列没

有数据。分析人员需要从一个类别库表格里根据品号数据填上类别数据，与此同时可以检查品号数据是否正常，因为如果品号数据在类别库表格中找不到，那么相应的类别数据就会出现异常。销售表和类别库如图 4-3 所示。

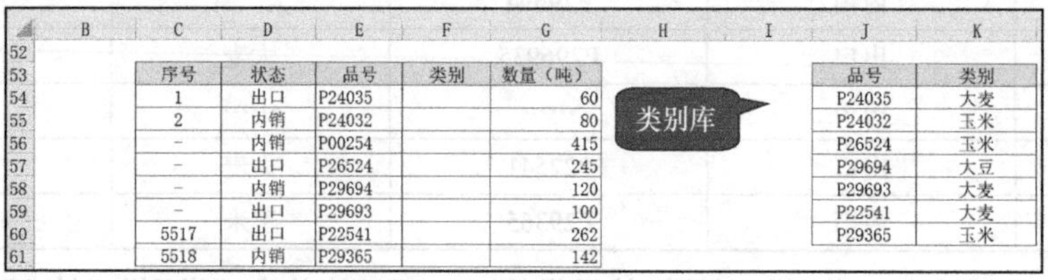

序号	状态	品号	类别	数量（吨）
1	出口	P24035		60
2	内销	P24032		80
-	内销	P00254		415
-	出口	P26524		245
-	内销	P29694		120
-	出口	P29693		100
5517	出口	P22541		262
5518	内销	P29365		142

品号	类别
P24035	大麦
P24032	玉米
P26524	玉米
P29694	大豆
P29693	大麦
P22541	大麦
P29365	玉米

图 4-3

分析人员在“类别”列的第 1 个单元格（F54）中输入函数“=VLOOKUP(E54,$J$54:$K$60,2,FALSE)”，这个函数的作用是从类别库表格中查找与品号相对应的类别，并将类别名称填到表 4-5 所示的“类别”列单元格中。之后分析人员将“类别”列第 1 个单元格中的函数复制并粘贴到 F55:F61 单元格区域中，得到的结果如表 4-5 所示。

表 4-5

序号	状态	品号	类别	数量（吨）
1	出口	P24035	大麦	60
2	内销	P24032	玉米	80
-	内销	P00254	#N/A	415
-	出口	P26524	玉米	245
-	内销	P29694	大豆	120
-	出口	P29693	大麦	100
5517	出口	P22541	大麦	262
5518	内销	P29365	玉米	142

从表 4-5 的第 3 行可以看到，“类别”列出现了错误数据“#N/A”，这个时候分析人员就可以知道对应的品号“P00254”在类别库表格中是不存在的。这样检查的效率明显远高于人工“筛选”。

【案例 3——用定位（Ctrl+G）查出异常价格】

仍然以前面的农产品销售表格作为案例。假设这次的表格中出现了很多错误数据“#N/A”，如表 4-6 所示，分析人员要一个一个地找到它们是一件很烦琐的工作。

表 4-6

序号	状态	品号	名称	数量
1	出口	P24035	大麦	60
2	内销	P24032	玉米	80
-	内销	#N/A	大豆	415
-	出口	P26524	玉米	245
-	内销	P29694	大豆	120
-	出口	P29693	大麦	#N/A
5517	出口	P22541	大麦	262
5518	内销	P29365	玉米	142

这里分析人员选中表格中的所有数据之后，按 Ctrl+G 组合键，弹出"定位"对话框，如图 4-4 所示。之后单击"定位条件"按钮，在弹出的"定位条件"对话框中勾选"常量"下的"错误"复选框，并单击"确定"按钮，如图 4-5 所示。

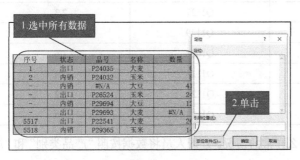

图 4-4 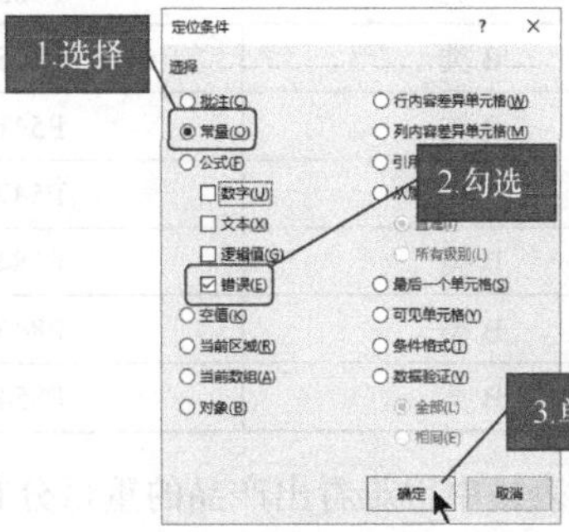　　　　　　　　　　　　　　　图 4-5

定位完毕后，可以看到两个含有错误数据的单元格被标注出来了，如图 4-6 所示。由于用来示范的表格比较小，可能还不能充分地体现出定位方法的优势，实际上如果在数据非常多的表格中，可以一次性地将所有值为错误的单元格都定位出来，这对分析人员来说是非常方便的。

序号	状态	品号	名称	数量
1	出口	P24035	大麦	60
2	内销	P24032	玉米	8
		#N/A	大豆	41
		P26524	玉米	24
	内销	P29694	大豆	120
		P29693	大麦	#N/A
5517	出口	P22541	大麦	262
5518	内销	P29365	玉米	142

第1个错误数据单元格

第2个错误数据单元格

图 4-6

名师经验

定位后，第 1 个错误数据单元格默认处于被选中状态，所以它的颜色是正常的，但是从边框上可以看到它处于被选中的状态。在工作中不要忽略掉第 1 个错误数据单元格。

4.2.3　排：通过对数据进行排序，判断数据是否存在异常

很多数据都存在一定的规律，当它们杂乱无章的时候，分析人员很难从中看出异常，但将它们排序以后，就可以从中看出一定的问题。

【案例 4——通过排序检查产品的重量是否存在问题】

某工厂的产品有 A 类和 B 类两种，检验科在抽检产品以后，给出了一个检测报告表格，如表 4-7 所示。其中，规格数据的前两位数字表示直径（单位为 cm），后两位数字表示长度（单位为 cm），例如 Q1025 表示该产品的直径为 10cm，长度为 25cm。

表 4-7

产品类别	品号	规格	重量
A 类	P10356	Q1025	1.2
A 类	P12546	Q1026	1.5

续表

产品类别	品号	规格	重量
A 类	P24523	Q1027	1.3
A 类	P36514	Q1029	1.8
B 类	P36524	Q1127	2.3
B 类	P54125	Q1129	2.5
A 类	P54261	Q1028	1.6
B 类	P58421	Q1126	2.4
B 类	P84526	Q1125	2.2
B 类	P85422	Q1128	2.6

从表格中很难看出产品的重量分布有什么异常的情况。分析人员将数据按照"产品类别"和"规格"进行了二次排序，如表 4-8 所示。

表 4-8

产品类别	品号	规格	重量
A 类	P10356	Q1025	1.2
A 类	P12546	Q1026	1.5
A 类	P24523	Q1027	1.3
A 类	P54261	Q1028	1.6
A 类	P36514	Q1029	1.8
B 类	P84526	Q1125	2.2
B 类	P58421	Q1126	2.4
B 类	P36524	Q1127	2.3
B 类	P85422	Q1128	2.6
B 类	P54125	Q1129	2.5

之后分析人员将上表制成一个图表，以便更清晰地观察产品的重量分布，如图 4-7 所示。

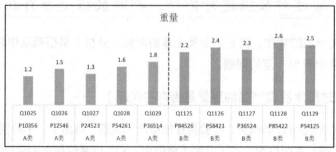

图 4-7

理论上，直径相同、材料相同的零件，其长度越长，重量就应该越大，换句话说，产品的重量排序应该与其规格排序是一致的。但从图中可以看到，A 类产品中，Q1027 的重量小于 Q1026，以及 B 类产品中，Q1127 的重量小于 Q1126，Q1129 的重量小于 Q1128，这说明要么是 Q1026、Q1126、Q1128 产品超重，要么是 Q1027、Q1127、Q1129 产品偏轻，这表示出现了问题，要反馈给生产部门进行检查。

4.2.4 验：对数据进行比对或验证，找出数据的异常

通过数据运算（＋、－、×、÷）、统计等方式，对数据进行比对或验证，可以找出异常的数据，如错误值、重复数据、异常数据等。

【案例 5——体重数据录入错误，数值结果出现异常】

某校高中部对所有高中生进行了身高和体重的统计。为了检查数据是否有异常，老师专门设计了"重高比率"列（利用"身高÷体重"进行计算）。计算结果如表 4-9 所示。

表 4-9

序号	姓名	身高（cm）	体重(kg)	重高比率
1	小林	165	55	3.00
2	小东	175	66	2.65
-	小梅	173	54	3.20
-	小科	182	540	0.34
320	小杜	168	60	2.80
321	小威	171	50	3.42

从表中可以看到，"小科"的重高比率才 0.34，与其他同学的重高比率相比明显异常，经检查发现原来是体重数据输入错误。如果"身高"列或"体重"列数据中含有不能计算的文本，那么计算结果还会出现"#VALUE!"的错误提示。

名师经验

如果对重高比率数据分别进行升序排列和降序排列，则更容易发现异常情况，因为极小和极大的异常数据在排序后都会位于表格的最前面，很容易被发现。当然如果不排序，也可以通过绘制图表的方式找到异常的数据，这样也非常直观。

【案例 6——用 COUNTIF 函数发现重复的数据】

有时候在输入数据时，可能会出现重复输入的现象。为了剔除这种重复输入的数据，分析人员经常使用一些方法来巧妙地进行查找。利用 COUNTIF 函数来统计重复数据就是一种非常方便的方法。

某厂销售科采集了一批产品的原始销售数据，其数据量较大，如图 4-8 所示。

	C	D	E	F	G
122					
123	序号	产品	总销量	价格	金额
124	1	A	100	50	5000
125	2	B	150	60	9000
126	–	C	160	50	8000
127	–	D	110	50	5500
128	1 000	B	150	60	9000
129	1 001	E	171	50	8550

图 4-8

分析人员想从表格中剔除出重复的数据，于是在表格中新增了一个"重复判断"列，并在该列第 1 个单元格（H124）中输入函数"=COUNTIF($D$124:$D$129,D124)"，并将该函数复制到"重复判断"列的其余单元格中。在计算结果中，分析人员发现产品 B 的数据重复输入了一次，如表 4-10 所示。

表 4-10

序号	产品	总销量	价格	金额	重复判断
1	A	100	50	5000	1
2	B	150	60	9000	2
-	C	160	50	8000	1
-	D	110	50	5500	1
1000	B	150	60	9000	2
1001	E	171	50	8550	1

名师经验

数据统计后也可以用"验"的方法来检验统计结果的准确性、可靠性。

4.3 │ 数据规范化处理 6 字秘诀

通过前面的 4 种方法发现有问题的数据以后，就必须对问题数据进行处理，如果这些数据参与了计算或分析，就会导致结果出现错误或偏差。

结合实际工作来看，数据规范化处理方法大概可以分为删除、补全、替换、转换、拆分和分类 6 种，将它们简化为 6 字秘诀后如图 4-9 所示。

图 4-9

4.3.1　6 字秘诀的特点详解

这 6 种方法各有什么优点，应用范围是什么，应该在什么情况下使用？下面就用一个表格来对这些问题进行解释，具体内容如表 4-11 所示。

表 4-11

方法	应用范围	优点	应用场景	备注
删	删除错误的、无效的、重复的、无价值的数据；方法包括唯一删除、筛选删除、函数判断删除等	剔除无效数据	当数据错、重的时候应用。要点：一般在数据规范化的第一步应用，检查数据是否出现了错误与重复的情况	
补	补全不完善、缺失的数据；例如参照相似、近似数据，或者利用均值数据、回归判断方法、经验数据等进行数据补充，减小数据分析误差；方法包括复制粘贴数据、手动补全数据、定位缺失数据单元格批处理数据等	保证数据完整	当数据缺失的时候应用。要点：一般在数据规范化的第一步应用，检查数据是否齐全	
替	对现有的不规范、不统一的数据，通过手动修改、格式刷、复制粘贴、替换等方式进行处理；方法包括整体替换字母或数字、将错误数据替换为 0 或空白、将数据中的空白替换为无数据、定位对象进行批处理，以及格式刷、复制粘贴等	保证数据规范标准	当数据不规范和标准不统一时应用。要点：一般在数据规范化的第二步应用，检查数据是否规范，以及是否标准	通常与筛、查、排、验联用
转	转换数据格式，让数据标准化，避免统计出错，方法包括设置数据格式、自定义格式等，通过函数实现数字转文本、文本转数字、时间格式转化、大小写转化、数据转置等	保证数据格式一致	当格式不一致时应用。要点：一般在数据规范化的第二步应用，检查数据格式是否为需要的格式	
拆	将数据包进行拆分或对数据进行拆分（合并），获取数据统计分析中有价值的数据；方法包括按符号拆分列、按字符长度拆分列、两列合并、多列合并、多单元格数据合并到一个单元格、高级筛选提取数据、单元格拆分等	提取有价值的数据	当数据内存在部分有价值的数据时应用。要点：一般在数据规范化的第二步应用，检查有没有分析要用到的数据	
分	识别杂乱的数据，对具有共同特征、特性的数据进行归类，方法包括用函数从日期中获取年、月、日，从分类库中获取省、区域，按部门、科室对数据分类等	保证数据相似性	数据整理完毕后再进行分类。要点：一般在数据规范化的最后一步应用，主要考虑数据是否有分类，如果有应该怎么分类	通常与筛、查、转、拆联用

4.3.2 快速记住 6 字秘诀：右手联想法

那么，如何才能较快地记住这 6 个字呢？大家可以伸出右手，手心向下张开五指，拇指、虎口、食指、中指、无名指、小指依次代表删、补、替、转、拆、分，如图 4-10 所示。

为了帮助大家记忆，下面给出一些联想的要点。

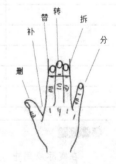

✧ 拇指：拇指比其他手指短很多，就好像被删除了一节，所以它对应"删"。

✧ 虎口：虎口是四陷的，所以需要"补"起来。

✧ 食指：食指就像一个"梯子"，即从最短的拇指到最长的中指之间的一个梯子，所以它对应"替"（梯的谐音）。

图 4-10

✧ 中指：中指是最长的手指，它像一个顶峰，过了顶峰以后就要"急转直下"了，因此它对应"转"。

✧ 无名指：无名指像一座向下的桥，但是这座桥过了以后就不要了，也就是"过河拆桥"，因此它对应"拆"。

✧ 小指：小指可以很灵活地与无名指分开，因此它对应"分"。

有了这些联想的要点，就可以很方便地记住 6 字秘诀了。当然大家也可以创造自己的联想要点，只要方便记忆即可。

4.3.3 删：删除问题数据

如前所述，对于错误的、无效的、重复的、无价值的数据，可以将之删除，让分析能够正常进行。

【案例 7——筛选出问题数据后将其删除】

某农产品进出口总公司将各地分公司统计的产品销售情况进行了汇总，结果如表 4-12 所示。

表 4-12

序号	状态	品号	名称	数量
1	出口	P24035	大麦	60
2	内销	P24032	玉米	80
-	内销	P24033	大豆	#N/A
-	出口	P26524	玉米	245
-	内销	P29694	大豆	120
-	出口	P29693	大麦	#N/A
5517	出口	P22541	大麦	262
5518	内销	P29365	玉米	142

分析人员发现表格中有少许无效数据。由于分析的目的只是粗略估计销售走势，而且无效数据数量较少，因此分析人员认为将这些无效的数据删除掉，对预测结果也不会有什么影响。可以使用 Excel 的筛选功能找到"#N/A"，并将其所在行的数据删除，删除后的数据如表 4-13 所示。

表 4-13

序号	状态	品号	名称	数量
1	出口	P24035	大麦	60
2	内销	P24032	玉米	80
-	出口	P26524	玉米	245
-	内销	P29694	大豆	120
5517	出口	P22541	大麦	262
5518	内销	P29365	玉米	142

名师经验

在实际应用中，可按类别、按状态、按规格筛选并删除不需要分析的数据，例如，删除收益大于 0 的数据，以便仅对收益为负数的数据进行分析；删除销售质量索赔小于 10% 的数据，以便仅对销售质量索赔大于 10% 的数据进行分析；删除价格小于 20 元的数据，以便仅对价格大于 20 元的数据进行分析等，这就是一种反向思维。

【案例 8——找出重复数据后将其删除】

重复的数据应该在计算和分析之前就剔除掉。对于数据量较小的表格，可以通过人工排查找到重复的数据，并手动删除；对于数据量较大的表格，则可以通过一些函数来查找重复的数据再删除，这样效率比较高。

方法一：手动删除重复数据

现在有一个表格，分析人员发现第 83 行是重复数据，准备手动删掉这一行，具体方法为：将鼠标指针移动到第 83 行的行号处，当鼠标指针变成一个向右的箭头时，单击选择整个第 83 行，如图 4-11 所示。

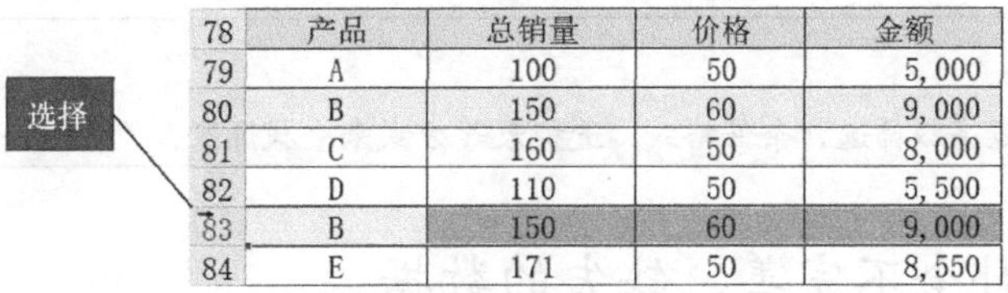

78	产品	总销量	价格	金额
79	A	100	50	5,000
80	B	150	60	9,000
81	C	160	50	8,000
82	D	110	50	5,500
83	B	150	60	9,000
84	E	171	50	8,550

选择 ——→

图 4-11

选择了整个第 83 行以后，在该行内任意一处单击鼠标右键，在弹出的快捷菜单中选择"删除"命令，如图 4-12 所示。

图 4-12

删除后，结果如表 4-14 所示。

表 4-14

产品	总销量	价格	金额
A	100	50	5000
B	150	60	9000
C	160	50	8000
D	110	50	5500
E	171	50	8550

方法二：用函数找出重复数据

在表格的右侧增加一列，表头设置为"重复判断"。然后在表头下的第 1 个单元格里输入函数"=COUNTIF($B$91:B91,B91)"，并将该函数复制到该列的其余单元格中，结果如图 4-13 所示。

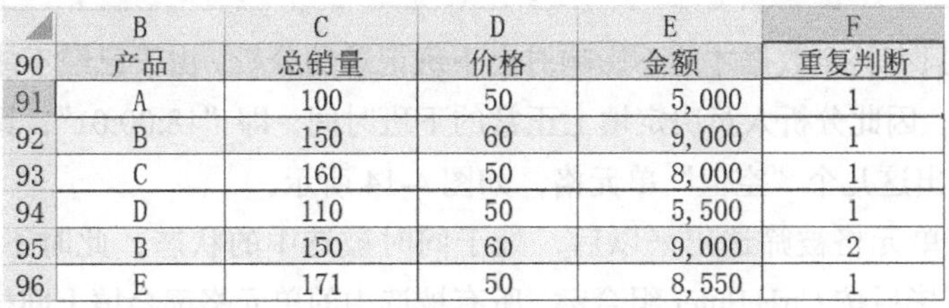

	B	C	D	E	F
90	产品	总销量	价格	金额	重复判断
91	A	100	50	5,000	1
92	B	150	60	9,000	1
93	C	160	50	8,000	1
94	D	110	50	5,500	1
95	B	150	60	9,000	2
96	E	171	50	8,550	1

图 4-13

可以看到第 95 行的重复判断结果为 2，说明第 95 行的信息重复了，需要删除。使用函数来查找重复数据的效率和准确率要比人工查找都高得多，比较适合在大批量数据中进行查重。

如果被判断的数据存在 2 项、3 项，乃至多项重复，则可以与筛选功能配合使用。选中 F90 单元格，然后按 Ctrl+Shift+L 组合键，单击下拉列表按钮，选择大于 1 的所有项，再进行删除即可。

名师经验

重复项还可以通过高级筛选、条件格式、透视表等方式来查找删除。

4.3.4　补：补全不完善、缺失的数据

对于不完全的数据，以及缺失的数据，最常用的方法就是补全。这里说的补全，并不是去找到原始数据进行补全，而是由分析人员自行补充一些合理的数据，通常使用的方法有根据经验补充、根据算术平均值补充、回归预测等。

【案例 9——补上漏掉的打卡数据】

某公司统计了当月的员工打卡记录，发现部分员工下班时忘了打卡，缺少一些打卡记录，如表 4-15 所示。

表 4-15

姓名	部门	考勤时间			
		上午		下午	
小王	行政人事部	9:40:45	12:02:35	12:25:53	15:13:44
小林	财务管理部	8:06:03	12:00:48	14:36:29	18:31:58
小罗	市场营销部	8:07:21	11:57:23	14:38:05	
小微	人力资源部	8:09:23	12:04:58	14:36:23	18:08:55
小柯	行政人事部	8:01:01	12:05:44	14:35:40	18:12:51
小曼	制造规划部	8:07:56	11:59:13	14:36:16	18:05:23
小玉	人力资源部	8:07:56	12:10:00	12:13:04	14:34:17
小邓	行政人事部	8:07:56	12:02:08	14:36:04	18:06:32
小叶	产品研发部	8:08:59	11:59:51	14:33:30	18:13:06
小廖	采购部	8:06:55	18:44:07	18:44:07	
小李	市场营销部	8:09:45	20:53:28	13:57:51	
小张	人力资源部	17:59:57	18:00:01	14:36:28	18:13:16
小徐	行政人事部	8:03:51	12:00:50	14:35:01	17:58:30

分析人员认为只有补全数据才能不影响对上下班记录的分析。由于已经不能得知这几位员工真正的下班时间数据，因此分析人员决定填上正常的下班时间，即"18:00:01"，具体操作方法是使用 Ctrl+G 组合键筛选出这几个"空值"单元格，如图 4-14 所示。

这些"空值"单元格被筛选出来以后，处于同时被选中的状态，此时不要单击，直接输入"18:00:01"，输入完毕后按 Ctrl+Enter 组合键，所有被选中的单元格都会填上同样的数据，如表 4-16 所示。

图 4-14

表 4-16

姓名	部门	考勤时间			
		上午		下午	
小王	行政人事部	9:40:45	12:02:35	12:25:53	15:13:44
小林	财务管理部	8:06:03	12:00:48	14:36:29	18:31:58
小罗	市场营销部	8:07:21	11:57:23	14:38:05	18:00:01
小微	人力资源部	8:09:23	12:04:58	14:36:23	18:08:55
小柯	行政人事部	8:01:01	12:05:44	14:35:40	18:12:51
小曼	制造规划部	8:07:56	11:59:13	14:36:16	18:05:23
小玉	人力资源部	8:07:56	12:10:00	12:13:04	14:34:17
小邓	行政人事部	8:07:56	12:02:08	14:36:04	18:06:32
小叶	产品研发部	8:08:59	11:59:51	14:33:30	18:13:06
小廖	采购部	8:06:55	18:44:07	18:44:07	18:00:01
小李	市场营销部	8:09:45	20:53:28	13:57:51	18:00:01
小张	人力资源部	17:59:57	18:00:01	14:36:28	18:13:16
小徐	行政人事部	8:03:51	12:00:50	14:35:01	17:58:30

名师经验

批量补全数据也可以通过筛选出空白单元格，再进行修改或用复制粘贴数据的方式来实现；如果要补全的数据不在同一列，但是需要修改为相同的数值或内容，最好采取定位批处理，这样操作的效率更高。

4.3.5 替：对不规范、不统一的数据进行合理替换

有些不规范的数据，没有必要将其直接删除，把它们替换为规范的数据即可。对于不统一的数据也可以这样处理。

【 案例 10——用 Ctrl+H 高效替换相同的数据 】

某厂的零件列表中列出了一些半成品零件的数据。半成品零件的零件号尾部附带 "$E0" 状态码，如表 4-17 所示。

表 4-17

零件号	状态	重量
C12412	成品	
C01241$E0	半成品	
C84216	成品	
C08420$E0	半成品	
C68422	成品	
C84208	成品	

分析人员在统计的时候，需要将半成品一并统计进去，因此他需要将所有的半成品零件号修改为成品零件号，也就是去掉所有半成品零件号尾部的状态码 "$E0"。

分析人员在选中 "零件号" 列下所有的单元格以后，按 Ctrl+H 组合键，在弹出的对话框中的 "查找内容" 文本框中输入 "$E0"，并单击 "全部替换" 按钮，如图 4-15 所示。

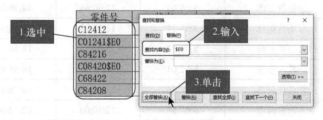

图 4-15

替换完毕后，其结果如表 4-18 所示。

表 4-18

零件号	状态	重量
C12412	成品	
C01241	半成品	
C84216	成品	
C08420	半成品	
C68422	成品	
C84208	成品	

名师支招

使用 Ctrl+H 组合键还可以对字符、数值等进行替换，但替换 "*" 和 "～" 符号的时候，前面要加 "～" 符号，也就是把被替换的对象变成 "～*" "～～"，这样才能正确地进行替换。

【案例 11——批处理替换无效数据为保底奖励】

某财务部员工发现奖金表格中有很多不规范的数据，如表 4-19 所示。

表 4-19

名称	1 月奖励	2 月奖励	3 月奖励	4 月奖励
李华	950	850	920	910
刘冬	940	970	无	1000
韩丽	950	没有	940	990
吴珊	930	250	940	缺席
科秀	900	250	910	980
李阳	990	缺席	990	缺席
郭三	980	990	900	/
刘于	900	/	1000	缺席
王林	970	960	1000	960

为了便于统计，该员工决定将所有不规范的数据替换为 600 元保底奖金。具体操作为：选中表格的数据区域，如图 4-16 所示。

名称	1月奖励	2月奖励	3月奖励	4月奖励
李华	950	850	920	910
刘冬	940	970	无	1000
韩丽	950	没有	940	990
吴珊	930	250	940	缺席
科秀	900	250	910	980
李阳	990	缺席	990	缺席
郭三	980	990	900	/
刘于	900	/	1000	缺席
王林	970	960	1000	960

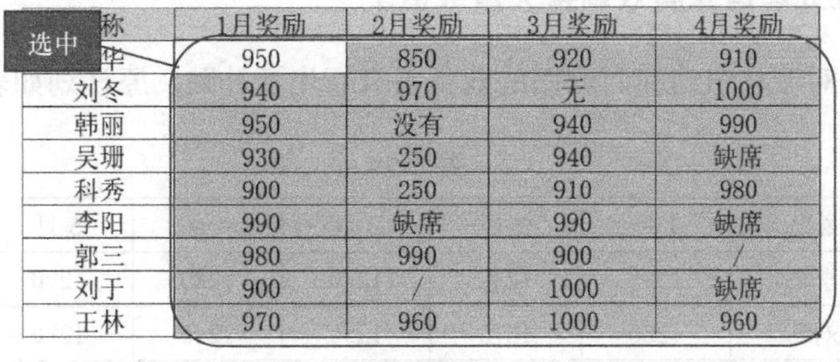

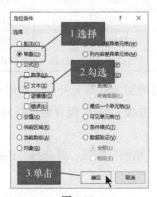

图 4-16

按 Ctrl+G 组合键弹出“定位”对话框，单击“定位条件”按钮，在弹出的“定位条件”对话框中勾选“常量”下的“文本”复选框，单击“确定”按钮，如图 4-17 所示。随后表格中所有的“没有”“无”“缺席”“/”都会处于被选中状态，如图 4-18 所示。

图 4-17

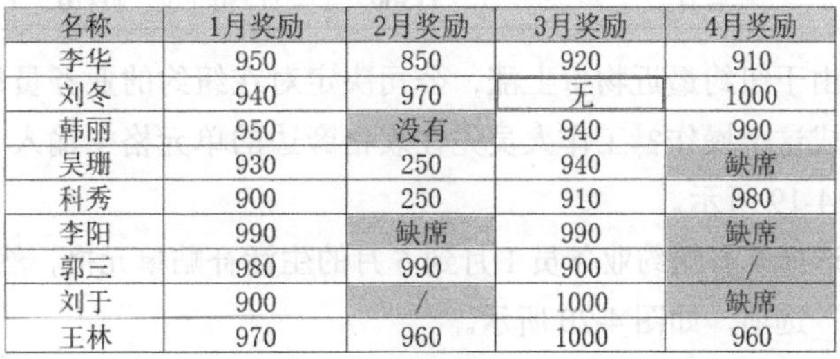

名称	1月奖励	2月奖励	3月奖励	4月奖励
李华	950	850	920	910
刘冬	940	970	无	1000
韩丽	950	没有	940	990
吴珊	930	250	940	缺席
科秀	900	250	910	980
李阳	990	缺席	990	缺席
郭三	980	990	900	/
刘于	900	/	1000	缺席
王林	970	960	1000	960

图 4-18

之后再按照案例 9 中讲解过的方法，直接输入“600”后按 Ctrl+Enter 组合键，将所有被选中的

被选中的单元格的数据统一为"600",结果如表 4-20 所示。

表 4-20

名称	1 月奖励	2 月奖励	3 月奖励	4 月奖励
李华	950	850	920	910
刘冬	940	970	600	1000
韩丽	950	600	940	990
吴珊	930	250	940	600
科秀	900	250	910	980
李阳	990	600	990	600
郭三	980	990	900	600
刘于	900	600	1000	600
王林	970	960	1000	960

名师经验

定位功能非常强大,利用它还可以对批注、常量、文本、数字、错误值、逻辑值等进行批处理,大家可以多尝试一下。

【案例 12——批处理运算高效调整大量数值】

某公司财务科要对派驻纽约和西雅图的业务员进行生活补贴,原计划如表 4-21 所示。

表 4-21

销售大区	姓名	1 月	2 月	3 月	4 月	5 月	6 月	合计
西雅图	李华	1230	1230	1210	1280	1270	1220	7440
西雅图	刘冬	1280	1270	1250	1240	1230	1200	7470
西雅图	韩丽	1290	1250	1230	1220	1280	1250	7520
西雅图	吴珊	1200	1210	1210	1290	1240	1220	7370
纽约	科秀	1290	1290	1240	1200	1260	1250	7530
纽约	李阳	1250	1270	1280	1260	1240	1300	7600
纽约	郭三	1300	1220	1210	1280	1300	1240	7550
纽约	刘于	1230	1250	1250	1260	1290	1230	7510
纽约	王林	1290	1240	1230	1230	2240	1270	7500
合计		11360	11230	11110	11260	11350	11180	67490

由于纽约最近物价上涨,公司决定对在纽约的业务员每人每月增加 500 美元补贴。如何一次性完成这个操作?工作人员先在表格旁边的单元格中输入"500",并按 Ctrl+C 组合键进行复制,如图 4-19 所示。

选择所有纽约业务员 1 月到 6 月的生活补贴单元格,然后单击"粘贴"按钮,并选择"选择性粘贴"选项,如图 4-20 所示。

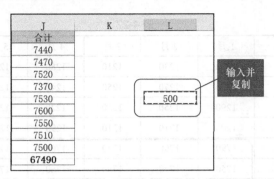

图 4-19

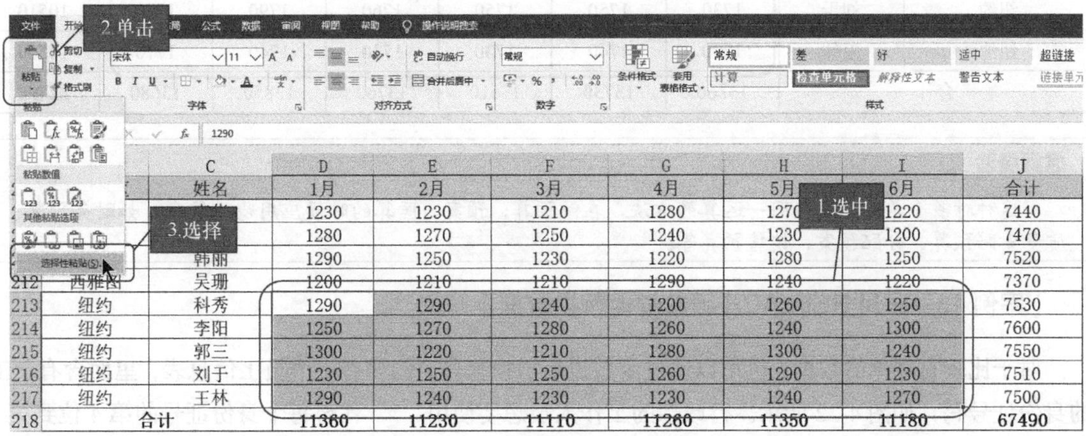

图 4-20

在弹出的"选择性粘贴"对话框中选择"运算"一栏下的"加"单选项，并单击"确定"按钮，如图 4-21 所示。

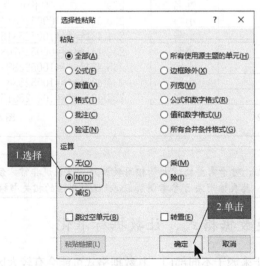

图 4-21

可以看到所有纽约业务员每个月的生活补贴都统一增加了 500 美元，各个合计数值也相应地改变了，如表 4-22 所示。

表 4-22

销售大区	姓名	1 月	2 月	3 月	4 月	5 月	6 月	合计
西雅图	李华	1230	1230	1210	1280	1270	1220	7440
西雅图	刘冬	1280	1270	1250	1240	1230	1200	7470
西雅图	韩丽	1290	1250	1230	1220	1280	1250	7520
西雅图	吴珊	1200	1210	1210	1290	1240	1220	7370
纽约	科秀	1790	1790	1740	1700	1760	1750	10530
纽约	李阳	1750	1770	1780	1760	1740	1800	10600
纽约	郭三	1800	1720	1710	1780	1800	1740	10550
纽约	刘于	1730	1750	1750	1760	1790	1730	10510
纽约	王林	1790	1740	1730	1730	1740	1770	10500
合计		13860	13730	13610	13760	13850	13680	82490

名师经验

这种对多个单元格进行同一运算的方法，在做预算、预案、匡算的时候应用得比较多，如财务预算、质量索赔预算、分配预案、销售预算等。

【案例 13——用 REPLACE 函数智能替换数据】

对于比较有规律的数据，也可以通过函数进行替换操作。例如有一个员工信息表，里面含有员工的身份证号码，如图 4-22 所示。行政部的工作人员想要使用"*"代替每个身份证号的第 4 位到第 8 位，以达到保密的效果，于是该工作人员新建了一个工作表，并使用 REPLACE 函数对所有的身份证号进行了替换，其结果如图 4-23 所示。

	B	C	D
229	身份证号		姓名
230	511▓▓▓▓8142		小科
231	431▓▓▓▓8151		小马
232	141▓▓▓▓7089		小李
233	431▓▓▓▓8841		小丽
234	431▓▓▓▓8389		小罗
235	431▓▓▓▓8156		小张

图 4-22

	G	H	I
229	身份证号		姓名
230	511*****0905258142		小科
231	431*****1005258151		小马
232	141*****0605257089		小李
233	431*****1005258841		小丽
234	431*****1005258389		小罗
235	431*****1005258156		小张

图 4-23

名师支招

使用函数批量替换数据，对于需要处理大量相同数据的工作来说非常方便。批量替换数据也可以用 SUBSTITUTE 函数来执行，其具体用法可参考讲解 Excel 函数用法的相关书籍。

4.3.6　转：转换数据格式，让数据标准化

有很多原始数据，由于来源于不同部门，其数据格式可能会有较大区别。为了方便统计，分析人员应在分析前将这些数据的格式统一。

【案例 14——为数据设置统一的格式】

财务科对上月购买零件的情况进行了统计，结果如表 4-23 所示。

表 4-23

零件	发票数量	销售单价	发票金额
A1	150	550	82500
A2	200	650	130000
A3	300	652.5	195750
A4	540	245.6	132624
A5	180	520	93600

为了让数据标准化，工作人员决定分别统一销售单价和发票金额数据的格式，即将销售单价数据的格式设置为显示小数点后两位，而将发票金额数据的格式设置为以千位分隔符进行分隔。先选中"销售单价"列下的所有单元格，再单击鼠标右键，在弹出的快捷菜单中选择"设置单元格格式"命令，如图 4-24 所示。

图 4-24

在弹出的"设置单元格格式"对话框中选择"数值"选项，将"小数位数"设置为"2"，并单击"确定"按钮，如图 4-25 所示。

图 4-25

选中"发票金额"列下的所有单元格，使用同样的方法打开"设置单元格格式"对话框，选择"数值"选项，将"小数位数"设置为"0"，并勾选"使用千位分隔符"复选框，最后单击"确定"

按钮，如图 4-26 所示。

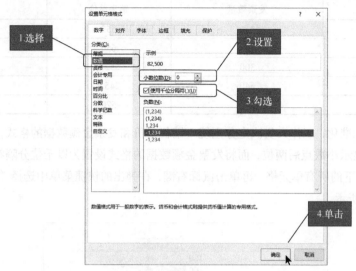

图 4-26

设置完毕后，"销售单价"和"发票金额"列的数据格式就分别得到了统一，效果如表 4-24 所示。

表 4-24

零件	发票数量	销售单价	发票金额
A1	150	550.00	82,500
A2	200	650.00	130,000
A3	300	652.50	195,750
A4	540	245.60	132,624
A5	650	520.00	338,000

名师经验

　　在"设置单元格格式"对话框中，还可以设置货币格式、会计格式、日期格式、百分比格式、自定义格式等，如表 4-25 所示；此外使用函数也可以对格式进行转换，常用的转换案例如表 4-26 所示。大家要学会充分利用。

表 4-25

格式代码	数值	显示结果	说明
G/通用格式	10	10	常规格式
"000.0"	10.25	"010.3"	小数点前不足 3 位以 0 补齐，小数点后保留一位小数
####.0	10.26	10.3	小数点后保留一位小数
00.##	1.253	01.25	小数点前不足两位以 0 补齐，小数点后保留两位小数
正数;负数;零	1	正数	大于 0，显示为"正数"
正数;负数;零	0	零	等于 0，显示为"零"
正数;负数;零	−1	负数	小于 0，显示为"负数"
0000-00-00	20200506	2020-5-6	按所示形式表示日期
0000 年 00 月 00 日	20200506	2020 年 5 月 6 日	按所示形式表示日期

续表

格式代码	数值	显示结果	说明
AAAA	2020-5-6	星期三	显示为中文星期几全称
dddd	2020-5-6	Wednesday	显示为英文星期几全称
[>=90]优秀;[>=60]及格;不及格	90	优秀	大于等于 90，显示为"优秀"
[>=90]优秀;[>=60]及格;不及格	60	及格	大于等于 60，小于 90，显示为"及格"
[>=90]优秀;[>=60]及格;不及格	59	不及格	小于 60，显示为"不及格"

表 4-26

类别	参数	要求	函数公式	结果
大小写转换	I can do	首字母转化为大写	PROPER(A2)	I Can Do
	I can do	全部转化为大写	UPPER(A2)	I CAN DO
	I can do	全部转化为小写	LOWER(A2)	i can do
日期转换	2020-6-15	转换为中文星期几	TEXT（A2,"aaaa")	星期一
	2020-6-15	转换为英文星期几	TEXT（A2,"dddd")	Monday
	2020-6-15	转换为周	WEEKNUM(A2)	25
	2020-6-15	计算与国庆节倒计时	DATE(2020,10,1)-A2	108
时间转换	18:00:45	换算为秒	A2*24*3600	64845
	18:00:45	换算为分钟	A2*24*60	1080.75
	18:15:00	换算为小时	A2*24	18.25
数值转换	5.36	四舍五入	ROUND(A2,1)	5.4
	5.36	向下取整	ROUNDDOWN(A2,1)	5.3
	5.36	向上取整	ROUNDUP(A2,1)	5.4
	5.364	按约定值倍数向上舍入	CEILING(A2,0.5)	5.5
	−5.36	取绝对值	ABS(A2)	5.36
日期转数字	2021-6-15	日期转数字	TEXT(A2,"yyyymmdd")	20210615
数字转日期	20210615	数字转日期格式	TEXT(A2,"0000-00-00")	2021-06-15
	20210615	数字转日期格式	TEXT(A2,"0000 年 00 月 00 日")	2021 年 06 月 15 日
其他转换	138▩796	分段显示	TEXT(A2,"000-0000-0000")	▩
	150▩811	隐藏中间 4 位	REPLACE(A2,4,4,"****")	150****1811

4.3.7 拆：拆分数据，剥离出有用的部分

在数据规范化处理的过程中，常常会遇到产品名不统一，或者数据前后添加有字母或单词等现象，这时就需要运用"拆"字诀，从不规范的数据中分离出有用的部分；反过来有时候也需要将两个或两个以上的数据合并成有用的数据，不过这里就不另外设置一个"合"字诀了，拆与合的处理都归类于"拆"字诀。

【案例 15——拆分宽度固定的数据】

某厂统计员拿到一个产品物料号表格，物料号的表示方法为"4 位平台号-材料号"，如表 4-27所示。

统计员只需要其中的材料号，因此他采用分列的方法将材料号拆分出来。先选中整个物料号的

数据，然后单击"数据"选项卡下的"分列"按钮，如图 4-27 所示。在弹出的"文本分列向导"对话框中选择"固定宽度"单选项，然后单击"下一步"按钮，如图 4-28 所示。

表 4-27

物料号
C310-K74MF
C380-T44ME
C310-T44MF
C311-T44MG
C330-T44MH
C310-T44MJ
C343-T44MK
C310-TR880
C310-TR881

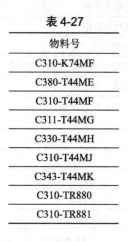

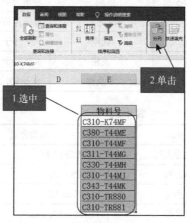

图 4-27

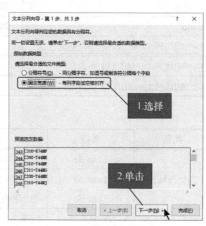

图 4-28

拖动分列线到"–"符号后，单击"下一步"按钮，如图 4-29 所示。选择"不导入此列"单选项，并单击"完成"按钮，如图 4-30 所示。

分列完成后，可以看到所有的材料号已经被单独分离出来了，如表 4-28 所示。

图 4-29

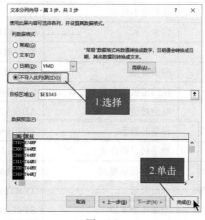

图 4-30

表 4-28

物料号
K74MF
T44ME
T44MF
T44MG
T44MH
T44MJ
T44MK
TR880
TR881

【案例 16——拆分分隔符号固定的数据】

有时候在需要拆分的数据中，其列宽并不是统一的，就没有办法使用上一个案例中讲解的方法来进行拆分。不过这类数据中一般都具有一个固定的分隔符号，如"–"","""."或空格等，如表 4-29 所示，此时可以使用此分隔符号作为拆分的依据。

统计员希望将"–"符号后的数字单独拆分出来，仍然先选中整列数据，然后单击"数据"选项卡下的"分列"按钮，如图 4-31 所示。在弹出"文本分列向导"对话框中选择"分隔符号"单选项，并单击"下一步"按钮，如图 4-32 所示。

表 4-29

平台
M391S1
M0302-285
M0402-285
M050188-305
M181S
M221S
M0402-295
M252S
M271S

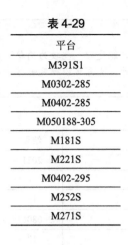

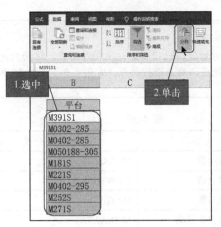

图 4-31

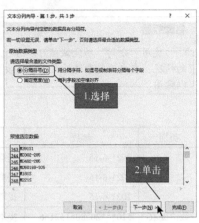

图 4-32

勾选"其他"复选框，并在其后的文本框中输入分隔符号"–"，然后单击"下一步"按钮，如图 4-33 所示。之后直接单击"完成"按钮即可，如图 4-34 所示。

图 4-33

图 4-34

拆分完成后的结果如图 4-35 所示。

B	C
平台	
M391S1	
M0302	285
M0402	285
M050188	305
M181S	
M221S	
M0402	295
M252S	
M271S	

图 4-35

从上图可以看出，这一次的拆分没有改变原来的数据列，而是将拆分好的数据放置在旁边的列中，跟上一个案例拆分的结果有一定的区别，这是因为上一个案例拆分在最后一步选择了"不导入此列"单选项。大家可以动手操作一下，体会其中的区别。

名师经验

使用“分列”功能诚然可以方便地对数据进行拆分，但相对而言，该功能也只能处理一些较为简单的情况。在更为复杂的情况下就需要使用函数来进行拆分，常用案例如表 4-30 所示，大家可以研究并学以致用。

表 4-30

类别	参数	要求	公式	结果
数值提取	2021-6-15	提取年数	YEAR(A2)	2021
	2021-6-15	提取月数	MONTH(A2)	6
	2021-6-15	提取日数	DAY(A2)	15
	510***200806152166	提取出生日期	MID(A2,7,8)	20080615
	2008-6-15	计算年龄	DATEDIF(A2,TODAY(),"Y")	12
	2008-6-15	计算月龄	DATEDIF(A2,TODAY(),"m")	145
	510***200806152166	提取性别	IF(ISODD(MID(A2,17,1)),"男","女")	女
字符提取	ABCDEFGHIG	返回左边起 *N* 个字符	LEFT(A2,5)	ABCDE
	ABCDEFGHIG	返回右边起 *N* 个字符	RIGHT(A2,5)	FGHIG
	AB123 好	返回字符串的长度	LEN(A2)	6
	AB123 好	返回字节的长度	LENB(A2)　　提示：一个汉字等于两个字节	7

【案例 17——通过合并操作消除数据隐患】

在实际工作中常常会遇到产品号、零件号或物料号以“0”开头，如图 4-36 所示，这样可能会导致在统计时出现错误。

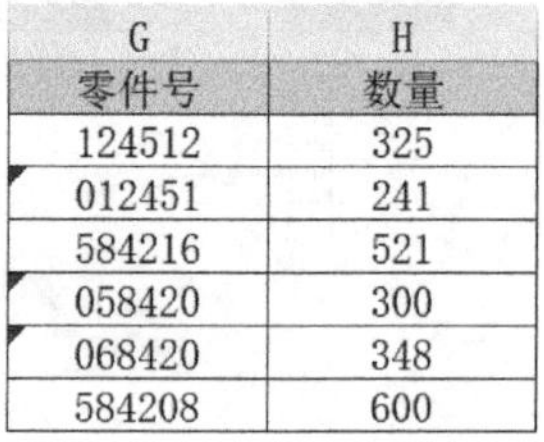
G
H
零件号
数量
124512
325
012451
241
584216
521
058420
300
068420
348
584208
600

图 4-36

在遇到这样的情况时，可以在所有的数据前加上一个统一的字母，这样就能避免出现错误。例如，这里要在所有的零件号前面加上字母“C”，可以在“零件号”左边新增一列，表头命名为“辅助件号”，并在表头下第 1 个单元格里输入“="C"&G386”，如图 4-37 所示。输入完毕后，采用拖动的方式将该公式复制到同一列的其他单元格中，即可在所有的零件号前面都添加一个字母“C”，如图 4-38 所示。

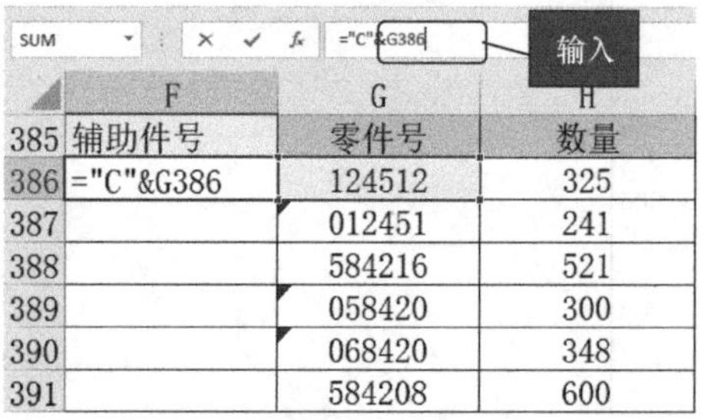
SUM
="C"&G386
输入
F
G
H
385 辅助件号
零件号
数量
386 ="C"&G386
124512
325
387
012451
241
388
584216
521
389
058420
300
390
068420
348
391
584208
600

图 4-37

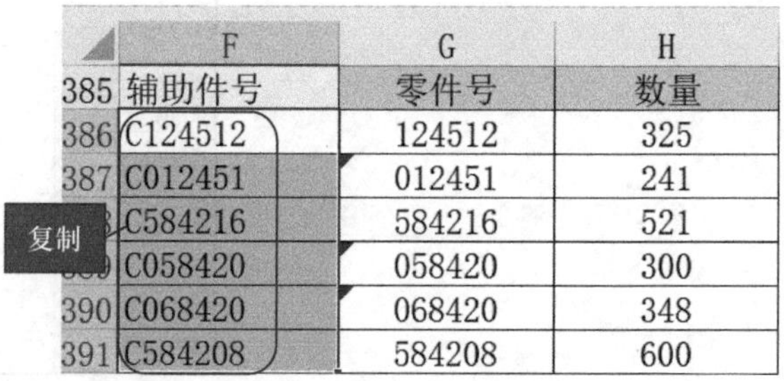
F
G
H
385 辅助件号
零件号
数量
386 C124512
124512
325
387 C012451
012451
241
C584216
584216
521
复制
C058420
058420
300
390 C068420
068420
348
391 C584208
584208
600

图 4-38

名师经验

合并的方法也有很多，如使用 CONCATENATE 函数、TEXTJOIN 函数等，下面给出一些常用的案例供大家参考，如表 4-31 所示。

表 4-31

字符 1	字符 2	字符 3	要求	公式	结果
Excel	数据	分析	合并字符	A2&B2&C2	Excel 数据分析
Excel	数据	分析	合并字符	CONCATENATE(A2,B2,C2)	Excel 数据分析
Excel	数据	分析	合并字符	PHONETIC(A2:C2)	Excel 数据分析
Excel	数据	分析	合并字符	TEXTJOIN("|",1,A2:C2)	Excel|数据|分析
A	函数		合并字符	TEXTJOIN("|",1,A2:B4)	A|函数|B|+|C|图表
B	+				
C	图表				

4.3.8 分：将数据分类，让分析更加方便

有时候采集到的原始数据非常杂乱，需要分类以后才能进行分析。分类工作一般都使用函数进行，效率较高。

【案例 18——利用 IF 函数为数据分类】

某公司对产品的销售量进行了统计，原始数据如图 4-39 所示。

分析人员希望将销售量按照“小于 500”“大于等于 500，但小于 1000”“大于等于 1000”的原则进行分类。他先在“销售量”列旁边新增一列，表头设置为“判断”，然后在该表头下的第 1 个单元格内输入“=IF(H427>=1000,"大于 1000",IF(H427>=500,"500～1000","小于 500"))”，如图 4-40 所示。

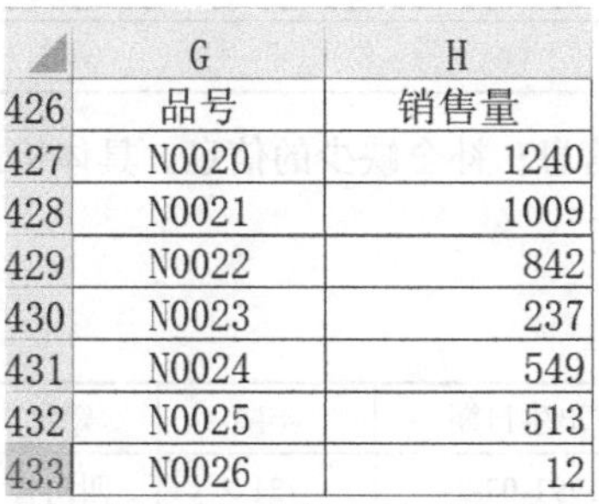

	G	H
426	品号	销售量
427	N0020	1240
428	N0021	1009
429	N0022	842
430	N0023	237
431	N0024	549
432	N0025	513
433	N0026	12

图 4-39

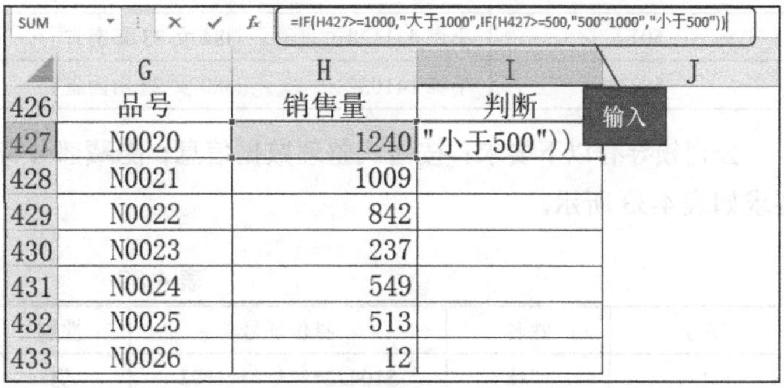

	G	H	I	J
426	品号	销售量	判断	
427	N0020	1240	"小于500"))	
428	N0021	1009		
429	N0022	842		
430	N0023	237		
431	N0024	549		
432	N0025	513		
433	N0026	12		

图 4-40

输入完毕后，采用拖动的方式将该公式复制到同一列的其他单元格中，即可将每一个品号的产品按销售量分类，如图 4-41 所示。

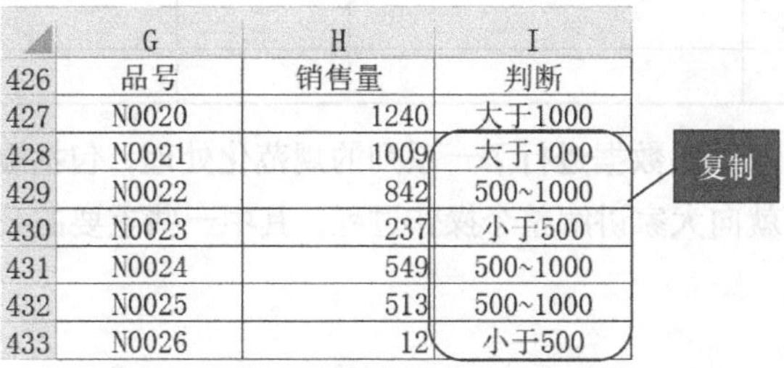

	G	H	I
426	品号	销售量	判断
427	N0020	1240	大于1000
428	N0021	1009	大于1000
429	N0022	842	500~1000
430	N0023	237	小于500
431	N0024	549	500~1000
432	N0025	513	500~1000
433	N0026	12	小于500

图 4-41

名师经验

分类的方法常用于定义价格范围、产品档次、盈利或亏损、索赔率分级等。将数据分类以后创建的图表，看起来会更加直观。

4.4 人员信息数据综合处理的案例

每一个组织都会存在整理人员信息数据的工作。当数据量非常大的时候，整理工作将会变得非常烦琐。善用本章讲解的各种方法，可以快速有效地提高数据规范化处理的效率。

【案例 19——处理表格中数据不准确、不标准、缺失等问题】

某公司统计了本公司员工的基本信息，但原始数据存在格式不规范、数据缺失、数据混杂等情况，如表 4-32 所示。

表 4-32

序号	信息
1	刘林 510422▓▓▓▓▓393 男 31 四川省
2	吴海 130426▓▓▓▓▓312 男 28 河北省
3	李高艳 500101▓▓▓▓▓397 男 33 重庆市
4	小梅 141825▓▓▓▓▓336
500	王梅宇 511826▓▓▓▓▓346 女 47 四川省
501	小卢 431128▓▓▓▓▓384 女 33 湖南省
502	小雅 141032▓▓▓▓▓380 女 29 山西省

公司领导有以下要求：按格式整理数据信息；隐藏部分身份信息；补全缺少的信息。具体格式要求如表 4-33 所示。

表 4-33

序号	姓名	身份证号	性别	出生日期	年龄	籍贯
1	刘林	510422**********93	男	1991-03-24	31	四川省

统计人员按照要求，对原始数据进行了一系列的规范化处理，包括删除空行、拆分数据、补齐数据、替换数据等。下面就向大家讲解整个操作过程，其中一些重要的公式和步骤会进行展示，过于简单的操作则会略讲。

（1）删除空行。

由于原始数据中存在很多空行，因此数据规范化处理的第一步就要把这些空行删除掉。首先选中所有的数据单元格，然后按 Ctrl+G 组合键，在弹出的对话框中单击"定位条件"按钮，在弹出的"定位条件"对话框中选择"空值"单选项进行定位，如图 4-42 所示。

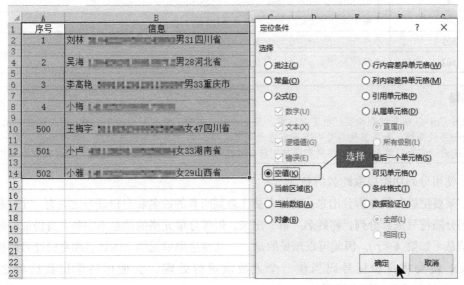

图 4-42

可以看到所有的空白单元格都被选中了，即所有的空行都被选中了。此时可以选择"删除"下拉列表中的"删除工作表行"选项删除空行，如图 4-43 所示。

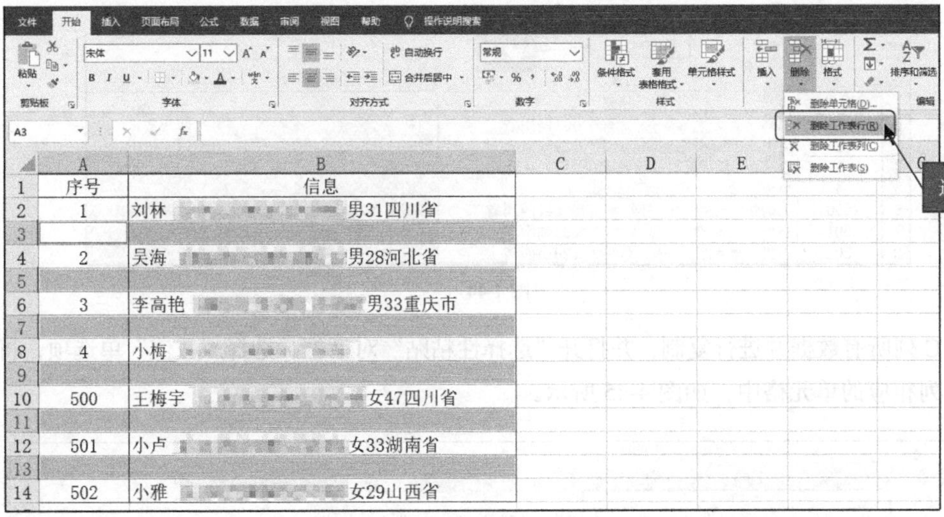

图 4-43

删除掉所有空行以后，结果如表 4-34 所示。

表 4-34

序号	信息
1	刘林 男 31 四川省
2	吴海 男 28 河北省
3	李高艳 男 33 重庆市

续表

序号	信息
4	小梅
500	王梅宇　　　　　　　　　女 47 四川省
501	小卢　　　　　　　　　　女 33 湖南省
502	小雅　　　　　　　　　　女 29 山西省

名师经验

　　使用 Ctrl+G 组合键删除空行时需要注意，其他非空行里面不能有空白的单元格，否则这些单元格所在的行会一并被删掉。如果其他非空行里面有空白的单元格，则可以使用筛选功能，在"序号"这一列单元格中筛选出"空白"单元格，这样所有的非空行会被隐藏，此时只需要选中所有的空行进行删除即可。

　　（2）使用分列功能提取姓名信息。

　　接下来要把姓名信息拆分出来。统计人员注意到所有的姓名和身份证号之间有一个空格，因此可以使用分隔符号进行分列，将姓名"拆"出来。但部分单元格的信息不完整，身份证号码后没有性别等信息（如第 4 行），因此可以预见的是，一旦将这类单元格中的姓名和身份证号码拆分开以后，Excel 就会将身份证号码当作一个大数值进行处理，会使用科学记数法将之显示为"1.41825E+17"，这是不符合需要的。

　　为了方便地解决这个问题，最好在"信息"列所有的单元格数据后面添加一些文本，例如字母"M"。添加的方法是在 C2 单元格中输入"=B2&"M""，然后使用拖动法将此公式复制到该列其他的单元格中，结果如图 4-44 所示。

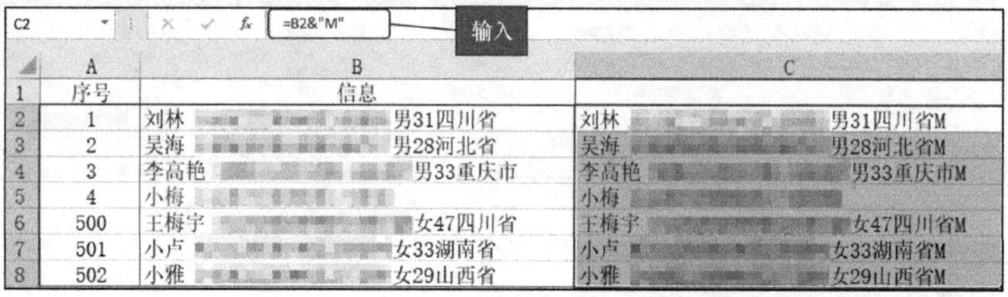

图 4-44

　　选择 C 列所有数据并进行复制，并打开"选择性粘贴"对话框，选择"数值"单选项，将数据粘贴到 B 列相应的单元格中，如图 4-45 所示。

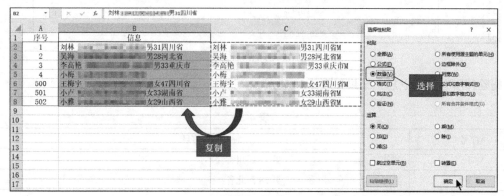

图 4-45

名师经验

　　在这里选择"数值"单选项进行复制的目的是将 C 列的计算结果复制到 B 列中，然后即可删除多余的 C 列。如果直接删除 B 列会出现错误，因为 C 列的计算公式引用了 B 列的数据，一旦 B 列数据消失，C 列的计算结果就会出错；而采用普通复制方法的话，会将 C 列的计算公式而非计算结果复制出来，这样也会出现错误，因此必须选择"数值"单选项进行复制。

　　之后删掉多余的 C 列数据，并把 B 列数据的表头改为"姓名"，这就处理好了部分可能出错的数据。然后选中"姓名"列所有的单元格，并单击"数据"选项卡下的"分列"按钮，在弹出的对话框中设置使用空格进行分列，如图 4-46 所示。

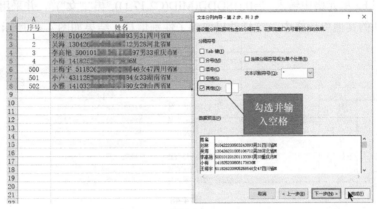

图 4-46

　　将姓名分列出来之后，结果如表 4-35 所示。

表 4-35

序号	姓名	
1	刘林	男 31 四川省 M
2	吴海	男 28 河北省 M
3	李高艳	男 33 重庆市 M
4	小梅	
500	王梅宇	女 47 四川省 M
501	小卢	女 33 湖南省 M
502	小雅	女 29 山西省 M

　　（3）使用 LEFT 函数提取身份证号信息。

　　身份证号都是统一的 18 位，因此这里可以使用分列功能来提取身份证号，也可以使用函数来达到目的。为了向大家展示更多的方法，这里使用 LEFT 函数进行操作。统计人员在 D2 单元格中输入"=LEFT(C2,18)"，然后将此公式复制到该列的其他单元格中，最后为该列输入表头"身份证号"，结果如图 4-47 所示。

　　（4）使用 IF 函数提取性别信息。

　　从一个人的身份证号中可以得知其性别，因为身份证号的第 17 位是性别代码，奇数代表男性，偶数代表女性。这里可以使用几个嵌套的函数来进行判断。首先使用 MID 函数取出身份证号的第 17 位，然后使用 ISODD 函数判断其奇偶性，最后使用 IF 函数进行对应的输出，奇数输出为"男"，偶数输出为"女"。判断性别的函数组合的用法可以参考表 4-30 中的一个简单案例。

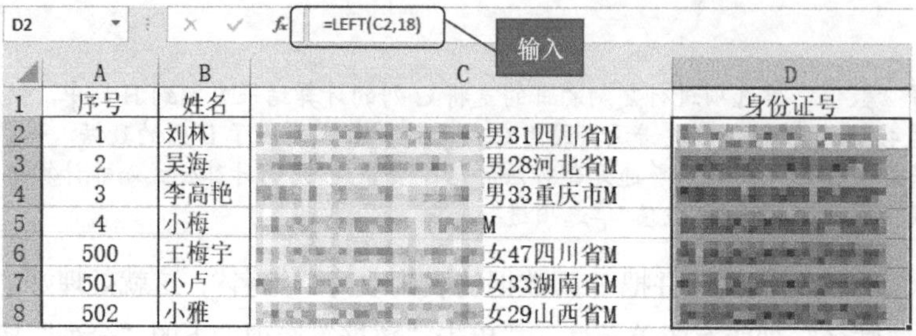

图 4-47

统计人员在 F2 单元格中输入 "=IF(ISODD(MID(C2,17,1)),"男","女")"，并采用拖动的方法将此公式复制到该列的其他单元格中，这样就提取到了性别信息，结果如图 4-48 所示。

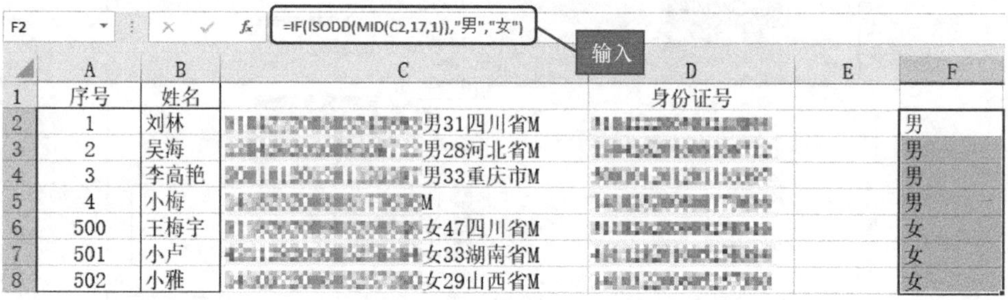

图 4-48

之后仍然采用 "数值" 复制功能将计算结果复制到 E 列，并为 E 列输入表头 "性别"，再删除掉 F 列数据，结果如图 4-49 所示。

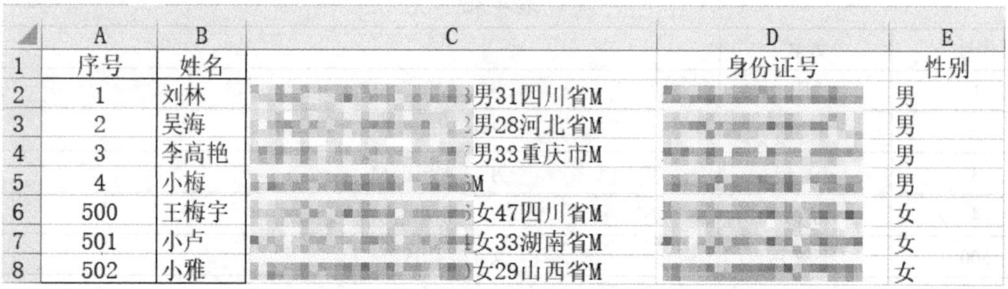

图 4-49

（5）使用 MID 函数提取出生日期。

从身份证号中也可以看出持有人的出生日期。身份证号中的第 7 位到第 10 位代表出生年份，第 11 位和第 12 位代表出生月份，第 13 位和第 14 位代表出生日。因此，只要使用 MID 函数即可提取出持有人的出生日期，还可以用 TEXT 函数来指定日期的显示格式，如本案例要求的 "0000-00-00" 格式。该函数组合用法可以参考表 4-30 中的一个简单案例。

统计人员在 G2 单元格中输入 "=TEXT(MID(C2,7,8),"0000-00-00")"，并采用拖动的方法将此公式复制到该列的其他单元格中，这样就提取到了出生日期，并赋予其符合要求的格式，如图 4-50 所示。

之后仍然采用 "数值" 复制功能将计算结果复制到 F 列，并为 F 列输入表头 "出生日期"，再删除掉 G 列数据，结果如图 4-51 所示。

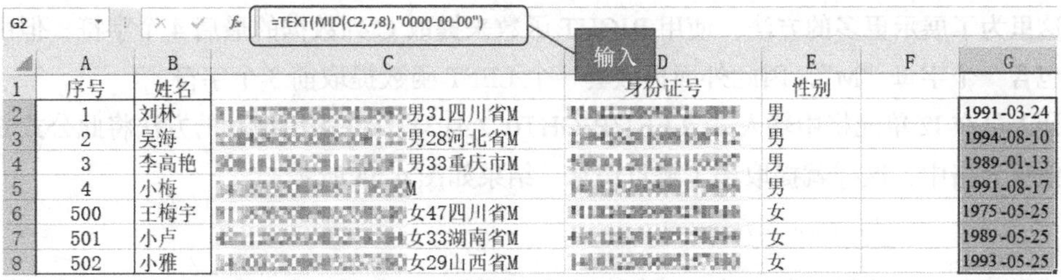

图 4-50

图 4-51

（6）使用 DATEDIF 函数计算年龄。

计算年龄的方法有很多，可以用当前日期减去出生日期，也可以使用函数来方便地计算年龄，这里使用 DATEDIF 函数与 TODAY 函数组合来进行演示，其中 TODAY 函数用于取得当前日期，DATEDIF 函数用于计算并输出当前日期与指定日期的年份差值。该函数组合的用法可以参考表 4-30 中的一个简单案例，同时 DATEDIF 函数也可计算月、日的差值。

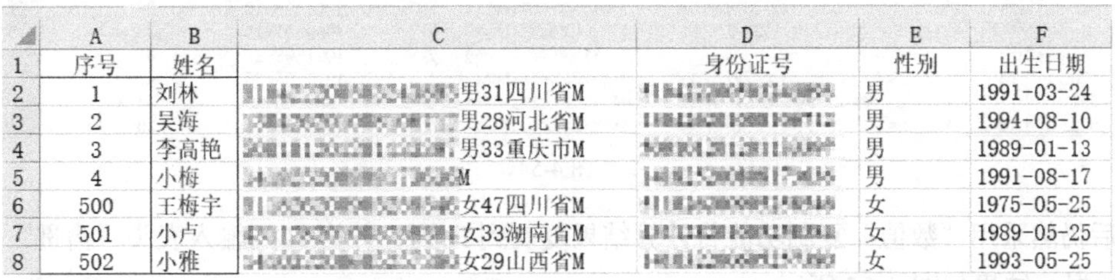

统计人员在 H2 单元格中输入"=DATEDIF(F2,TODAY(),"Y")"，并采用拖动的方法将此公式复制到该列的其他单元格中，这样就计算出了年龄，结果如图 4-52 所示。

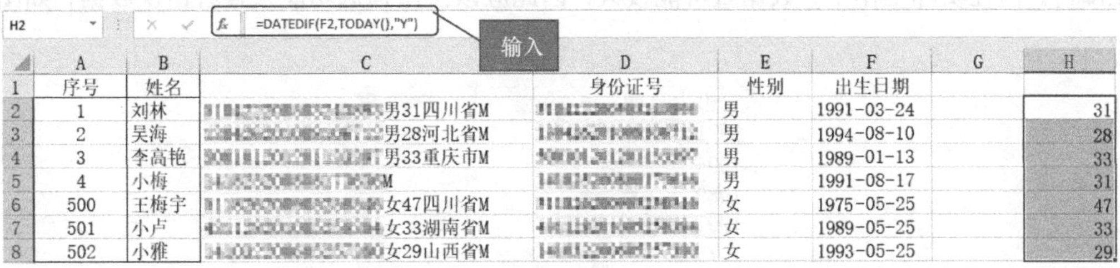

图 4-52

之后仍然采用"数值"复制功能将计算结果复制到 G 列，并为 G 列输入表头"年龄"，再删除掉 H 列数据，结果如图 4-53 所示。

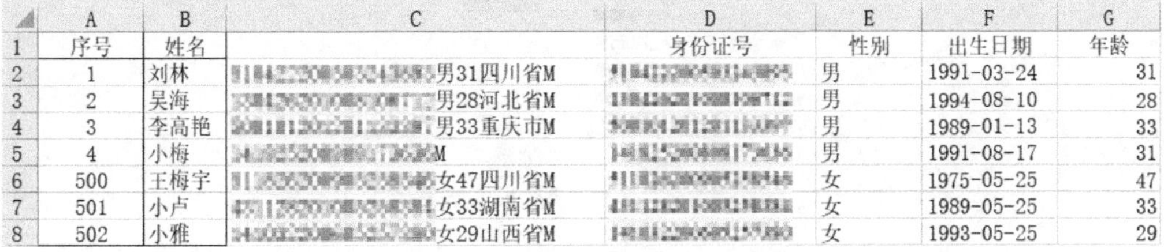

图 4-53

（7）使用 RIGHT 函数提取籍贯信息。

人员籍贯信息位于 C 列数据中，可以使用多种方法进行提取，如分列、RIGHT 函数、MID 函数等。这里为了展示更多的方法，使用 RIGHT 函数来提取 C 列数据的最后 4 个字符，但由于提取结果中包含一个字母"M"，因此外面再嵌套一个 LEFT 函数提取前 3 个字符。

统计人员在 I2 单元格中输入"=LEFT(RIGHT(C2,4),3)"，并采用拖动的方法将此公式复制到该列的其他单元格中，这样就提取出了籍贯信息，结果如图 4-54 所示。

	A	B	C	D	E	F	G	H	I
								输入	
1	序号	姓名		身份证号	性别	出生日期	年龄		
2	1	刘林	男31四川省M		男	1991-03-24	31		四川省
3	2	吴海	男28河北省M		男	1994-08-10	28		河北省
4	3	李高艳	男33重庆市M		男	1989-01-13	33		重庆市
5	4	小梅	男M		男	1991-08-17	31		636
6	500	王梅宇	女47四川省M		女	1975-05-25	47		四川省
7	501	小卢	女33湖南省M		女	1989-05-25	33		湖南省
8	502	小雅	女29山西省M		女	1993-05-25	29		山西省

图 4-54

之后仍然采用"数值"复制功能将计算结果复制到 H 列，并为 H 列输入表头"籍贯"，再删除掉 I 列数据，结果如图 4-55 所示。

	A	B	C	D	E	F	G	H
1	序号	姓名		身份证号	性别	出生日期	年龄	籍贯
2	1	刘林	男31四川省M		男	1991-03-24	31	四川省
3	2	吴海	男28河北省M		男	1994-08-10	28	河北省
4	3	李高艳	男33重庆市M		男	1989-01-13	33	重庆市
5	4	小梅	男M		男	1991-08-17	31	636
6	500	王梅宇	女47四川省M		女	1975-05-25	47	四川省
7	501	小卢	女33湖南省M		女	1989-05-25	33	湖南省
8	502	小雅	女29山西省M		女	1993-05-25	29	山西省

图 4-55

由于案例中的数据较少，大家可以直接看到 H5 单元格显示的籍贯信息不正确，对之进行手动修正即可。但在实际工作中，数据量可能较大，因此应该使用筛选功能来查看错误数据，如图 4-56 所示。

图 4-56

将这类错误数据筛选出来之后，如果发现它们没有规律，一般就只能手动修正了，修正后结果如表 4-36 所示。

表 4-36

序号	姓名		身份证号	性别	出生日期	年龄	籍贯
1	刘林	男 31 四川省 M		男	1991-03-24	31	四川省
2	吴海	男 28 河北省 M		男	1994-08-10	28	河北省
3	李高艳	男 33 重庆市 M		男	1989-	33	重庆市
4	小梅			男	1991-08-17	31	山西省
500	王梅宇	女 47 四川省 M		女	1975-05-25	47	四川省
501	小卢	女 33 湖南省 M		女	1989-05-25	33	湖南省
502	小雅	女 29 山西省 M		女	1993-05-25	29	山西省

（8）使用 REPLACE 函数隐藏身份证号中的部分数字。

为保护隐私，很多表格中都要将身份证号、住址、手机号码等信息进行一定的隐藏，如将其中部分数字或文字替换为"*"符号。前面学习过使用 REPLACE 函数来替换字符的方法，这里仍然以它为例进行讲解，使用它替换掉身份证号中的第 7～16 位数字。

统计人员在 C2 单元格中输入"=REPLACE(D2,7,10,"**********")"，并采用拖动的方法将此公式复制到该列的其他单元格中，这样就进行了符合要求的隐藏操作，结果如图 4-57 所示。

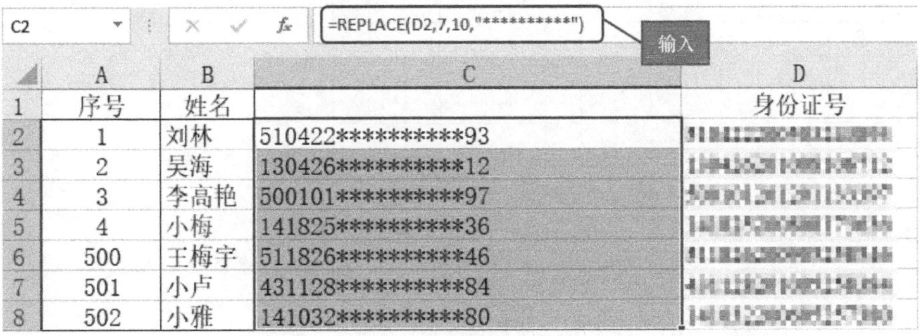

图 4-57

之后仍然采用"数值"复制功能将计算结果复制到 C 列，并为 C 列输入表头"身份证号"，再删除掉 D 列数据，这样整个数据规范化处理就完成了，结果如表 4-37 所示。

表 4-37

序号	姓名	身份证号	性别	出生日期	年龄	籍贯
1	刘林	510422**********93	男	1991-03-24	31	四川省
2	吴海	130426**********12	男	1994-08-10	28	河北省
3	李高艳	500101**********97	男	1989-01-13	33	重庆市
4	小梅	141825**********36	男	1991-08-17	31	山西省
500	王梅宇	511826**********46	女	1975-05-25	47	四川省
501	小卢	431128**********84	女	1989-05-25	33	湖南省
502	小雅	141032**********80	女	1993-05-25	29	山西省

之后还可以进行一些格式上的美化，这里就不再详细介绍了，大家可以根据自己的需求进行操作。

第5章
数据分析必备函数使用和数据透视技术

　　分析数据时，常常需要对数据进行分类与统计，有时又需要查找与定位一些符合特定条件的数据，这种烦琐的工作一般都是用函数来自动完成，往往一个简单的函数就可以瞬间完成大量的工作，效率远胜人工；此外，为了更直观地分析归类出来的数据，掌握数据透视表与切片器的使用方法也是非常有必要的。总的来说，为了能够更方便地分析数据，读者需要掌握图 5-1 所示的函数使用与数据透视技术。

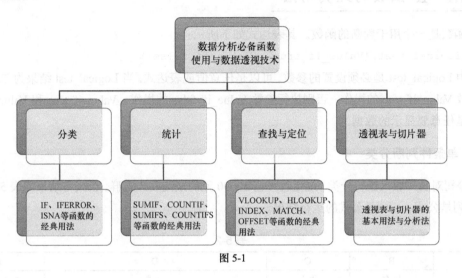

图 5-1

5.1 | 必备的数据分类函数

　　在批量分析数据时，数据分类的过程是必不可少的。如果数据没有分类，或者分析对象太分散，就无法高效率地分析数据。

　　数据分类是指按照数据的属性，结合分析维度将数据分为多个集合。可以用作分类的属性通常有时间、区域、重量等，如表 5-1 所示。

表 5-1

属性	示例
时间	如年、季、月、日等
区域	如欧洲、亚洲、北美洲等；北京、上海、广州等
性别	如男、女
等级	如高档、中档、低档
重量	如高于 200kg、150kg~200kg、小于 150kg 等
……	……
自定义	如利润大于 200%、利润为 10%~20%、利润小于 10%等

　　很多函数都可以用于数据分类，这里仅讲解最常用，也最方便的 IF、IFERROR、ISNA 这 3 个函数的经典用法。

名师经验

　　Excel 对函数名称中字母的大小写是不敏感的，也就是说函数名称可以是大写，也可以是小写，甚至是大小写混合。在 Excel 中输入函数名称后，Excel 会自动将所有字母变成大写。

5.1.1　IF 函数的经典用法

IF 函数是一个用于判断的函数。其表达式如下所示：

`IF(Logical_test,[Value_if_true],[Value_if_false])`

其中 Logical_test 是必须设置的参数，可以是任意值或表达式。当 Logical_test 结果为 TRUE 时，执行参数 Value_if_true 的操作，否则执行参数 Value_if_false 的操作。Value_if_true 和 Value_if_false 也可以是任意要显示的数据。

1．单条件判断分类

某公司对员工收入进行分类，规定收入超 30000 元的是高收入人群，公式与结果如表 5-2 所示，其中 D 列是公式，E 列是公式的运行结果。

表 5-2

	B	C	D	E
12	姓名	收入	公式	判断分类
13	小林	22000	IF(C13>30000,"高收入","")	
14	小柯	35000	IF(C14>30000,"高收入","")	高收入
15	小威	28000	IF(C15>30000,"高收入","")	
16	小李	55000	IF(C16>30000,"高收入","")	高收入
17	小红	15000	IF(C17>30000,"高收入","")	
18	小马	32000	IF(C18>30000,"高收入","")	高收入

2．IF + AND 多条件判断分类

很多时候需要对同时满足两个或两个以上的条件的数据进行分类，此时可以用 IF + AND 函数组合来进行判断。AND 函数的表达式如下所示：

`AND(Logical1,[Logical2],...)`

其中 Logical1、Logical2 等参数都是用于判断的条件。参数 Logical1 是必须要输入的条件，参数 Logical2 及之后的条件都不一定必须有，但一般至少都会输入两个条件进行判断。如果所有条件同时满足，则 AND 函数会返回 TRUE，否则返回 FALSE，而 IF 函数则根据返回的值进行不同的分类操作。

例如对销售科员工按业绩分类，利润率高于 10% 且销售价大于 2000 元的员工分类为"优"，判断公式与结果如表 5-3 所示。

表 5-3

	B	C	D	E	F
28	姓名	利润率	销售价	公式	判断分类
29	小罗	18%	1500	IF(AND(C29>10%,D29>2000),"优","")	

	B	C	D	E	F
30	小林	24%	2300	IF(AND(C30>10%,D30>2000),"优","")	优
31	小唐	19%	2600	IF(AND(C31>10%,D31>2000),"优","")	优
32	小韩	8%	2700	IF(AND(C32>10%,D32>2000),"优","")	
33	小李	29%	2200	IF(AND(C33>10%,D33>2000),"优","")	优
34	小红	27%	1200	IF(AND(C34>10%,D34>2000),"优","")	

3. IF + OR 多条件判断分类

也有很多时候，某个数据只要满足多个条件中一个，就会被归入某个分类。这种情况可以用 IF + OR 函数组合来进行判断。OR 函数的表达式如下所示：

OR(Logical1,[Logical2],...)

其中 Logical1、Logical2 等参数都是用于判断的条件，使用规范与 AND 函数一样。在判断时，只要任意一个条件成立，OR 函数就会返回 TRUE，否则返回 FALSE，再利用 IF 函数进行判断。

同学们的两次跳远成绩只要有一次高于 1.2，就判断为"及格"，判断公式与结果如表 5-4 所示。

表 5-4

	B	C	D	E	F
41	姓名	成绩 1	成绩 2	公式	判断分类
42	小罗	1.30	1.20	IF(OR(C42>1.2,D42>1.2,"及格","")	及格
43	小林	1.00	1.60	IF(OR(C43>1.2,D43>1.2,"及格","")	及格
44	小唐	1.10	1.50	IF(OR(C44>1.2,D44>1.2,"及格","")	及格
45	小韩	0.90	1.20	IF(OR(C45>1.2,D45>1.2,"及格","")	
46	小李	1.10	0.90	IF(OR(C46>1.2,D46>1.2,"及格","")	
47	小红	1.30	1.00	IF(OR(C47>1.2,D47>1.2,"及格","")	及格

4. IF + IF 多条件判断分类

有时候需要将数据分成 3 类或更多的类，此时可以用 IF + IF 函数组合来进行判断。例如，某公司统计员工的收入情况，月收入超 30000 元的是高收入人群，月收入在 20000～30000 元的是中等收入人群，月收入低于 20000 元的则为低收入人群，判断公式与结果如表 5-5 所示。

表 5-5

	B	C	D	E
55	姓名	收入	公式	判断分类
56	小林	22000	IF(C56>30000,"高收入",IF(C56>20000,"中等收入","低收入"))	中等收入
57	小柯	35000	IF(C57>30000,"高收入",IF(C57>20000,"中等收入","低收入"))	高收入
58	小威	28000	IF(C58>30000,"高收入",IF(C58>20000,"中等收入","低收入"))	中等收入
59	小李	55000	IF(C59>30000,"高收入",IF(C59>20000,"中等收入","低收入"))	高收入
60	小红	15000	IF(C60>30000,"高收入",IF(C60>20000,"中等收入","低收入"))	低收入
61	小马	32000	IF(C61>30000,"高收入",IF(C61>20000,"中等收入","低收入"))	高收入

5. IF + IF + AND 多条件判断分类

有时候需要对多类数据进行判断，如筛选出 A 类数据中同时符合某些条件的数据，以及 B 类数据中同时符合某些条件的数据。要将这种判断在一个公式中完成，就要用到 IF + IF + AND 函数组合。例如某选秀活动，若男生颜值高于 200，则归类为"帅哥"；若女生颜值高于 200，则归类为"美女"，判断公式与结果如表 5-6 所示。

表 5-6

	B	C	D	E	F
70	姓名	颜值	性别	公式	判断分类
71	高林	200	男	IF(AND(D71="男",C71>200),"帅哥",IF(AND(D71="女",C71>200),"美女",""))	
72	罗东	190	男	IF(AND(D72="男",C72>200),"帅哥",IF(AND(D72="女",C72>200),"美女",""))	
73	韩丽	240	女	IF(AND(D73="男",C73>200),"帅哥",IF(AND(D73="女",C73>200),"美女",""))	美女
74	吴昊	230	男	IF(AND(D74="男",C74>200),"帅哥",IF(AND(D74="女",C74>200),"美女",""))	帅哥
75	刘红	180	女	IF(AND(D75="男",C75>200),"帅哥",IF(AND(D75="女",C75>200),"美女",""))	
76	李爽	200	女	IF(AND(D76="男",C76>200),"帅哥",IF(AND(D76="女",C76>200),"美女",""))	
77	左军	180	男	IF(AND(D77="男",C77>200),"帅哥",IF(AND(D77="女",C77>200),"美女",""))	

6. IF + OR + AND 多条件判断分类

有时候需要筛选出 A 类数据中符合某些条件中任意一个条件的数据，以及 B 类数据中符合某些条件中任意一个条件的数据。要将这种判断在一个公式中完成，就要用到 IF + OR + AND 函数组合。仍然以选秀活动为例，当男生颜值高于 200 或女生颜值高于 240 时，都可以入选，判断公式与结果如表 5-7 所示。

表 5-7

	B	C	D	E	F
83	姓名	颜值	性别	公式	判断分类
84	高林	180	男	IF(OR(AND(D84="男",C84>200),AND(D84="女",C84>240)),"入选","")	
85	罗东	230	男	IF(OR(AND(D85="男",C85>200),AND(D85="女",C85>240)),"入选","")	入选
86	韩丽	200	女	IF(OR(AND(D86="男",C86>200),AND(D86="女",C86>240)),"入选","")	
87	吴昊	240	男	IF(OR(AND(D87="男",C87>200),AND(D87="女",C87>240)),"入选","")	入选
88	刘红	260	女	IF(OR(AND(D88="男",C88>200),AND(D88="女",C88>240)),"入选","")	入选
89	李爽	280	女	IF(OR(AND(D89="男",C89>200),AND(D89="女",C89>240)),"入选","")	入选
90	左军	190	男	IF(OR(AND(D90="男",C90>200),AND(D90="女",C90>240)),"入选","")	

5.1.2 IFERROR 函数的经典用法

有时候索引到的数据存在错误，需要将其分类，此时用 IFERROR 函数是最方便的，因为 IFERROR 函数主要用于检测错误信息并进行处理。IFERROR 函数的表达式如下所示：

```
IFERROR(Value,Value_if_error)
```

如果 Value 的值是错误值，则返回 Value_if_error 的值，否则返回 Value 的值。参数 Value 和 Value_if_error 都可以是任意类型的单值。例如，在价格表中，如果索引到的价格是错误值，则将其归类为"无价商品"，否则显示商品价格，如表 5-8 所示。

表 5-8

	B	C	D	E
101	产品	价格	公式	判断分类
102	梨子	8	IFERROR(C102,"无价商品")	8
103	苹果	#N/A	IFERROR(C103,"无价商品")	无价商品
104	香蕉	12	IFERROR(C104,"无价商品")	12
105	菠萝	#N/A	IFERROR(C105,"无价商品")	无价商品
106	猕猴桃	22	IFERROR(C106,"无价商品")	22
107	枣子	18	IFERROR(C107,"无价商品")	18
108	哈密瓜	16	IFERROR(C108,"无价商品")	16

5.1.3 ISNA 函数的经典用法

ISNA 函数的作用也是在索引过程中发现错误，不过与 IFERROR 函数不同的是，ISNA 函数发现错误后会返回 TRUE，配合 IF 函数即可实现判断后分类。在上一个案例中，当价格不是错误值时，IFERROR 函数会显示价格本身，假如需要显示为其他信息，或执行其他操作，就需要用 IF 函数配合 ISNA 函数来完成。ISNA 函数的表达式如下所示：

```
ISNA(Value)
```

如果 Value 的值是错误值"#N/A"，则返回 TRUE，否则返回 FALSE，配合 IF 函数可以实现更为方便的分类工作。例如，在价格表中，如果索引到的价格是错误值，则将其归类为"无价商品"，否则归类为"OK"，结果如表 5-9 所示。

表 5-9

	B	C	D	E
116	梨子	8	IF(ISNA(C116),"无价商品","OK")	OK
117	苹果	#N/A	IF(ISNA(C117),"无价商品","OK")	无价商品
118	香蕉	12	IF(ISNA(C118),"无价商品","OK")	OK
119	菠萝	#N/A	IF(ISNA(C119),"无价商品","OK")	无价商品
120	猕猴桃	22	IF(ISNA(C120),"无价商品","OK")	OK
121	枣子	18	IF(ISNA(C121),"无价商品","OK")	OK
122	哈密瓜	16	IF(ISNA(C12),"无价商品","OK")	OK

5.2 | 必备的求和与计数函数

求和与计数是数据分析中最常用、最基本的操作。要对大量数据进行求和与计数，则需借助函数才能高效地完成。常用的求和与计数函数包括 SUMIF、COUNTIF、SUMIFS、COUNTIFS 等。

5.2.1　SUMIF 函数单条件求和的经典用法

SUMIF 函数从其函数名就可以看出它的作用，SUM 是指求和，IF 是指判断，因此 SUMIF 函数就是一个用于判断并求和的函数。其表达式如下所示：

SUMIF(Range,Criteria,[Sum_range])

参数 Range 为条件区域，是用于条件判断的单元格区域。

参数 Criteria 是求和条件，是由数字、逻辑表达式等组成的判定条件。

参数 Sum_range 为实际求和区域，是需求和的单元格、单元格区域或引用。当省略第 3 个参数时，条件区域就是实际求和区域。

1. 常规的单条件求和

在工作中，常常需要对某类产品的数量进行求和，表 5-10 所示为一个水果销量统计结果，如果需要统计梨子的总销量，就涉及 D 列（条件区域）与 E 列（求和区域）的数据，可以使用 SUMIF 函数来一次性完成统计。

表 5-10

	B	C	D	E
12	序号	日期	名称	销量
13	1	2021-1-1	梨子	160
14	2	2021-1-2	猕猴桃	200
15	3	2021-1-3	菠萝	500
16	4	2021-1-4	猕猴桃	300
17	5	2021-1-5	梨子	180
18	6	2021-1-6	菠萝	600
19	7	2021-1-7	猕猴桃	200
20	8	2021-1-8	梨子	450
21	合计			2590

下面给出 8 种常见求和例子，公式与结果如表 5-11 所示。

表 5-11

序号	要求	公式	结果
1	计算猕猴桃的总销量	SUMIF(D13:D20,"猕猴桃",E13:E20)	700
2	计算猕猴桃之外其他产品的总销量	SUMIF(D13:D20,"<>猕猴桃",E13:E20)	1890
3	计算销量大于 400 的产品的总销量	SUMIF(E13:E20,">400",E13:E20)	1550
4	计算低于平均值的产品的总销量	SUMIF(E13:E20,"<"&AVERAGE(E13:E20),E13:E20)	1040
5	计算名称为 3 个字的产品的总销量	SUMIF(D13:D20,"???",E13:E20)	700
6	计算名称中包含"子"的产品的总销量	SUMIF(D13:D20,"*子*",E13:E20)	790
7	计算名称中以"菠"字开头的产品的总销量	SUMIF(D13:D20,"*菠*",E13:E20)	1100
8	计算 1 月 6 日之前的总销量(不含 6 日)	SUMIF(C13:C20,"<2021-1-6",E13:E20)	1340

这些公式并不复杂，只要对照表达式，稍微进行研究即可理解。

名师经验

第 5、6、7 这 3 个例子中使用了"?"和"*"符号。这两个符号称为"通配符"，其中"?"可以代表任意单个字符，"*"可以代表任意单个或多个字符（包括没有字符）。例如，有梨子与车厘子两种水果，使用通配符"?子"可以代表梨子，但不能代表车厘子；使用通配符"*子"可以同时代表梨子与车厘子；使用通配符"??子"只能代表车厘子。

2. 含空白数据的单条件求和

有时候，要统计的单元格中含有空白单元格，其中不包含任何数据。这个时候，可以使用 """" 与 ""<>"" 来表示"空白"与"非空白"，并进行求和计算。这里给出一个包含空白单元格的数据表格，如表 5-12 所示。

表 5-12

	B	C	D	E
27	序号	日期	名称	销量
28	1	2021-1-1	梨子	160
29	2	2021-1-2	猕猴桃	200
30	3	2021-1-3	菠萝	500
31	4	2021-1-4	猕猴桃	300
32	5	2021-1-5		180
33	6	2021-1-6	菠萝	600
34	7	2021-1-7	猕猴桃	200
35	8	2021-1-8	梨子	450
36	合计			2590

对含有空白单元格与不含空白单元格的数据分别求和的公式与结果如表 5-13 所示。

表 5-13

序号	要求	公式	结果
9	计算产品名称为空的总销量	SUMIF(D28:D35,"",E28:E35)	180
10	计算产品名称不为空的总销量	SUMIF(D28:D35,"<>",E28:E35)	2410

3. 以指定单元格为条件来求和

在 SUMIF 函数的表达式中，参数 Criteria 是求和条件，有时候可以将其设置为某个单元格，利用单元格的内容作为求和条件。例如，在一个水果销售统计表旁边，有一个 H41 单元格，其内容为"猕猴桃"，如表 5-14 所示。

表 5-14

	B	C	D	E	F	G	H
41	序号	日期	名称	销量			猕猴桃
42	1	2021-1-1	梨子	160			
43	2	2021-1-2	猕猴桃	200			
44	3	2021-1-3	菠萝	500			
45	4	2021-1-4	猕猴桃	300			
46	5	2021-1-5	梨子	180			
47	6	2021-1-6	菠萝	600			
48	7	2021-1-7	猕猴桃	200			
49	8	2021-1-8	梨子	450			
50	合计			2590			

将 SUMIF 函数的 Criteria 参数设置为 H41，并计算水果销售表中猕猴桃的总销量，其计算公式与结果如表 5-15 所示。

表 5-15

序号	要求	公式	结果
11	计算指定单元格对象的总销量	SUMIF(D42:D49,H41,E42:E49)	700

一些读者可能会问，直接把"猕猴桃"写到公式里不就可以了吗？的确，这样做的效果和上面这个公式是一样的，但是，当需要频繁地修改求和条件时，直接在单元格里输入新的求和条件，要比在语句里修改求和条件方便得多，这就是以单元格内容为条件来求和的方法的优点。

> **名师点拨**
>
> 利用单元格内容进行判断、计算的操作模式就是一种建模思维。

4. 对含错误值的数据求和

有时候，要统计的单元格中含有错误值，如表 5-16 所示，此时直接求和会得到错误的结果。

表 5-16

	B	C	D	E
53	序号	日期	名称	销量
54	1	2021-1-1	梨子	160
55	2	2021-1-2	猕猴桃	200
56	3	2021-1-3	菠萝	500
57	4	2021-1-4	猕猴桃	300

续表

	B	C	D	E
58	5	2021-1-5	梨子	#N/A
59	6	2021-1-6	菠萝	600
60	7	2021-1-7	猕猴桃	200
61	8	2021-1-8	梨子	450

对含有错误值的单元格的数据求和的公式与结果如表 5-17 所示。

表 5-17

序号	要求	公式	结果
12	计算忽略错误值的总销量	SUMIF(E54:E61,"<9E307")	2410

5. SUM + SUMIF 组合求和

当需要对满足两个条件的数据进行求和时，可以使用 SUM + SUMIF 组合函数来计算。先给出一个水果销售统计结果，如表 5-18 所示。

表 5-18

	B	C	D	E
66	序号	日期	名称	销量
67	1	2021-1-1	梨子	160
68	2	2021-1-2	猕猴桃	200
69	3	2021-1-3	菠萝	500
70	4	2021-1-4	猕猴桃	300
71	5	2021-1-5	梨子	180
72	6	2021-1-6	菠萝	600
73	7	2021-1-7	猕猴桃	200
74	8	2021-1-8	梨子	450

如果要统计梨子和菠萝的总销量，单用 SUMIF 函数较难完成，而配合 SUM 函数就非常方便了，计算公式与结果如表 5-19 所示。

表 5-19

序号	要求	公式	结果
13	计算梨子和菠萝的总销量	SUM(SUMIF(D67:D74,{"梨子","菠萝"},E67:E74))	1890

6. SUMIF 错列求和

有的人喜欢将表格做成并排的两列，方便查看，但这样的格式用函数统计数据就会有一点不方便，如表 5-20 所示。

表 5-20

	B	C	D	E	F	G
78	日期	名称	销量	日期	名称	销量
79	2021-1-1	猕猴桃	160	2021-1-9	猕猴桃	160
80	2021-1-2	菠萝	140	2021-1-10	菠萝	130
81	2021-1-3	梨子	120	2021-1-11	梨子	170
82	2021-1-4	梨子	160	2021-1-12	梨子	100
83	2021-1-5	梨子	180	2021-1-13	猕猴桃	170
84	2021-1-6	猕猴桃	200	2021-1-14	梨子	190
85	2021-1-7	菠萝	150	2021-1-15	菠萝	110
86	2021-1-8	梨子	110	2021-1-16	梨子	120

对于这样的表格，在用函数求和时就要加入一点"错位"的技巧。这里以统计猕猴桃的总销量，以及统计梨子与菠萝的总销量为例进行讲解，计算公式与结果如表 5-21 所示。

表 5-21

序号	要求	公式	结果
14	计算猕猴桃的总销量	SUM(C79:F86,"猕猴桃",D79:G86")	690
15	计算梨子和菠萝的总销量	SUM(SUMIF(C79:F86,{"梨子","菠萝"},D79:G86))	1680

名师经验

SUMIF 函数在统计过程中应用非常广泛，经常与 IF、SUM、VLOOKUP、OFFSET 等函数进行嵌套使用，建议大家加强对这方面的学习。

5.2.2　COUNTIF 函数单条件计数的经典用法

COUNTIF 是一个统计函数，用于统计满足某个条件的单元格的数量。其表达式如下所示：

COUNTIF(Range,Criteria)

参数 Range 表示要计算的单元格区域，参数 Criteria 是以数字、表达式或文本形式定义的条件，与 SUMIF 函数的参数比较相像。这里介绍 COUNTIF 函数的经典用法，供大家参考。

1. 常规的单条件计数

现有一个水果销量统计结果，如表 5-22 所示。

表 5-22

	B	C	D	E
12	序号	日期	名称	销量
13	1	2021-1-1	梨子	160
14	2	2021-1-2	猕猴桃	200
15	3	2021-1-3	菠萝	500
16	4	2021-1-4	猕猴桃	300
17	5	2021-1-5	梨子	180
18	6	2021-1-6	菠萝	600

续表

	B	C	D	E
19	7	2021-1-7	猕猴桃	200
20	8	2021-1-8	梨子	450
21	合计			2590

要在表格中统计各种数据的出现次数，就可以用COUNTIF函数来完成。计数公式与结果如表5-23所示。

表 5-23

序号	要求	公式	结果
1	计算猕猴桃出现的总次数	COUNTIF(D13:D20,"猕猴桃")	3
2	计算猕猴桃之外的产品出现的总次数	COUNTIF(D13:D20,"<>猕猴桃")	5
3	计算销量大于400的总次数	COUNTIF(E13:E20,">400")	3
4	计算销量低于平均值的总次数	COUNTIF(E13:E20,"<"&AVERAGE(E13:E20))	5
5	计算名称为3个字的产品出现的总次数	COUNTIF(D13:D20,"???")	3
6	计算名称中包含"子"的产品出现的总次数	COUNTIF(D13:D20,"*子*")	3
7	计算名称中"菠"字开头的产品出现的总次数	COUNTIF(D13:D20,"*菠*")	2
8	计算1月6日之前的日期总次数（不含6日）	COUNTIF(C13:C20,"<2021-1-6")	5

2. 含空白数据的单条件计数

同样，对于表格中有空白单元格的情况，也需要有技巧地进行处理。有空白单元格的表格如表5-24所示。

表 5-24

	B	C	D	E
27	序号	日期	名称	销量
28	1	2021-1-1	梨子	160
29	2	2021-1-2	猕猴桃	200
30	3	2021-1-3	菠萝	500
31	4	2021-1-4	猕猴桃	300
32	5	2021-1-5		180
33	6	2021-1-6	菠萝	600
34	7	2021-1-7	猕猴桃	200
35	8	2021-1-8	梨子	450
36	合计			2590

这里将同样使用 """" 与 ""<>"" 来作为计数条件，计数公式与结果如表5-25所示。

表 5-25

序号	要求	公式	结果
9	计算名称为空的总次数	COUNTIF(D28:D35,"")	1
10	计算名称不为空的总次数	COUNTIF(D28:D35,"<>")	7

3. 以指定单元格为条件来计数

与 SUMIF 函数类似，COUNTIF 函数也可以以指定的单元格的内容为条件来进行计数。现有一个水果销量统计结果，如表 5-26 所示，在旁边的 H41 单元格中含有计数条件"猕猴桃"。

表 5-26

	B	C	D	E	F	G	H
41	序号	日期	名称	销量			猕猴桃
42	1	2021-1-1	梨子	160			
43	2	2021-1-2	猕猴桃	200			
44	3	2021-1-3	菠萝	500			
45	4	2021-1-4	猕猴桃	300			
46	5	2021-1-5	梨子	180			
47	6	2021-1-6	菠萝	600			
48	7	2021-1-7	猕猴桃	200			
49	8	2021-1-8	梨子	450			
50	合计			2590			

将 COUNTIF 函数的 Criteria 参数设置为 H41 单元格，并计算水果销售表中"猕猴桃"出现的次数，其计数公式与结果如表 5-27 所示。

表 5-27

序号	要求	公式	结果
11	计算指定单元格内容出现的总次数	COUNTIF(D42:D49,G41)	3

4. 对含错误值的数据计数

有的表格中，某些单元格中含有错误值，如表 5-28 所示，此时若直接计数会得到错误的结果。

表 5-28

	B	C	D	E
53	序号	日期	名称	销量
54	1	2021-1-1	梨子	160
55	2	2021-1-2	猕猴桃	200
56	3	2021-1-3	菠萝	500
57	4	2021-1-4	猕猴桃	300
58	5	2021-1-5	梨子	#N/A
59	6	2021-1-6	菠萝	600
60	7	2021-1-7	猕猴桃	200
61	8	2021-1-8	梨子	450

对含有错误值的单元格的数据计数的公式与结果如表 5-29 所示。

表 5-29

序号	要求	公式	结果
12	计算错误值出现的总次数	COUNTIF(E54:E61,"#N/A")	1
13	计算非错误值出现的总次数（方法1）	COUNTIF(E55:E62,"<>#N/A")	7
14	计算非错误值出现的总次数（方法2）	COUNTIF(E54:E61,"<9e307")	7

5. SUM + COUNTIF 组合计数

如果要对表格中的多个项目进行计数，就要用 SUM 函数来配合计算。现有一个水果销量统计结果，如表 5-30 所示。

表 5-30

	B	C	D	E
66	序号	日期	名称	销量
67	1	2021-1-1	梨子	160
68	2	2021-1-2	猕猴桃	200
69	3	2021-1-3	菠萝	500
70	4	2021-1-4	猕猴桃	300
71	5	2021-1-5	梨子	180
72	6	2021-1-6	菠萝	600
73	7	2021-1-7	猕猴桃	200
74	8	2021-1-8	梨子	450

要对其中的"梨子"与"菠萝"的出现次数进行统计，其计数公式与结果如表 5-31 所示。

表 5-31

序号	要求	公式	结果
15	计算梨子和菠萝出现的总次数	SUM(COUNTIF(D67:D74,{"梨子","菠萝"}))	5

名师经验

COUNTIF 函数在统计过程中应用非常广泛，经常与 IF、SUM、VLOOKUP、OFFSET 等函数进行嵌套使用，建议大家加强这方面的学习。

5.2.3 SUMIFS 函数多条件求和的经典用法

前面讲解了 SUMIF 函数的用法，SUMIF 函数有一定的局限性，即它只能按照一个条件进行求和。当条件有两个或两个以上时，用 SUMIF 函数求和就不是很方便了，此时可以用 SUMIFS 函数来进行计算。SUMIFS 函数的表达式如下所示：

```
SUMIFS(Sum_range, Criteria_range1, Criteria1, [Criteria_range2, Criteria2],...)
```

参数 Sum_range 表示要计算的单元格区域。

参数 Criteria_range 是以数字、表达式或文本形式定义的条件，与 SUMIF 函数的 Criteria 参数比较相像。前 3 个参数是必须要有的，后面的参数为可选，可以不要（不要则相当于 SUMIF 函数）。这里将介绍 SUMIFS 函数的经典用法，供大家参考。

1. 常规的多条件求和

多条件求和是很常见的需求，例如，求全国范围内食品行业纳税 100 万元以上的企业数量，或求某市所有 45 岁以下体育教师的数量等。现有一个某店铺 1～4 月蔬菜销售额统计结果，如表 5-32 所示。

表 5-32

	B	C	D	E
9	序号	品种	月份	销售额
10	1	黄瓜	1	500
11	2	土豆	1	300
12	3	冬瓜	1	3000
13	4	西红柿	1	2620
14	5	黄瓜	1	2000
15	6	冬瓜	2	1022
16	7	黄瓜	2	1500
17	8	黄瓜	2	360
18	9	土豆	2	5000
19	10	冬瓜	2	1500
20	11	冬瓜	2	2350
21	12	黄瓜	3	500
22	13	土豆	3	300
23	14	冬瓜	3	3000
24	15	西红柿	3	2620
25	16	黄瓜	3	2000
26	17	冬瓜	3	1022
27	18	黄瓜	4	800
28	19	黄瓜	4	300
29	20	土豆	4	5000
30	21	冬瓜	4	1600
31	22	冬瓜	4	2350
32	合计			39644

下面给出 11 种常见的多条件求和方法，其计算公式与结果如表 5-33 所示。

表 5-33

序号	要求	公式	结果
1	计算黄瓜的总销售额	SUMIFS(E10:E31,C10:C31,"黄瓜")	7960
2	计算黄瓜 1 月的总销售额	SUMIFS(E10:E31,C10:C31,"黄瓜",D10:D31,1)	2500
3	计算黄瓜 1 月和 3 月的总销售额	SUM(SUMIFS(E10:E31,C10:C31,"黄瓜",D10:D31,{1,3}))	5000
4	计算黄瓜和冬瓜的总销售额	SUM(SUMIFS(E10:E31,C10:C31,{"黄瓜","冬瓜"}))	23804
5	计算黄瓜和冬瓜 1 月的总销售额	SUM(SUMIFS(E10:E31,C10:C31,{"黄瓜","冬瓜"},D10:D31,1))	5500

序号	要求	公式	结果
6	计算黄瓜 1 月和冬瓜 3 月的总销售额	SUM(SUMIFS(E10:E31,C10:C31,{"黄瓜","冬瓜"},D10:D31,{1,3}))	6522
7	计算黄瓜和冬瓜 1 月和 3 月的总销售额	SUM(SUMIFS(E10:E31,C10:C31,{"黄瓜","冬瓜"},D10:D31,{1;3}))	12022
8	计算黄瓜和西红柿 1～3 月的总销售额	SUM(SUMIFS(E10:E31,C10:C31,{"黄瓜","西红柿"},D10:D31, "<4"))	12100
9	计算包括"瓜"字的蔬菜 1～3 月的总销售额	SUMIFS(E10:E31,C10:C31,"*瓜*",D10:D31,"<4")	18754
10	计算以"瓜"字结尾的蔬菜 1～3 月的总销售额	SUMIFS(E10:E31,C10:C31,"*瓜",D10:D31,"<4")	18754
11	计算不包括"瓜"字的蔬菜 1～3 月的总销售额	SUMIFS(E10:E31,C10:C31,"<>*瓜*",D10:D31,"<4")	10840

2. 对带日期的数据多条件求和

有很多数据都带有日期，对指定日期范围内的数据进行求和也是很常见的操作。现有一个带日期的蔬菜销售结果，如表 5-34 所示。

表 5-34

	B	C	D	E
38	序号	品种	日期	销售额
39	1	黄瓜	2021-1-1	500
40	2	土豆	2021-1-5	300
41	3	冬瓜	2021-1-8	3000
42	4	西红柿	2021-2-1	2620
43	5	黄瓜	2021-2-5	2000
44	6	冬瓜	2021-2-8	1022
45	7	黄瓜	2021-3-1	1500
46	8	黄瓜	2021-3-5	360
47	9	土豆	2021-3-8	5000

这里要统计黄瓜和西红柿两种蔬菜在 3 月 5 日之前的总销售额，其计算公式与结果如表 5-35 所示。

表 5-35

序号	要求	公式	结果
12	计算黄瓜和西红柿在 3 月 5 日之前的总销售额	SUM(SUMIFS(E39:E47,C39:C47,{"黄瓜","西红柿"},D39:D47,"<2021-3-5>"))	6620

3. 对含错误值的数据多条件求和

同样，使用 SUMIFS 函数也可以对含有错误值的数据进行求和。现有一个带错误值的蔬菜销售结果，如表 5-36 所示。

表 5-36

	B	C	D	E
53	序号	品种	日期	销售额
54	1	黄瓜	2021-1-1	500
55	2	土豆	2021-1-5	300
56	3	冬瓜	2021-1-8	3000
57	4	西红柿	2021-2-1	2620
58	5	黄瓜	2021-2-5	#N/A
59	6	冬瓜	2021-2-8	1022
60	7	黄瓜	2021-3-1	1500
61	8	黄瓜	2021-3-5	360
62	9	土豆	2021-3-8	5000

这里要对黄瓜在 3 月 5 日之前的总销售额进行统计，其计算公式与结果如表 5-37 所示。

表 5-37

序号	要求	公式	结果
13	计算黄瓜在 3 月 5 日之前的总销售额	SUMIFS(E54:E62,C54:C62," 黄 瓜 ",E54:E62,"<9e307",D54:D62,"<2021-3-5>")	2000

名师经验

　　SUMIFS 函数在统计过程中应用非常广泛，经常与 IF、SUM、VLOOKUP、OFFSET 等函数进行嵌套使用，建议大家加强这方面的学习。

5.2.4　COUNTIFS 函数多条件计数的经典用法

同样，COUNTIFS 函数也是 COUNTIF 函数的"多条件版"，使用 COUNTIFS 函数可在更多条件下进行计数，配合 SUM 等函数使用，功能更为强大。COUNTIFS 函数的表达式如下所示：

COUNTIFS(Criteria_range1,Criteria1,[Criteria_range2,Criteria2],...)

Criteria_range1 为第一个条件区域，Criteria1 为第一个区域中的计算条件，其形式可以为数字、表达式或文本。

同理，Criteria_range2 为第二个条件区域，Criteria2 为第二个区域中的计算条件，依次类推。这里同样介绍 COUNTIFS 函数的经典用法，供大家参考。

1．常规的多条件计数

多条件计数在工作中很常见，例如，求公司全年内迟到与早退的总人次，或健身房年卡客户中每月锻炼少于 4 次的人数等。现有一个某店铺 1～4 月蔬菜销售额统计结果，如表 5-38 所示。

表 5-38

	B	C	D	E
9	序号	品种	月份	销售额
10	1	黄瓜	1	500

续表

	B	C	D	E
11	2	土豆	1	300
12	3	冬瓜	1	3000
13	4	西红柿	1	2620
14	5	黄瓜	1	2000
15	6	冬瓜	2	1022
16	7	黄瓜	2	1500
17	8	黄瓜	2	360
18	9	土豆	2	5000
19	10	冬瓜	2	1500
20	11	冬瓜	2	2350
21	12	黄瓜	3	500
22	13	土豆	3	300
23	14	冬瓜	3	3000
24	15	西红柿	3	2620
25	16	黄瓜	3	2000
26	17	冬瓜	3	1022
27	18	黄瓜	4	800
28	19	黄瓜	4	300
29	20	土豆	4	5000
30	21	冬瓜	4	1600
31	22	冬瓜	4	2350
32	合计			39644

下面给出 6 种常见的多条件计数方法，其计数公式与结果如表 5-39 所示。

表 5-39

序号	要求	公式	结果
1	统计黄瓜的出现次数	=COUNTIFS(C10:C31,"=黄瓜")	8
2	统计黄瓜和西红柿合计的出现次数	=COUNTIFS(C10:C31,{"黄瓜","西红柿"})	10
3	统计 4 月以前的黄瓜出现次数	=COUNTIFS(C10:C31,"=黄瓜",D10:D31,"<4")	6
4	统计销售额大于 2000 的土豆出现次数	=COUNTIFS(C10:C31,"=土豆", E10:E31,">2000")	2
5	统计冬瓜在一季度小于 2000 的次数	=COUNTIFS(C10:C31," 冬 瓜 ", D10:D31,"<4",E10:E31,"<2000")	3
6	统计一季度销售额小于 1000 的次数	=COUNTIFS(D10:D31,"<4",E10:E31,"<1000")	5

2. 对带日期的数据多条件计数

这里要用 COUNTIFS 函数来对指定日期范围内的数据进行多条件计数。现有一个带日期的蔬菜销售结果，如表 5-40 所示。

表 5-40

	B	C	D	E
38	序号	品种	日期	销售额
39	1	黄瓜	2021-1-1	500
40	2	土豆	2021-1-5	300
41	3	冬瓜	2021-1-8	3000
42	4	西红柿	2021-2-1	2620
43	5	黄瓜	2021-2-5	2000
44	6	冬瓜	2021-2-8	1022
45	7	黄瓜	2021-3-1	1500
46	8	黄瓜	2021-3-5	360
47	9	土豆	2021-3-8	5000

这里要统计黄瓜和西红柿两种蔬菜在 3 月 5 日之前出现的总次数，其计数公式与结果如表 5-41 所示。

表 5-41

序号	要求	公式	结果
12	计算黄瓜和西红柿在 3 月 5 日之前出现的总次数	SUM(CONTIFS(E39:C47,{" 黄 瓜 "," 西 红 柿 "},D39:D47,"<2021-3-5>"))	4

3. 对含错误值的数据多条件计数

当发现数据中有错误值时，可以使用 COUNTIFS 函数对含有错误值的数据进行计数。假设现有一个带错误值的蔬菜销售结果，如表 5-42 所示。

表 5-42

	B	C	D	E
53	序号	品种	日期	销售额
54	1	黄瓜	2021-1-1	500
55	2	土豆	2021-1-5	300
56	3	冬瓜	2021-1-8	3000
57	4	西红柿	2021-2-1	2620
58	5	黄瓜	2021-2-5	#N/A
59	6	冬瓜	2021-2-8	1022
60	7	黄瓜	2021-3-1	1500
61	8	黄瓜	2021-3-5	360
62	9	土豆	2021-3-8	5000

这里要对黄瓜在 3 月 5 日之前出现的次数进行统计，其计数公式与结果如表 5-43 所示。

表 5-43

序号	要求	公式	结果
13	计算黄瓜在 3 月 5 日之前出现的总次数（不含错误值）	COUNTIFS(C54:C62," 黄 瓜 ",E54:E62,"<9e307",D54:D62,"<2021-3-5")	2

> **名师经验**
>
> COUNTIFS 函数在统计过程中应用非常广泛，经常与 IF、SUM、VLOOKUP、OFFSET 等函数进行嵌套使用，建议大家加强这方面的学习。

5.3 必备的查找与定位函数

在数据表格中查找与定位特定的数据是非常常见的工作，例如在客户信息数据表中找到指定编号的客户，并返回该客户当年的购买总金额。常用于查找与定位的函数包括 VLOOKUP、HLOOKUP、INDEX、MATCH 与 OFFSET 等。这里向大家讲解一下它们的一些经典用法，掌握这些用法对数据分析有非常大的帮助。

5.3.1 VLOOKUP 函数的经典用法

当需要在表格中查找特定数据，并返回与该数据同一行的指定单元格的值时，使用 VLOOKUP 函数就非常方便。VLOOKUP 函数的表达式如下所示：

VLOOKUP(Lookup_value,Table_array,Col_index_num,[Range_lookup])

参数 Lookup_value 表示要查的值。

参数 Table_array 表示要查找的区域。

参数 Col_index_num 表示要返回的数据在查找区域的第几列。

参数 Range_lookup 表示是精确匹配还是近似匹配，参数值为 FALSE 或 0 时，表示精确匹配；为 TRUE 或 1，或不填写该参数时，表示近似匹配。

1. 基本查找

在表格中的某个范围内查找特定数据，并返回该数据同一行的指定列的数据。例如查找 5 月工资表中某位员工当月实发工资数额，就需要在"姓名"列中查找到该员工姓名，然后返回该员工所在行与"实发工资"这一列的交叉处的单元格的数值，这就是 VLOOKUP 函数最基本的使用方法。现有一个简单的收入情况调查结果，如表 5-44 所示。

表 5-44

	B	C	D	E
24	序号	姓名	职业	收入
25	1	小罗	商人	6000
26	2	小王	工人	5000
27	3	小张	农民	7000
28	4	小林	教师	9000
29	5	小胡	医生	8000
30	6	吴五	技师	6000

这里要查找"小林"的收入，其查找公式与结果如表 5-45 所示。

表 5-45

要求	公式	结果
查找小林的收入	VLOOKUP("小林",C25:E30,3,FALSE)	9000

名师经验

本公式只能处理无重复数据的情况，如果表格中有重复数据，本公式只能返回第 1 个被查找到的相关数据。例如，若表格中有多个"小林"，则只会返回第 1 个小林的收入数据。

2. 模糊查找

很多时候需要以简短的数据为索引，去查找包含该简短数据的数据。例如很多公司使用了简称，要以简称为索引找到公司全称，再输出该公司的相关数据，此时就要用通配符来配合操作。现有公司全称信息如表 5-46 所示。

表 5-46

	B	C	D	E
36	序号		公司全称	
37	1		公司	
38	2		公司	
39	3		公司	
40	4		公司	
41	5		公司	
42	6		公司	
43	7		公司	
44	8		公司	
45	9		公司	

要依据公司简称"旺新""高程""旺力""常友"查找到公司全称，其查找公式与结果如表 5-47 所示。

表 5-47

	G	H	I
36	公司简称	公式	结果
37	旺新	VLOOKUP("*"&G37&"*",$C$37:$E$45,1,FALSE)	公司
38	高程	VLOOKUP("*"&G38&"*",$C$37:$E$45,1,FALSE)	公司
39	旺力	VLOOKUP("*"&G39&"*",$C$37:$E$45,1,FALSE)	公司
40	常友	VLOOKUP("*"&G40&"*",$C$37:$E$45,1,FALSE)	公司

名师经验

公式中为什么要绝对引用 C37:E45 区域呢？这是因为在"结果"列输入第 1 个公式后，后面的公式都是复制的第 1 个公式，为了保证查找的区域不会因复制而自动改变，所以要绝对引用。

3. 区间查找

前面讲解过,VLOOKUP 函数的参数 Range_lookup 表示是精确匹配还是近似匹配,其值为 TRUE 或 1,或不填写该参数时,表示近似匹配。近似匹配有什么作用呢?当使用近似匹配时,如果 VLOOKUP 函数在查找区域没有找到指定的值,就会返回小于指定值的最大值的相关数据。这个特点非常适合用于区间查找,即判断一个指定值属于查找范围内的哪个区间。现有根据销售额分配提成率的规则如表 5-48 所示。

表 5-48

	B	C	D	E
55	销售额	提成率	备注	
56	0	0%	0~4999 提成率	
57	5000	2%	5000~9999 提成率	
58	10000	5%	10000~19999 提成率	
59	20000	8%	20000 以上提成率	

要判断某个销售额对应什么样的提成率,其判断公式与结果如表 5-49 所示。

表 5-49

	G	H	I	J
55	商品	销售额	公式	提成率（结果）
56	P001	4999	VLOOKUP(H56,$B$56:$C$59,2)	0%
57	P002	5000	VLOOKUP(H57,$B$56:$C$59,2)	2%
58	P003	9999	VLOOKUP(H58,$B$56:$C$59,2)	2%
59	P004	10001	VLOOKUP(H58,$B$56:$C$59,2)	5%
60	P005	12000	VLOOKUP(H60,$B$56:$C$59,2)	5%
61	P006	13000	VLOOKUP(H61,$B$56:$C$59,2)	5%
62	P007	20000	VLOOKUP(H62,$B$56:$C$59,2)	8%
63	P008	15000	VLOOKUP(H63,$B$56:$C$59,2)	5%

例如,商品 P005 的销售额为 12000,VLOOKUP 函数在 B56:C59 单元格区域中找不到相应的数据,就会以小于 12000 的最大值,即 10000 为准来返回提成率,即 5%。

4. 区间查找 2

如果要查找的区间的数据量比较少,也可以直接把要查找的区间数据写入公式中进行分级查找,这样就可以不用指定要查找的单元格区域了。现有成绩评级规则如表 5-50 所示。

要对同学们的成绩进行评级,在不引用上表的情况下,其判断公式与结果如表 5-51 所示。

表 5-50

成绩区间	等级
成绩<60	不合格
成绩 60~79	良好
成绩 80~100	优秀

表 5-51

	G	H	I	J
78	姓名	成绩	公式	等级
79	小 A	62	VLOOKUP(H79,{0,"不合格";60,"良好";80,"优秀"},2)	良好
80	小 B	59	VLOOKUP(H80,{0,"不合格";60,"良好";80,"优秀"},2)	不合格
81	小 C	75	VLOOKUP(H81,{0,"不合格";60,"良好";80,"优秀"},2)	良好
82	小 D	92	VLOOKUP(H82,{0,"不合格";60,"良好";80,"优秀"},2)	优秀
83	小 E	58	VLOOKUP(H83,{0,"不合格";60,"良好";80,"优秀"},2)	不合格
84	小 F	95	VLOOKUP(H84,{0,"不合格";60,"良好";80,"优秀"},2)	优秀
85	小 G	79	VLOOKUP(H85,{0,"不合格";60,"良好";80,"优秀"},2)	良好

可以看到，公式中的数组"{0,"不合格";60,"良好";80,"优秀"}"其实就相当于一个小型的表格，如表 5-52 所示。

表 5-52

临界点	等级
0	不合格
60	良好
80	优秀

因此，在要查找的区间的数据不太多的情况下，也可以考虑将这些数据写成数组，嵌入公式中。

5. IFERROR + VLOOKUP 组合指定出错信息

当使用 VLOOKUP 函数的精确匹配模式查找数据但又找不到数据时，函数就会返回出错信息，如图 5-2 所示。VLOOKUP 函数由于找不到"P009"，因此返回了"#N/A"错误值。

	B	C	D	E	F	G	H	I
100	产品号	零件名称	销售价			零件号	公式	销售价(结果)
101	P001	上衣	500			P003	VLOOKUP(G101,$B$101:$D$106,3,FALSE)	150
102	P002	裤子	600			P005	VLOOKUP(G102,$B$101:$D$106,3,FALSE)	300
103	P003	帽子	150			P009	VLOOKUP(G103,$B$101:$D$106,3,FALSE)	#N/A
104	P004	袜子	30					
105	P005	鞋子	300					
106	P006	内衣	100					

图 5-2

工作中为了便于计算，可能希望将错误值显示为"0"或者不显示任何信息，这就要用到 IFERROR 函数。

这里设定当 VLOOKUP 函数找不到指定值时不返回任何信息，其判断公式与结果如表 5-53 所示。

表 5-53

	G	H	I
100	零件号	公式	销售价（结果）
101	P003	IFERROR(VLOOKUP(G101,$B$100:$D$106,3,FALSE),"")	150
102	P005	IFERROR(VLOOKUP(G102,$B$100:$D$106,3,FALSE),"")	300
103	P009	IFERROR(VLOOKUP(G103,$B$100:$D$106,3,FALSE),"")	

6. 反向查找

VLOOKUP 函数在查找到指定值后，可以返回指定值所在列的右侧某列的相关数据。但有时候需要返回指定值所在列的左侧某列的相关数据，就要配合 IF 函数来进行查找。现有职工信息如表 5-54 所示。

表 5-54

	B	C	D
123	职称	姓名	工号
124	工程师	王林	N0001
125	高级工程师	李建	N0002
126	高级技工	刘华	N0003
127	助理工程师	李华	N0004
128	首席工程师	罗克	N0005

如果要用工号查找职称，就要用 IF 函数先行判断，其判断公式与结果如表 5-55 所示。

表 5-55

	G	H	I
123	工号	公式	职称（结果）
124	N0002	VLOOKUP(G124,IF({1,0},D124:D128,B124:B128),2,FALSE)	高级工程师

该公式通过 IF 函数改变了列顺序，利用常量数组{1,0}构建了一个新的二维内存数组，也就是 D 列与 B 列重新组合的数据，再利用 VLOOKUP 函数进行查找。用 G124 单元格的值作为查找条件，D 列内容是重新组合数据的第 1 列，B 列则是第 2 列。在这里，我们需要返回新数组相对于第 2 列的数据，进行精确匹配查找，查找不到则报错。

> **名师支招**
>
> 可以调整基础表顺序进行基本查找，也可以用 VLOOKUP + MATCH 或者 INDEX + MATCH 组合函数来实现（后面将会讲解 MATCH 和 INDEX 函数的用法）；也可以通过增加辅助列来简化操作，即把"职称"列复制到"工号"列右侧，这样就可以用最简单的 VLOOKUP 语法来实现查找，而不用配合其他函数。

7. 多条件查找

有时候需要根据两个条件来查找数据，这样会得到更加精确的结果。例如，根据职称与姓名来查找工号，显然要比只用姓名来查找工号精确，因为姓名可能存在同名，而同名同职称的概率则非常小。现有职工信息如表 5-56 所示。

表 5-56

	B	C	D
143	职称	姓名	工号
144	工程师	王林	N0001
145	高级工程师	李建	N0002
146	高级技工	刘华	N0003
147	助理工程师	李华	N0004

	B	C	D
148	首席工程师	罗克	N0005
149	工程师	吴昊	N0006
150	助理工程师	韩梅	N0007
151	工程师	李林	N0008
152	高级工程师	罗伟	N0009
153	工程师	张伟	N0010
154	工程师	杨娟	N0011

如果要根据职称和姓名查找工号，则需要一点技巧。这里介绍两种方法。

方法一：公式嵌套。具体的做法是在公式里将职称和姓名合并起来形成一个新的数据列，然后进行查找。其查找公式与结果如表 5-57 所示。

表 5-57

	G	H	I	J
143	职称	姓名	公式	工号（结果）
144	工程师	李林	VLOOKUP(G144&H144,IF({1,0},B144:B154&C144:C154,D144:D154),2,FALSE)	N0008

需要注意的是，输入完公式以后，必须按 Ctrl+Shift+Enter 组合键才能得到正确的结果，因为这是一个数组公式，直接按 Enter 键会显示错误信息。

方法二：增加辅助列。在数据表的"职称"列前边增加辅助列，把职称和姓名合并起来；同时在查找对象"职称"列前边也做同样的合并，然后用 VLOOKUP 函数的基本查找功能查找合并后的数据就可以了。这样容易理解，操作也比较简单。

名师经验

VLOOKUP 函数在查找过程中应用非常广泛，经常与 IF、SUM、MATCH、IFERROR 等函数进行嵌套使用，建议大家加强这方面的学习。

5.3.2　HLOOKUP 函数的基本用法

HLOOKUP 函数与 VLOOKUP 函数非常相似，VLOOKUP 函数是按列查找数据，而 HLOOKUP 函数则是按行查找数据。HLOOKUP 函数的表达式如下所示：

HLOOKUP(Lookup_value,Table_array,Row_index_num,[Range_lookup])

参数 Row_index_num 表示要返回的数据在查找区域的第几行，其余参数的含义与 VLOOKUP 函数的参数相同，这里就不再赘述。

HLOOKUP 函数主要在一些查找区域内的数据是横向排列的情况下使用。现有某个奖励等级规则，如表 5-58 所示。

表 5-58

	B	C	D	E
19	评级	达标	挑战 1	挑战 2
20	奖励	3000	5000	8000

　　如果要根据员工的业绩评级，查找相应的奖励金额，就应使用 HLOOKUP 函数来操作，其查找公式与结果如表 5-59 所示。

表 5-59

	G	H	I	J
19	姓名	业绩评级	公式	奖励（结果）
20	小 A	挑战 1	HLOOKUP(H20,$C$19:$E$20,2,FALSE)	5000
21	小 B	挑战 2	HLOOKUP(H21,$C$19:$E$20,2,FALSE)	8000
22	小 C	达标	HLOOKUP(H22,$C$19:$E$20,2,FALSE)	3000
23	小 D	挑战 1	HLOOKUP(H23,$C$19:$E$20,2,FALSE)	5000
24	小 E	达标	HLOOKUP(H24,$C$19:$E$20,2,FALSE)	3000
25	小 F	挑战 2	HLOOKUP(H25,$C$19:$E$20,2,FALSE)	8000
26	小 G	达标	HLOOKUP(H26,$C$19:$E$20,2,FALSE)	3000

名师支招

　　也可以先将奖励等级规则表转置为竖向的表格，然后用 VLOOKUP 函数进行查找。

5.3.3　INDEX 函数的基本用法

　　INDEX 函数用于返回表格或数组中指定行列的单元格的值，或者返回指定的整行与整列的值。INDEX 函数的表达式如下所示：

```
INDEX(Array, Row_num, [Column_num])
```

　　参数 Array 是必需的，它可以是单元格区域或数组常量。当它为数组常量时，函数使用数组形式。

　　参数 Row_num 也是必需的，其值可以是数组中的某行，函数从该行返回数值。

　　参数 Column_num 是可选的，其值可以是数组中的某列，函数从该列返回数值。使用 INDEX 函数时，如果省略 Column_num，则必须有 Row_num；如果省略 Row_num，则必须有 Column_num；如果数组只包含一行或一列，则相对应的参数 Row_num 或 Column_num 为可选参数；如果数组有多行和多列，但只使用 Row_num 或 Column_num，则函数返回数组中的整行或整列，且返回值也为数组。

　　现有数据表格如表 5-60 所示。

表 5-60

	B	C	D	E
41	名称	数据 1	数据 2	数据 3
42	A	1	1	3
43	B	4	5	6
44	C	7	8	9
45	D	10	11	12
46	E	13	14	15
47	F	16	17	18

要使用 INDEX 函数从表格中查找指定位置的数值，只需要指定其范围与行列数即可，非常方便。INDEX 函数的几种常见的用法如表 5-61 所示。

表 5-61

要求	公式	结果
查找目标区域里第 3 行的数值	INDEX(B42:B47,3)	C
查找目标区域里第 4 列的数值	INDEX(B46:E46,4)	15
查找目标区域里第 3 行第 2 列的数值	INDEX(B42:E47,3,2)	7

名师经验

INDEX 函数在查找过程中应用非常广泛，经常与 IF、MATCH、SMALL、LARGE、ROW、COLUMN 等函数进行嵌套使用，可以组合成比较复杂但功能强大的公式进行一对多查询，建议大家加强对这方面的学习。

5.3.4　MATCH 函数的基本用法

MATCH 函数的功能是找到指定值在指定区域中的位置，指定区域通常为单行或单列，要在多行或多列中查找则要与其他函数嵌套来操作。这里仅讲解 MATCH 函数的基本用法。MATCH 函数的表达式如下所示：

MATCH(Lookup_value, Lookup_array, [Match_type])

其中，参数 Lookup_value 是需要在参数 Lookup_array 中查找的值；参数 Lookup_array 是要查找的单元格区域；参数 Match_type 是可选参数，其值可以为-1、0 或 1。

◇ 当 Match_type 为 1 或省略时，表示 MATCH 函数会查找小于或等于 Lookup_value 的最大值。Lookup_array 中的值必须按升序排列。

◇ 当 Match_type 为 0 时，表示 MATCH 函数会查找等于 Lookup_value 的第一个值。Lookup_array 中的值可以按任何顺序排列。

◇ 当 Match_type 为-1 时，表示 MATCH 函数会查找大于或等于 Lookup_value 的最小值。Lookup_array 中的值必须按降序排列。

现有数据表格如表 5-62 所示。

表 5-62

	B	C	D	E
91	名称	数据 1	数据 2	数据 3
92	A	1	2	3
93	B	4	5	6
94	C	7	8	9
95	D	10	11	12
96	E	13	14	15
97	F	16	17	18

要使用 MATCH 函数找到指定值在指定范围内的位置，其方法非常简单，下面分别给出在行与列中找到指定值并返回位置的例子，如表 5-63 所示。

表 5-63

要求	公式	结果
返回 E 在目标区域里的位置	MATCH("E",B92:B97,0)	5
返回 9 在目标区域里的位置	MATCH(9,C94:E94,0)	3

名师经验

　　MATCH 函数在查找过程中应用非常广泛，经常与 VLOOKUP、INDEX、OFFSET 等函数进行嵌套使用，建议大家加强这方面的学习。

5.3.5　OFFSET 函数的基本用法

　　已知某单元格行列号，要找到距离此单元格指定的行列数处的单元格或单元格区域的值，那么用 OFFSET 函数是最方便的。OFFSET 函数的表达式如下所示：

`OFFSET(Reference,Rows,Cols,[Height],[Width])`

　　其中，参数 Referencc 可以看作"坐标原点"，而参数 Rows 是相对于坐标原点上（下）偏移的行数，参数 Cols 则是相对于坐标原点左（右）偏移的列数。参数 Height 是所要返回的引用区域的行数，可以为负值，如−x 表示当前行向上的 x 行；参数 Width 是所要返回的引用区域的列数，同样也可以为负值，如−x 表示当前行向左的 x 列。

　　现有数据表格如表 5-64 所示。

表 5-64

	B	C	D	E
129	名称	数据 1	数据 2	数据 3
130	A	1	2	3
131	B	4	5	6
132	C	7	8	9
133	D	10	11	12
134	E	13	14	15
135	F	16	17	18

　　用 OFFSET 函数查找相对于某个单元格的指定行列处的单元格的值非常方便。这里略举两个用法，如表 5-65 所示。

表 5-65

要求	公式	结果
返回 B129 单元格向下数 4 行向右数 3 列的单元格的值	OFFSET(B129,4,3,1,1)	12
返回 B129 单元格向下数 5 行向右数 1 列的单元格的值	OFFSET(B129,5,1,1,1)	13

　　用 OFFSET 函数也可以返回数组的值，不过由于 OFFSET 函数无法自身求和，因此要借助 SUM 函数求和才能看到结果，如表 5-66 所示。

表 5-66

要求	公式	结果
返回一个数组的数值	OFFSET(B139,4,1,1,3)	#VALUE!
求出返回的数组（10,11,12）的和	SUM(OFFSET(B139,4,1,1,3))	33

5.4 | 必备的数据透视表与切片器用法

　　数据透视表是用于快速分类与汇总原始表格的数据的工具，是在原始表格上建立的若干"二次表格"，而且此"二次表格"还能跟随原始表格中的数据变化而自动地变化，无须重建表格，非常方便。在数据分析中，数据透视表与切片器是非常常用的两个工具，下面就来看看它们的一些基本用法。

　　这里给出一个数据源表格，如表 5-67 所示。

表 5-67

	C	D	E	F	G	H	I
6	年	月	类别	小类	销量	价格	销售额
7	2021	1 月	蔬菜	韭菜	200	5.5	1100
8	2021	1 月	蔬菜	菠菜	150	4.5	675
9	2021	1 月	水果	哈密瓜	140	9.5	1330
10	2021	1 月	水果	香蕉	190	5.0	950
11	2021	1 月	蔬菜	菠菜	100	5.5	550
12	2021	1 月	水果	哈密瓜	120	9.5	1140
13	2021	1 月	蔬菜	韭菜	200	5.5	1100
14	2021	1 月	蔬菜	大白菜	110	3.5	385
15	2021	1 月	水果	梨子	140	6.0	840
16	2021	2 月	蔬菜	韭菜	130	5.5	715
17	2021	2 月	水果	哈密瓜	130	9.5	1235
18	2021	2 月	蔬菜	韭菜	100	5.5	550
19	2021	2 月	水果	梨子	100	6.0	600
20	2021	2 月	蔬菜	大白菜	110	3.5	385
21	2021	2 月	水果	哈密瓜	190	9.5	1805
22	2021	2 月	蔬菜	菠菜	160	4.5	720
23	2021	2 月	水果	香蕉	180	5.0	900
24	2021	2 月	蔬菜	菠菜	120	4.5	540
25	2021	2 月	水果	哈密瓜	100	9.5	950

　　本节后面介绍的操作都将根据这个数据源表格来进行。

5.4.1　创建数据透视表

　　创建一个数据透视表的操作很简单，这里就以表 5-67 为基础，在现有工作表中创建一个按"类别"和"小类"来统计销量与销售额的透视表，透视表的起始位置为 J32 单元格（以 J32 单元格为透视表最左上方的单元格）。

切换到“插入”选项卡，单击“数据透视表”按钮，如图 5-3 所示。

文件
开始
插入
页面布局
单击
数据透视表
推荐的数据透视表
表格
图片
形状
表格
O32
A
B

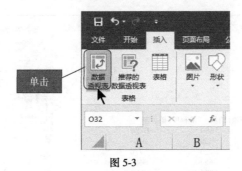

图 5-3

弹出“创建数据透视表”对话框后，单击“选择一个表或区域”下的“表/区域”文本框，并选择整个数据源表格，如图 5-4 所示。

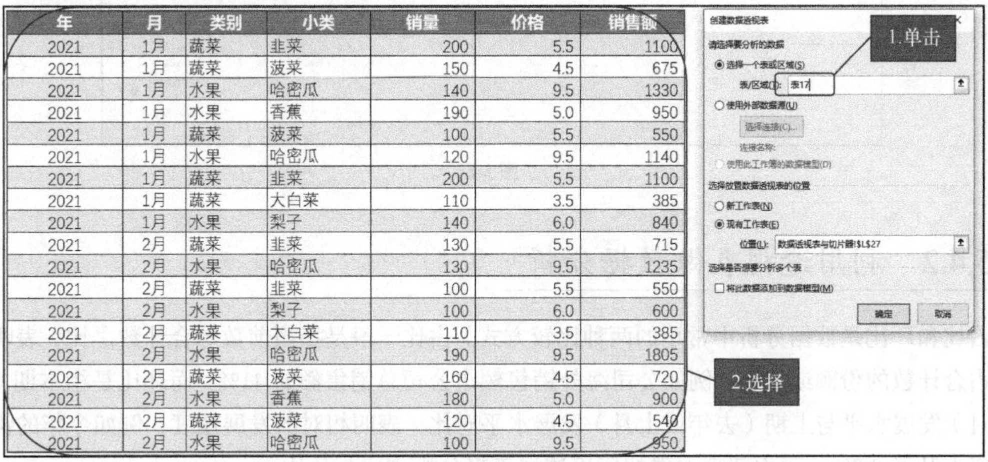

年 月 类别 小类 销量 价格 销售额
2021 1月 蔬菜 韭菜 200 5.5 1100
2021 1月 蔬菜 菠菜 150 4.5 675
2021 1月 水果 哈密瓜 140 9.5 1330
2021 1月 水果 香蕉 190 5.0 950
2021 1月 蔬菜 菠菜 100 5.5 550
2021 1月 水果 哈密瓜 120 9.5 1140
2021 1月 蔬菜 韭菜 200 5.5 1100
2021 1月 蔬菜 大白菜 110 3.5 385
2021 1月 水果 梨子 140 6.0 840
2021 2月 蔬菜 韭菜 130 5.5 715
2021 2月 水果 哈密瓜 130 9.5 1235
2021 2月 蔬菜 韭菜 100 5.5 550
2021 2月 水果 梨子 100 6.0 600
2021 2月 蔬菜 大白菜 110 3.5 385
2021 2月 水果 哈密瓜 190 9.5 1805
2021 2月 蔬菜 菠菜 160 4.5 720
2021 2月 水果 香蕉 180 5.0 900
2021 2月 蔬菜 菠菜 120 4.5 540
2021 2月 水果 哈密瓜 100 9.5 950
创建数据透视表
1.单击
表17
2.选择
确定
取消

图 5-4

单击“现有工作表”下的“位置”文本框，再单击 J32 单元格，最后单击“确定”按钮，如图 5-5 所示。

H
I
J
K
L
9.5
950
创建数据透视表
请选择要分析的数据
选择一个表或区域(S)
表/区域(T): 表17
使用外部数据源(U)
选择连接(C)...
连接名称:
使用此工作簿的数据模型(D)
选择放置数据透视表的位置
新工作表(N)
现有工作表(E)
位置(L): 数据透视表与切片器!$J$32
选择是否想要分析多个表
将此数据添加到数据模型(M)
确定
取消
1.单击
2.单击
3.单击

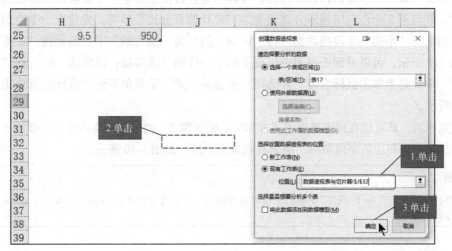

图 5-5

将"类别"和"小类"字段拖到"行"区域，并将"销量"和"销售额"字段拖到"Σ值"区域，这样一个新的数据透视表就建立完成了，如图 5-6 所示。

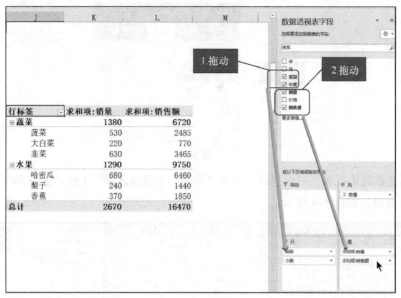

图 5-6

5.4.2 利用透视表做数据分析

占比和环比是数据分析中常用的两种比较方式。占比一般是指当前数与合计数之比，表明当前水平占合计数的份额或比率，例如公司海外销售额占公司总销售额的 41%；而环比是指本期（本年或本月）发展水平与上期（去年或上月）发展水平对比，表明相对的发展速度，例如今年的销售额比去年上升了 2.3%。下面就来看看如何用透视表来分析占比与环比。

1．用透视表分析占比

这里来分析蔬菜与水果的销售额占比。具体的操作方法很简单，主要就在于要将销售额数据汇总两次，并将第 2 个汇总的显示方式设置为"总计的百分比"即可。先建立一个空白透视表，并将"类别"与"小类"字段拖动到"行"区域，然后将"销售额"字段拖动到"Σ值"区域两次，如图 5-7 所示。可以看到透视表中出现了两个一样的"求和项：销售额"列，在"求和项：销售额 2"单元格上单击鼠标右键，并选择"值显示方式"子菜单下的"总计的百分比"命令，如图 5-8 所示。

设置完毕后，就可以看到透视表中"求和项：销售额 2"列显示的是占比了，如图 5-9 所示。之后还要修改一下相应的字段名称，使之看起来更规范，如图 5-10 所示。

名师支招

在修改字段名时，如果 Excel 提示已有相同的字段名，可以在字段名后添加一个或几个空格，这样即可避免字段同名。

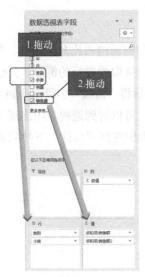

图 5-7

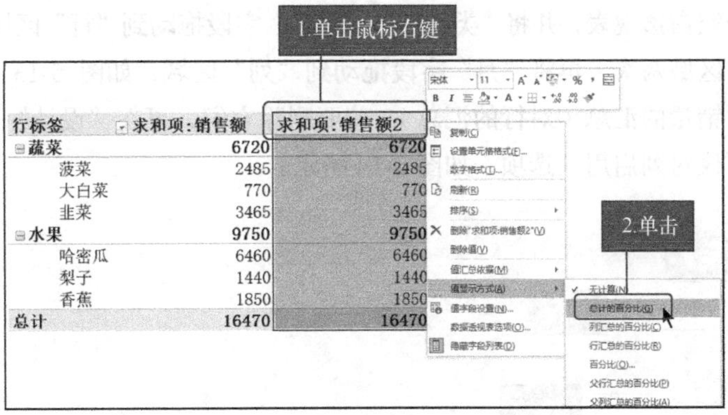

图 5-8

行标签	求和项:销售额	求和项:销售额2
⊟蔬菜	6720	40.80%
菠菜	2485	15.09%
大白菜	770	4.68%
韭菜	3465	21.04%
⊟水果	9750	59.20%
哈密瓜	6460	39.22%
梨子	1440	8.74%
香蕉	1850	11.23%
总计	16470	100.00%

图 5-9

P60 fx 销售额占比

	N	O	P
60	类别	销售额	销售额占比
61	⊟蔬菜	6720	40.80%
62	菠菜	2485	15.09%
63	大白菜	770	4.68%
64	韭菜	3465	21.04%
65	⊟水果	9750	59.20%
66	哈密瓜	6460	39.22%
67	梨子	1440	8.74%
68	香蕉	1850	11.23%
69	总计	16470	100.00%

图 5-10

名师经验

数据更新后，透视表的宽度可能会发生改变，导致表格不美观，这个问题可以通过固定列宽的方法来解决。固定方法为：在透视表任意单元格上单击鼠标右键，在弹出的快捷菜单中选择“数据透视表选项”命令，如图 5-11 所示；在弹出的对话框中取消对“更新时自动调整列宽”复选框的勾选，然后单击“确定”按钮即可，如图 5-12 所示。

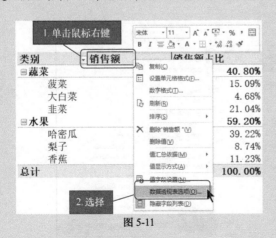

图 5-11

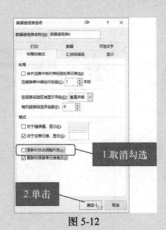

图 5-12

2. 用透视表分析环比

这里来分析蔬菜和水果 2 月与 1 月的销量环比。具体的操作方法与前面的占比分析相似，主要就在于要将销量数据汇总两次，除此之外，还要建立一个"月份"列，并取消对行的汇总。先建立一个空白透视表，并将"类别"与"小类"字段拖动到"行"区域，然后将"销量"字段拖动到"Σ值"区域两次，再将"月"字段拖动到"列"区域，如图 5-13 所示。可以看到透视表中出现了两个对销量的汇总（对行的汇总），若要删除它们，可在"设计"选项卡中选择"总计"下拉列表中的"仅对列启用"选项，如图 5-14 所示。

图 5-13

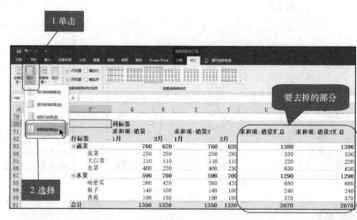

图 5-14

这样，对行的汇总就去掉了，接下来要调整"求和项：销量 2"列的显示方式为环比。在"求和项：销量 2"单元格上单击鼠标右键，并选择"值显示方式"子菜单下的"差异百分比"命令，如图 5-15 所示。

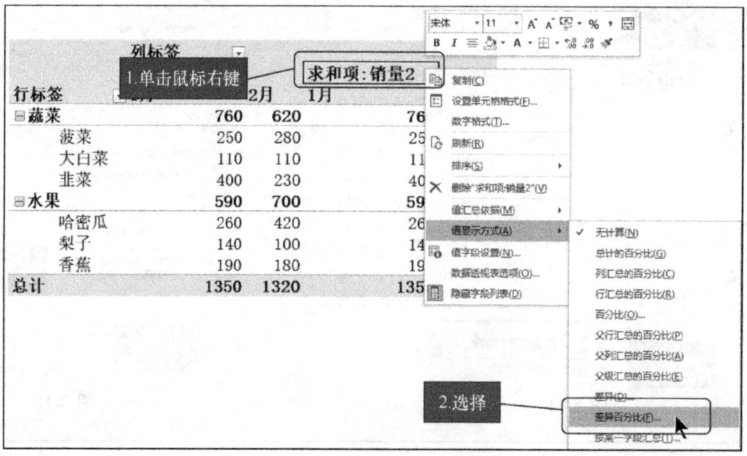

图 5-15

在弹出的对话框中设置"基本字段"为"月","基本项"为"1月",然后单击"确定"按钮,如图 5-16 所示。

这样"求和项:销量 2"列就显示为环比了。此时还要把字段名修改一下,使之更符合需要,如图 5-17 所示。

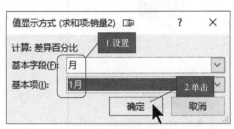

图 5-16

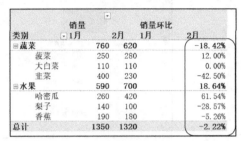

图 5-17

在此基础上,还可以进行适当的美化,例如为透视表套上一件靓丽的"外衣"。选中透视表中的任意单元格,并在"设计"选项卡中的"数据透视表样式"下拉列表中选择合适的样式,如图 5-18 所示。

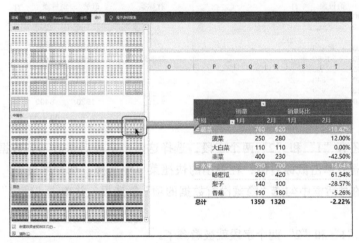

图 5-18

5.4.3 利用切片器制作分析模型

切片器是一种图形化的筛选方式,它可以单独为数据透视表中的每一个字段创建一个筛选器,浮动在数据透视表上。通过对筛选器中字段的筛选,可以实现对数据透视表中数据的筛选。此外,切片器还会清晰地标记已应用的筛选器,提供详细信息指示当前筛选状态,便于其他用户能够轻松、准确地了解已筛选的数据透视表中所显示的内容。切片器是对透视表的一个非常有益的补充,建立了透视表之后,很多时候都要再建立切片器来进一步筛选、展示数据,便于用户更方便直观地分析数据。

建立切片器的方法很简单,这里以建立一个月份数据的切片器为例进行讲解。先选中透视表中任意单元格,然后单击"插入"选项卡下的"切片器"按钮,在弹出的对话框中选择"月"字段并单击"确定"按钮,如图 5-19 所示。

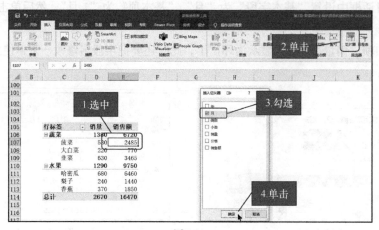

图 5-19

在新建的切片器中，选择"1 月"可以看到所有蔬菜和水果在 1 月的销售情况，如图 5-20 所示；选择"2 月"则可以看到它们在 2 月的销售情况，如图 5-21 所示。

图 5-20　　　　　　　　　　　　　　　　　图 5-21

但切片器中还有"1"和"2"两个字段，选择这两个字段后是看不到数据的，可以将它们屏蔽掉。在切片器上单击鼠标右键，在弹出的快捷菜单中选择"切片器设置"命令，如图 5-22 所示。再在弹出的对话框中勾选"隐藏没有数据的项"复选框，并单击"确定"按钮，如图 5-23 所示。

设置完毕后，"1"和"2"两个字段就被隐藏了。

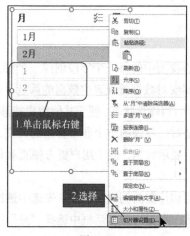

图 5-22

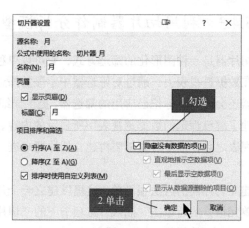

图 5-23

5.4.4　利用切片器制作可视化分析模型

很多时候，仅用表格还不够直观，还需要辅以图形来说明问题。利用切片器可以制作可视化的分析模型，也就是数据的分析图形，图形中展示的数据可以随着切片器中选择字段的变化而变化，如图 5-24 与图 5-25 所示。

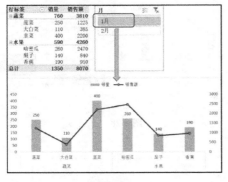

图 5-24

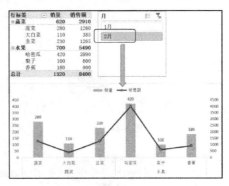

图 5-25

那么，要如何才能制作出这样的一个可视化分析模型呢？其实很简单，只需要根据切片器建立一个簇状柱形图，并将销售额以折线形式显示在次坐标轴中，再修改一些显示要素即可。先选中透视表中任意的单元格，然后单击"分析"选项卡下的"数据透视图"按钮，如图 5-26 所示。

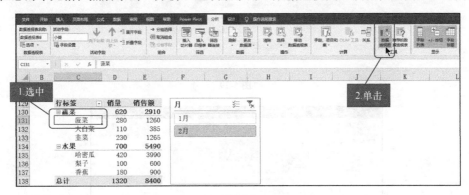

图 5-26

在弹出的对话框中选择"柱形图"选项卡下的"簇状柱形图"选项，然后单击"确定"按钮，如图 5-27 所示。

表格上立即显示出刚才选择的簇状柱形图。因为销量和销售额数值相差较大，并排显示不太合适，因此需要将销售额转到次坐标轴上进行展示。先在任意一个销售额柱形图上单击鼠标右键，在弹出的快捷菜单中选择"设置数据系列格式"命令，如图 5-28 所示。

在弹出的窗格中选择"次坐标轴"单选项，这样销量和销售额柱形图就重叠在一起了，图形右边还出现了销量的坐标，如图 5-29 所示。

为了让销量和销售额更容易区分，这里需要把销售额改为以折线形式进行显示。先选择销售额柱形图，然后选择"插入"选项卡"图表"组下的"带数据标记的折线图"选项，即可看到销售额由柱形图变成了折线图，如图 5-30 所示。

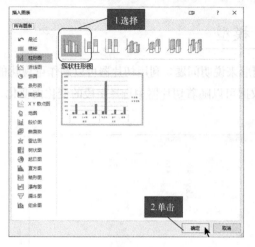

图 5-27

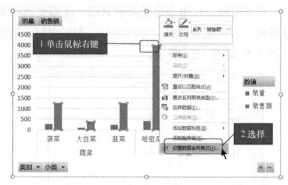

图 5-28

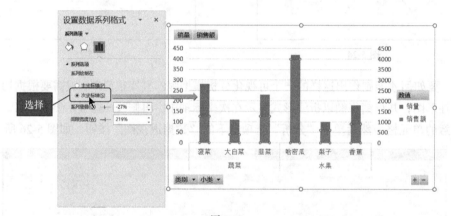

图 5-29

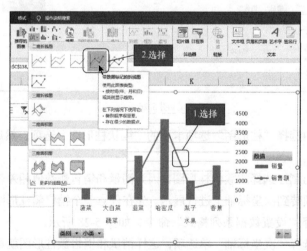

图 5-30

　　为了让画面更加清爽美观，可以隐藏图表上所有的字段按钮及网格，并将图例移动到图表上方。先在任意的字段按钮上单击鼠标右键，在弹出的快捷菜单中选择"隐藏图表上的所有字段按钮"命令，如图 5-31 所示。

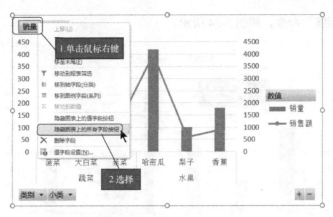

图 5-31

可以看到图表上所有的字段按钮都被隐藏了。接下来单击图表右上角的十字按钮，在弹出的"图表元素"列表中取消对"网格线"复选框的勾选，如图 5-32 所示。

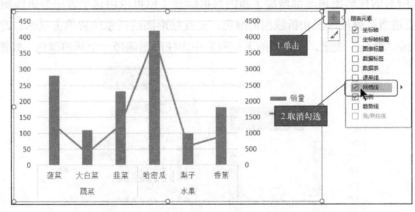

图 5-32

可以看到图表上的网格线被隐藏了。接下来仍然打开"图表元素"列表，单击"图例"复选框右侧的三角形按钮，在弹出的下拉列表中选择"顶部"选项，即可立即将图例移动到图表顶部，如图 5-33 所示。

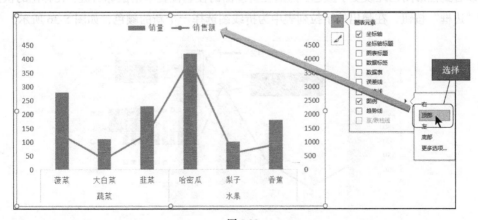

图 5-33

接下来要为销量柱形图添加数据标签。在柱形图的任意位置单击鼠标右键，在弹出的快捷菜单中选择"添加数据标签"命令,如图 5-34 所示。

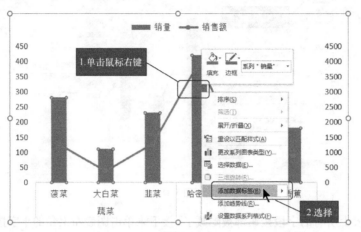

图 5-34

可以看到所有的柱形图顶部都增加了新的数据标签(也可以用这个方法为折线图增加数据标签)。接下来要适当调整柱形图和折线图的颜色,先在柱形图的任意位置单击鼠标右键,在弹出的快捷菜单中单击"填充"按钮,在弹出的下拉列表中为柱形图选择一个新的颜色,如图 5-35 所示。

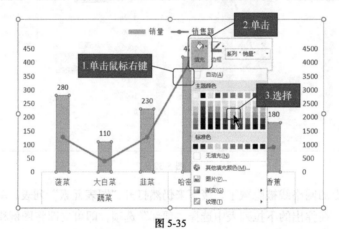

图 5-35

可以看到柱形图已经改变了颜色。然后在折线图的任意位置单击鼠标右键,在弹出的快捷菜单中单击"边框"按钮,在弹出的下拉列表中为折线图选择一个新的颜色,如图 5-36 所示。

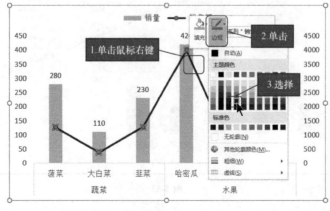

图 5-36

　　可以看到折线图已经改变了颜色。将图形拖动到适当的位置并调整其高宽比例，最后结果如图 5-37 所示。

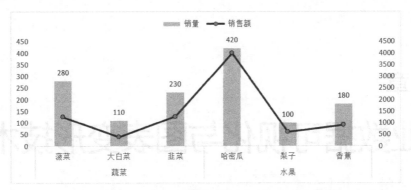

图 5-37

名师经验

　　这里只是简单讲解了一下数据透视表相关的用法。其实数据透视表涉及的内容比较多，而且建模的功能也是非常强大的，对此感兴趣的读者可以购买专门的图书进行学习，为数据分析建模、动态可视化数据分析报告打下良好的基础。

第6章

专业数据可视化与图表变形技术

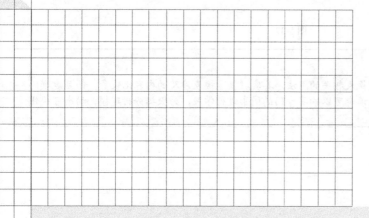

很多时候，数据分析的结果是给外行人看的，这就要求分析结果一定要符合直观与美观这两个条件。

◇ 直观是指分析结果不仅要结构清晰，分类清楚，还要带有相应的图表，因为图表可以快速让受众理解分析结果，提高工作和沟通的效率。

◇ 美观是指图表可以让受众赏心悦目，从而增加分析结果的潜在说服力。

为了达到美观与直观的效果，大家要熟练掌握各种图表的特点、制作方法、应用范围，不仅如此，还要掌握常用图表的变形方法，能做出别具一格的图表，打动受众很少有图书介绍。图表的变形方法，这里集中进行讲解，希望读者能从中获益。数据可视化常用的图表如图 6-1 所示，本章主要讲解的图表类型有柱形图、条形图、折线图等。

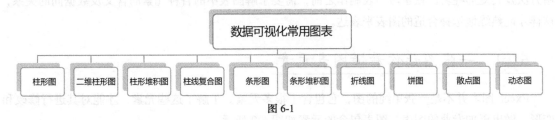

图 6-1

当然，还有很多其他用于可视化分析的工具，对这方面有兴趣的读者，可以参考专门的图书进行研究。

6.1 │ 数据可视化的五大尴尬事

很多人可能数学功底深厚，对数据分析比较拿手，但是在使用 Excel 制作分析报告的时候，却经常发现虽然报告本身没有什么问题，但不太能得到受众的肯定。究其原因，往往就是不太会用图表呈现结果，或者所用的图表千篇一律，令人感觉乏味。总结起来，这些原因大致分为以下 5 种，如表 6-1 所示。

表 6-1

尴尬事	理解与现象	原因分析	建议
不会画	只会用表格呈现数据分析结果，数据多、难看懂，让人很难发现数据规律、数据关系，非常不直观	图表基础薄弱	1. 提高图表绘制能力 2. 多研究一些别人做的图，并进行模仿
不会选	只会用简单图表（例用柱形图、饼图），分析报告中的图表千篇一律、没创意，不美观，让受众视觉疲劳	缺乏选图技巧	1. 提高图表绘制能力 2. 多研究一些别人做的图，并进行模仿
不会变	只会套用自带的图表，以为数据有了，套图就会出现自己想要的效果，受众有种"数据对了图错了"的感觉，图表表达效果不佳	欠缺图数逻辑	利用次坐标轴、系列间距等改变图表
不会配色	图表颜值差，颜色搭配不合理，采用了刺眼、色差小、灰度差异大等颜色搭配方案，导致图形不美观	配色基础薄弱	1. 学习颜色搭配技巧，参照经典配色模式 2. 多看别人做的图，并对配色进行模仿
不会动	不会做动态图，导致图表数量过多，尤其是多维度分析时会出现很多图表，让受众抓不到重点，图表不清爽、不美观	欠缺动图制作基础	1. 加强对函数嵌套、控件等知识的学习 2. 从简单的模仿开始

读者可以对照上表查看自己是否有以上情况，如果有，则应该按照建议加强学习，弥补短板。总之，好的可视化效果可以让图表阅读起来更直观易懂，也会提升数据分析者在受众中的形象，为升职加薪打下一定的基础；反之则可能让数据分析者"薪止于此"。

6.2 | 图表变形实例讲解

数据可视化图表及其变形技术有很多，这里将详细讲解笔者在工作中积累的几种常用图形的使用方法及其变形经验。在学习图表制作之前，需要了解图表中的各种元素的含义及数据间的关系，这样才能熟练地选择合适的图表来表达。

6.2.1 一张图让你看懂图表元素

Excel 图表并不是一张单纯的图，它包含了很多元素。了解了这些元素，才能对其进行修改和变形，做出更加专业的图表。图表包含的元素如图 6-2 所示。

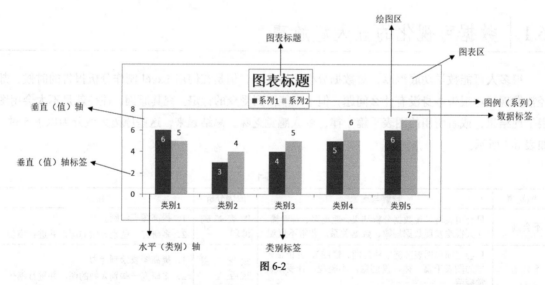

图 6-2

标题、标签、垂直轴、水平轴等元素都容易理解，新手容易混淆的是系列和类别这两个元素，下面举一个简单的例子进行说明。某服装厂今年与去年销售额对比如图 6-3 所示。

◇ 类别就是 Excel 水平轴，类别名称就是标签，可以理解为横坐标轴标签或 x 轴标签。本例中，"衬衣""西装""西裤"等就是类别。

◇ 系列就是 Excel 垂直轴，在柱形图中表现为柱形的数量。本例中，有"去年"和"今年"两个系列。

类别与系列的关系可以互相转换，也叫行列切换，类似数据转置。其具体操作方法很简单，先选中图表，再单击"设计"选项卡下的"切换行/列"按钮，如图 6-4 所示。

类别	衬衣	西装	西裤	毛衣	鞋子
去年	50	30	40	30	60
今年	60	40	50	50	70

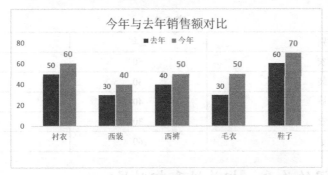

图 6-3

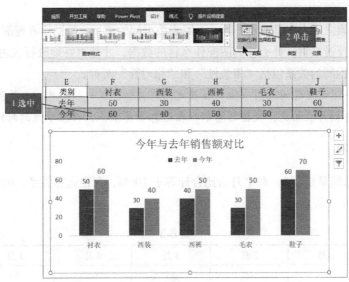

图 6-4

此时图表会发生改变，类别与系列相互交换位置，如图 6-5 所示。

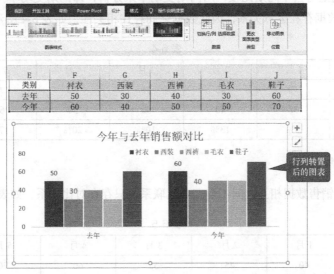

图 6-5

为了便于理解，图 6-5 所示是"切换行/列"后的效果，其实也可以理解为数据转置。我们把原始数据表进行转置，转置后的效果如表 6-2 所示，然后插入"柱形图"也可以做出图 6-5 所示的图表。

表 6-2

类别	去年	今年
衬衣	50	60
西装	30	40
西裤	40	50
毛衣	30	50
鞋子	60	70

6.2.2　数据间的关系：相关性和相对性

了解了图表元素之后，这里还要讲解一下图表数据间的关系，帮助读者理解什么样的数据配置什么样的图，或者反过来讲，什么样的图配什么样的数据，才能更好地进行表达。

简单地讲，数据间的关系包括"相关性"和"相对性"两种。

◇ **相关性**：一组数据之间或同一组内数据之间存在运算（+、−、*、/）等关系。

◇ **相对性**：与相关性相反，数据之间不存在运算等关系，只存在单纯的对比关系。

1. 相关性案例

今年 1～6 月总销量是 350，每个月占比合计等于 100%，存在运算关系，因此销量与占比数据存在相关性，如表 6-3 所示。

表 6-3

月份	1 月	2 月	3 月	4 月	5 月	6 月
今年销量	40	45	55	60	70	80
销售占比	11%	13%	16%	17%	20%	23%

今年 1～6 月销量与去年同期比较，用同期变动率来分析，即同期变动率=（今年−去年）÷去年，今年和去年的数据存在运算关系，因此数据之间存在相关性，如表 6-4 所示。

表 6-4

月份	1 月	2 月	3 月	4 月	5 月	6 月
今年销量	40	45	55	60	70	80
去年销量	38	40	50	50	60	65
同期比	5%	13%	10%	20%	17%	23%

2. 相对性案例

今年 1～6 月的销售数据相互之间不存在必然联系，只存在对比关系，如表 6-5 所示。

表 6-5

月份	1 月	2 月	3 月	4 月	5 月	6 月
今年销量	40	45	55	60	70	80

今年与去年1~6月的数据进行同期对比，数据之间只存在对比关系，如表6-6所示。

表6-6

月份	1月	2月	3月	4月	5月	6月
今年销量	40	45	55	60	70	80
去年销量	38	40	50	50	60	65

6.2.3 柱形图及其变形：对比数据分析图表

柱形图即以多个竖立的柱状图形来表示不同种类的数据大小的图形。柱形图是最简单，但也是最常用的图形之一，学好柱形图及其变形，可以极大地优化图表的表现效果。柱形图主要用于数据的对比分析，例如销售月度分析、薪酬月度分析、产品质量索赔月度分析、产品利润对比分析、行业内厂家表现情况对比分析等。

1. 图表特点

一个典型的柱形图如图6-6所示。

从图中可见，柱形图有以下两个特点。

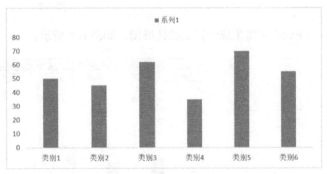

图6-6

◇ 主要用于多个类别之间的对比，适合单元素分析，例如量、价、额、差、率之一。

◇ 便于直观看出数值大小，易于比较数据之间的差别，容易发现问题。

2. 数据理解

图6-6的数据源如表6-7所示。

表6-7

名称	类别1	类别2	类别3	类别4	类别5	类别6
系列1	50	45	62	35	70	55

从表中可以得出以下结论。

◇ 数据源为一行标签，一行数据；通常称数据为一系列数据，或叫一维数据、一组数据。

◇ 类别间的数据不存在关联或必然关系，属于独立的个体，呈现出相对性。

3. 制作过程

例如某厂给出了产品A~F的利润额对比分析表，要以该表中的数据为数据源制作出柱形图，可先选择该表中的数据，然后单击"插入"选项卡下的"推荐的图表"按钮，在弹出的对话框中选择"簇状柱形图"选项，并单击"确定"按钮，如图6-7所示。

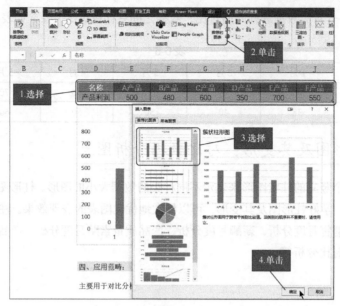

图 6-7

Excel 立即生成一张簇状柱形图，如图 6-8 所示。

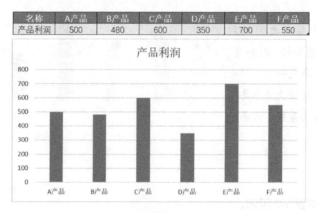

图 6-8

接下来可以对图表进行一些修改。如果要修改图表标题，可单击"产品利润"标题，并输入新的标题内容，再将其拖动到合适的位置，如图 6-9 所示。

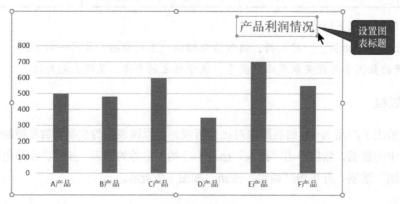

图 6-9

如果要修改柱形数据条的颜色，可双击任意一个数据条，在弹出的窗格中单击"填充与线条"选项卡，选择一个需要的颜色，如图 6-10 所示。

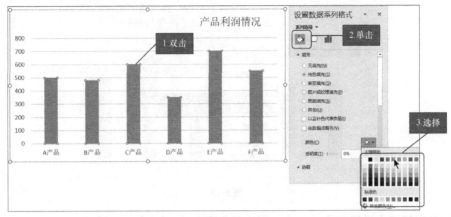

图 6-10

如果不需要网格线，可在任意网格线上单击鼠标右键，在弹出的快捷菜单中选择"删除"命令，如图 6-11 所示。

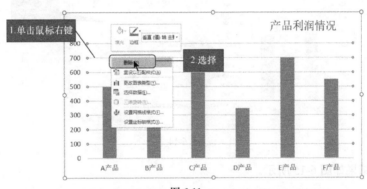

图 6-11

名师支招

也可先选中网格线，再按 Delete 键删除网格线。

如果要为数据添加标签，可以在任意数据条上单击鼠标右键，在弹出的快捷菜单中选择"添加数据标签"命令，如图 6-12 所示。

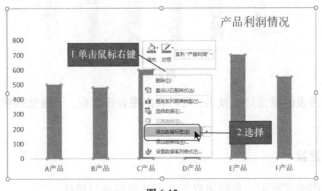

图 6-12

如果要改变标签的字体格式,可在任意标签上单击鼠标右键,在弹出的快捷菜单中选择"字体"命令,如图 6-13 所示。

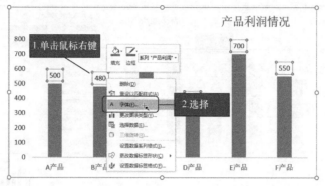

图 6-13

在弹出的对话框中设置字体、大小、字体颜色等格式,如图 6-14 所示。

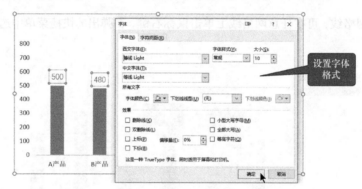

图 6-14

最终的设置结果如图 6-15 所示。

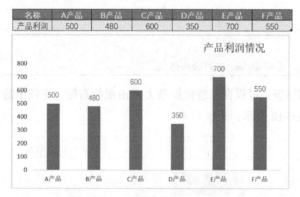

图 6-15

通过对比数据与图表的视觉呈现效果,可以看出图表很直观,一眼就能看出产品 E 的利润贡献最大,其次是产品 C。

4. 注意事项与建议

笔者在使用柱形图的过程中,总结出以下几点注意事项与建议。

❖ 数值可以出现负值，可把正负值分别放在一起或对数据进行排序后再创建图表。

❖ 可以通过修改标签位置、图形填充颜色等进行格式调整或个性化填充。

❖ 为了配合 PPT，可以为图表添加与 PPT 相同或相互辉映的背景色。

5. 变形案例与操作

（1）将数据排序后再创建图表。

将数据排序，从而更改其显示逻辑，这样受众不仅可以直观地看到最大、最小数据，还能知道各数据之间的次序。这种变形方法一般应用在讲究逻辑的场景，例如，在需要将数据从大到小排列（或从小到大排列）时，或要按时间逻辑、次序逻辑、主次逻辑等因素排列数据时，使用这种变形方法可以帮助分析者快速找到主要原因。某数据源与图表如图 6-16 所示。

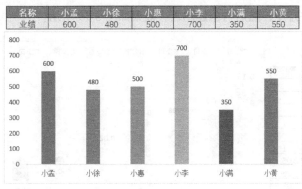

名称	小孟	小徐	小惠	小李	小满	小黄
业绩	600	480	500	700	350	550

图 6-16

将数据排序后再创建图表，效果如图 6-17 所示。

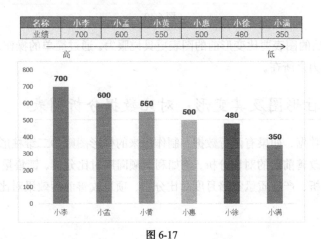

名称	小李	小孟	小黄	小惠	小徐	小满
业绩	700	600	550	500	480	350

图 6-17

（2）正负数分离并排序后再创建图表。

某些数据源中可能会出现正负数，如果把数据变成两组（两个系列），使正负数分开，不仅便于集中修改颜色，还能更加清晰地展示增减信息。这种变形方法主要用于单元素间的对比分析，但结论方向相反；或者应用双元素分析，例如量量、价价、率率分析等。某数据源与图表如图 6-18 所示。

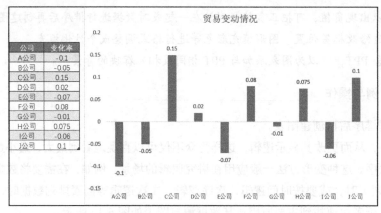

图 6-18

将正负数据分离并排序，然后再创建图表，效果如图 6-19 所示。

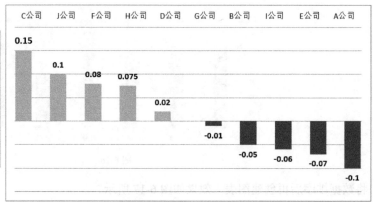

图 6-19

可以看出，变形后的图表要比变形前的图表更具说服力。通过简单的操作，带来不一样的效果，这就是图表变形的魅力之所在。

6.2.4　二维柱形图及其变形：对比数据分析图表

柱形图只有一行数据，如果有两行数据，制作出来的柱形图则为二维柱形图。二维柱形图主要用于同期对比分析或改善前后的对比分析，例如利润额同期对比分析、销售量（额）月度对比分析、薪酬月度同期对比分析、产品质量索赔月度对比分析、项目改善前后效果对比分析、计划与实际达成情况对比分析等。

1. 图表特点

一个典型的二维柱形图如图 6-20 所示。

从图中可见，柱形图有以下两个特点。

◇ 适用于双元素对比分析，例如量量、价价、额额、率率对比分析。

◇ 图表简洁、直观，一眼就能看出数值大小，易于比较数据之间的差别，容易发现问题。

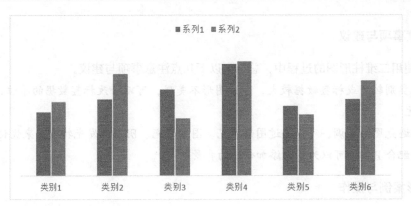

图 6-20

2. 数据理解

图 6-20 的数据源如表 6-8 所示。

表 6-8

项目	类别 1	类别 2	类别 3	类别 4	类别 5	类别 6
系列 1	50	60	68	88	55	60
系列 2	58	80	45	90	48	75

从表中可以得出以下结论。

◇ 表格具有一行标签和两组（系列）数据。

◇ 两组数据之间存在相对性。

3. 制作过程

例如统计人员给出了某产品项目在去年与今年的 1～6 月的同期销量对比分析表，要以该表格为数据源制作出二维柱形图，其制作过程与之前制作柱形图类似，也是先选择数据，然后单击"插入"选项卡下的"推荐的图表"按钮，在弹出的对话框中选择"簇状柱形图"选项，并单击"确定"按钮。制作出图表后，修改图表标题，删除网格线并添加标签，完成后的效果如图 6-21 所示。

月份	1月	2月	3月	4月	5月	6月
去年	55	65	73	93	60	65
今年	63	85	50	95	53	80

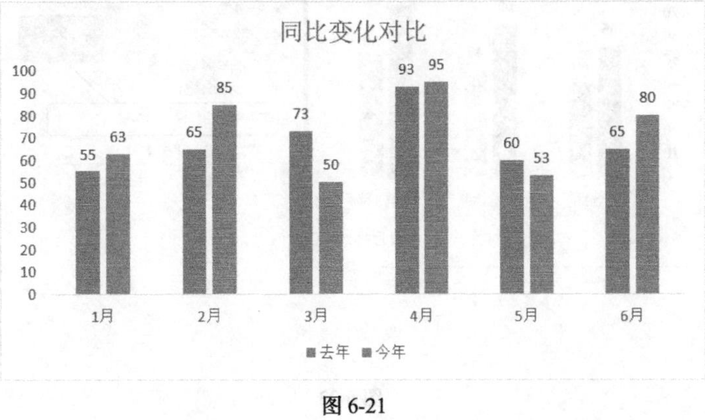

同比变化对比

图 6-21

4. 注意事项与建议

笔者在使用二维柱形图的过程中，总结出以下几点注意事项与建议。

◇ 如果类别较多或标签数据较大，导致图形不美观，可以修改标签数据的单位，例如修改为"万元"。

◇ 为了避免图形单调，可以通过图形填充、图案填充、阴影、发光特效等来优化图形效果。

◇ 为了配合 PPT，可以为图表添加合适的背景色。

5. 变形案例与操作

（1）柱形图变温度图。

修改图表呈现方式，让目标数据与实际数据进行直观对比。某数据源与图表如图 6-22 所示。

部门	销售1部	销售2部	销售3部	销售4部	销售5部	销售6部
目标	55	65	73	95	60	65
实际	40	45	50	75	45	60

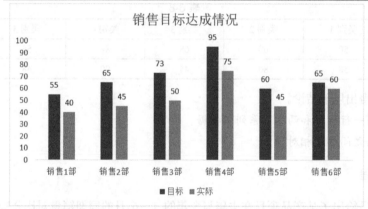

图 6-22

双击任意的"目标"数据条，在弹出的窗格中将"系列重叠"设置为"100%"，如图 6-23 所示。

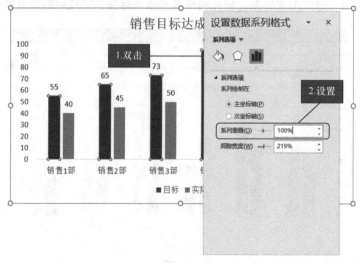

图 6-23

然后将"实际"数据条的填充颜色改为白色，并添加黑色边框，之后双击"目标"数据条的标签，在弹出的窗格中选择"数据标签内"单选项，如图 6-24 所示。

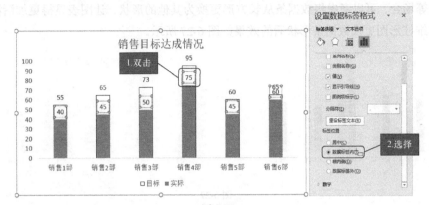

图 6-24

调整后的最终效果如图 6-25 所示。

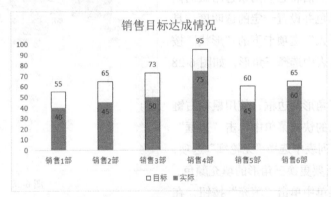

图 6-25

两个柱形图重叠主要通过调整间距实现，不同的重叠度可以实现不同的效果，建议读者尝试 0%、−100%、100%重叠度，看看有什么区别，也许会带来不同的灵感。这种变形方法多用于达标分析、标杆控制分析、基准线分析等，读者在实际工作中有这些分析需求时可以采用。

名师支招

在上例中，如果销售部的实际销售量超过了目标销售量，二者重叠起来之后，实际销售量的数据条（柱形图）就会遮盖住目标销售量的数据条，显得很不直观。此时，可以选中"目标"数据条，并单击"设计"选项卡下的"选择数据"按钮，在弹出的对话框中调整两个数据条的上下层次关系，如图 6-26 所示。

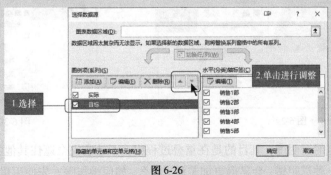

图 6-26

（2）柱形图变异形图。

柱形图的数据条是千篇一律的长方形，有时候显得过于单调，在氛围比较轻松的环境中，例如商务、广告等场合，可以考虑将数据条从长方形更换为其他的形状，让图表显得更加活泼、更有亲和力。某二维柱形图更换数据条形状后的效果如图 6-27 所示。

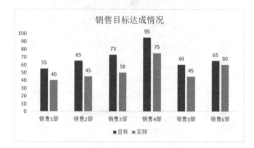
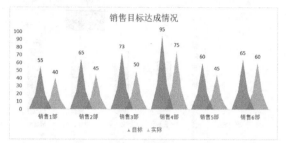

图 6-27

如何更换数据条形状呢？先在表格空白处绘制两个锐角三角形，然后将它们两条边略微向内拉弯，再填充不同颜色并设置一定的透明度。具体操作为：单击"插入"选项卡下的"形状"按钮，在弹出的下拉列表中选择三角形，如图 6-28 所示。

接下来要去掉三角形的边框，使用鼠标右键单击三角形，在弹出的快捷菜单中单击"边框"按钮，在弹出的下拉列表中选择"无轮廓"选项，如图 6-29 所示。然后要更换三角形的填充颜色，在刚才弹出的快捷菜单中单击"填充"按钮，在弹出的下拉列表中选择需要的颜色（这里选择橙色），如图 6-30 所示。

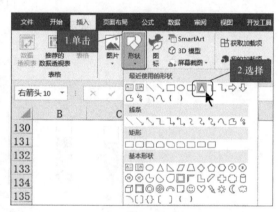

图 6-28

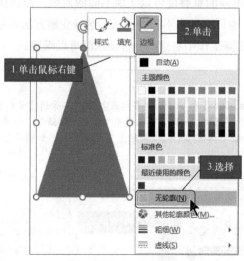

图 6-29

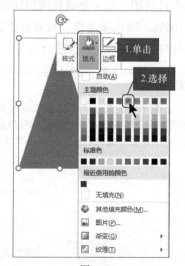

图 6-30

为图形设置一定的透明度，其目的是在重叠过程中，不让它完全遮住其他的图形，这样两个图形在重叠的时候有一种透明感，会显得更加美观。那么，如何操作呢？先使用鼠标右键单击三角形，在弹出的快捷菜单中选择"设置形状格式"命令，如图 6-31 所示。然后在弹出的窗格中将"透明度"设置为"41%"，如图 6-32 所示。

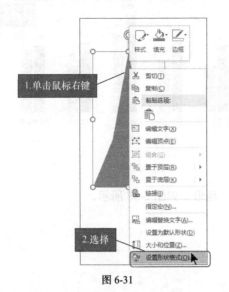

图 6-31

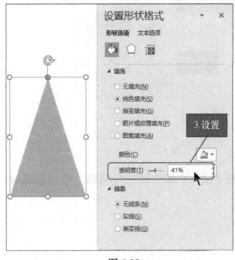

图 6-32

调整三角形的两条对边，使之略微向内弯曲。先选择三角形，再单击"格式"选项卡下的"编辑形状"按钮，在弹出的下拉列表中选择"编辑顶点"选项，如图 6-33 所示。

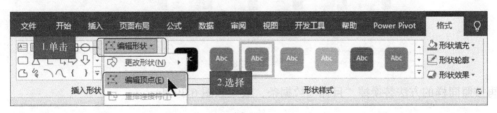

图 6-33

按住三角形的一条边并向内拖动，使之适当地弯曲，如图 6-34 所示。再使用相同的方法，将另外一条边拖动弯曲到合适的位置。按照上面的方法制作另外一种颜色（这里选择绿色）的不规则三角形，如图 6-35 所示。

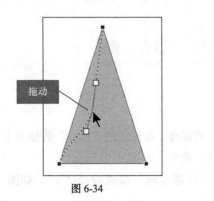

图 6-34

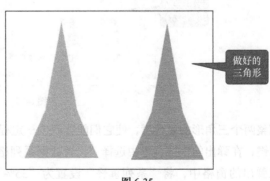

图 6-35

用两个三角形替换原来的数据条。先使用鼠标右键单击橙色的三角形，在弹出的快捷菜单中选择"复制"命令，如图 6-36 所示。然后在图表中选择"实际"数据条，如图 6-37 所示。

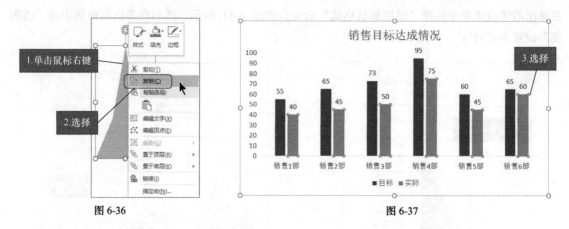

图 6-36　　　　　　　　　　　　　　　　　　　　图 6-37

按 Ctrl + V 组合键进行粘贴，数据条就被替换成了三角形，如图 6-38 所示。

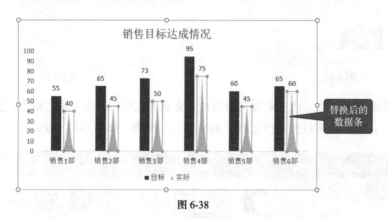

图 6-38

再按照同样的方法替换掉"目标"数据条，效果如图 6-39 所示。

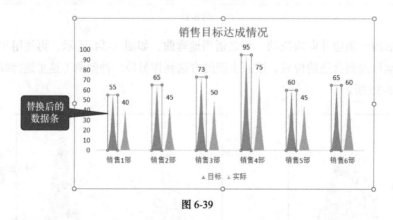

图 6-39

调整两个三角形的重叠度，使它们能够产生一定程度的重叠。在任意的"目标"数据条上单击鼠标右键，在弹出的快捷菜单中选择"设置数据系列格式"命令，如图 6-40 所示。

在弹出的窗格中，将"系列重叠"设置为"35%"，"间隙宽度"设置为"15%"，如图 6-41 所示。

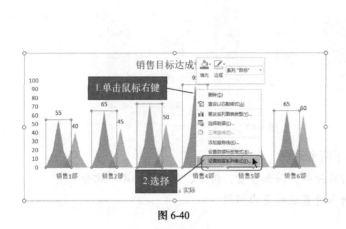

图 6-40

图 6-41

设置完毕后，最终效果如图 6-42 所示。可以看到两个数据条产生了一定的重叠，因为设置了透明度，重叠的部分也显示出来了。

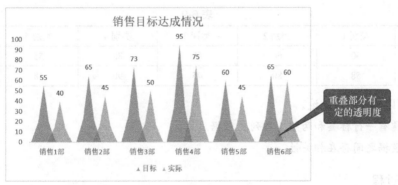

图 6-42

读者也可以自己动手尝试，设计其他的美观图形来代替数据条，甚至可以采用一些现成的图案来代替数据条。

6.2.5　堆积柱形图及其变形：多元素数据分析图表

前面讲解了在两行数据的情况下，可以制作二维柱形图来进行呈现。但当表格存在两行及两行以上的数据，且数据之间同时具有相对性与相关性的时候，可以使用堆积柱形图来呈现它们之间的关系。堆积柱形图主要用于利润结构对比、人力薪资结构对比、成本结构对比、销售结构对比、采购结构对比、产能结构对比等分析中。

1. 图表特点

一个典型的堆积柱形图如图 6-43 所示。

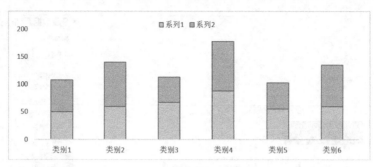

图 6-43

从图中可见，堆积柱形图有以下两个特点。

◇ 适用于双（多）元素叠加对比分析，例如量量、价价、额额、率率对比分析。

◇ 图表简洁、直观，方便分析人员直观地看出问题。

2. 数据理解

图 6-43 的数据源如表 6-9 所示。

表 6-9

项目	类别 1	类别 2	类别 3	类别 4	类别 5	类别 6
系列 1	50	60	68	88	55	60
系列 2	58	80	45	90	48	75

从表中可以得出以下结论。

◇ 表格具有一行标签和两组（系列）数据。

◇ 两组数据之间存在相关性。

3. 制作过程

例如某厂对产品 A~D 进行了成本数据对比分析，然后根据分析结果制作了一个堆积柱形图，如图 6-44 所示。

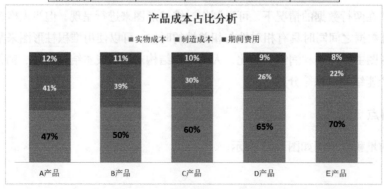

图 6-44

　　细心的读者可能已经看出来了，堆积柱形图和二维柱形图变形的案例有很大的相似性，但其实堆积柱形图并不是二维柱形图变形而来的，其制作过程略有不同。先选择整个数据源表格，然后单击"插入"选项卡下的"推荐的图表"按钮，在弹出的对话框中选择"堆积柱形图"选项，并单击"确定"按钮，如图6-45所示。

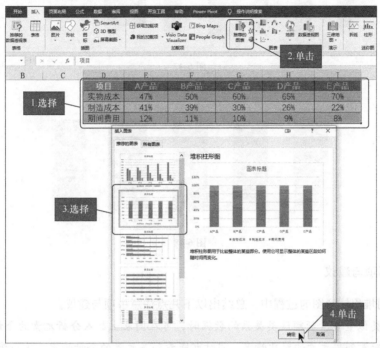

图6-45

　　要删除图表左边的坐标，用鼠标右键单击该坐标，在弹出的快捷菜单中选择"删除"命令即可，如图6-46所示。

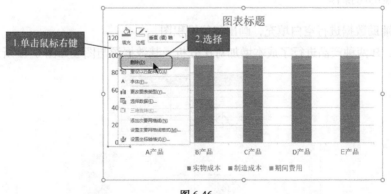

图6-46

　　输入图表标题，然后单击图表空白处，图表右上方会出现3个按钮，单击第1个"+"按钮，在弹出的列表中取消对"网格线"复选框的勾选，以隐藏网格线。单击"图例"复选框右侧的三角形按钮，在弹出的下拉列表中选择"顶部"选项，将图例移动到图表的顶部，如图6-47所示。

　　再按照前面讲解过的方法调整数据、颜色与间隙宽度，并为数据设置标签，最后得到图6-48所示的图表。

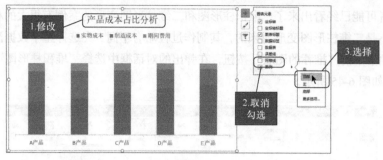

图 6-47

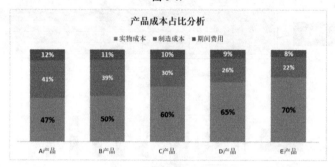

图 6-48

4. 注意事项与建议

笔者在使用堆积柱形图的过程中，总结出以下几点注意事项与建议。

◇ 当分析类似量量、额额这类关系的数据时，可在图表上加入分析元素的合计数，这样让受众不仅能看到单元素的对比情况，同时也能看到多元素的合计情况，从而获得更多的信息。

◇ 可以利用空白占位、辅助占位、标签样式、间距修改等方式美化图表。例如可以采用全色填充、渐变填充或者图案填充等形式来修饰标签，使之更有感染力。

5. 变形案例与操作

（1）利用辅助数据进行空白填充，画出移位堆积图。

某厂对 A、B 两种产品进行了成本增加对比分析，其数据源与图表如图 6-49 所示。

项目	A产品	B产品
原成本	100	100
重量增成本	20	20
材料增成本	10	15
质量增成本	20	50

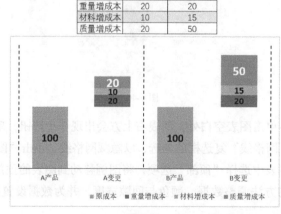

图 6-49

　　要做出这个效果的图表，直接用堆积柱形图是实现不了的，需要先改造数据源，新增辅助数据，如表 6-10 所示。

表 6-10

项目	A产品	A变更	B产品	B变更
原成本	100		100	
重量增成本		20		20
材料增成本		10		15
质量增成本		20		50
辅助		100		100

　　按照前面介绍的方法插入堆积柱形图，然后在柱形图的空白处单击鼠标右键，在弹出的快捷菜单中选择"选择数据"命令，如图 6-50 所示。

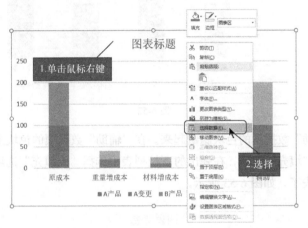

图 6-50

　　在弹出的对话框中单击"切换行/列"按钮，将图表的行列进行转换，如图 6-51 所示。

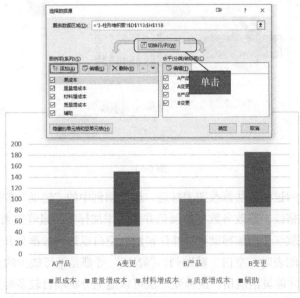

图 6-51

选择"辅助"数据项，将之移动到最上层，此时可看到图表中代表"辅助"数据项的色块移动到了最下方，如图 6-52 所示。

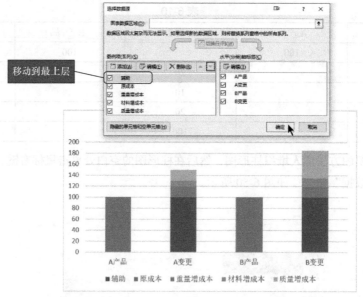

图 6-52

接下来要将"辅助"数据项的色块隐藏起来。在"辅助"数据项的色块上单击鼠标右键，在弹出的快捷菜单中单击"填充"按钮，在弹出的下拉列表中选择"无填充"选项，此时可以看到"辅助"数据项的色块消失了，如图 6-53 所示。

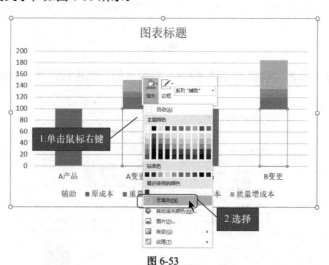

图 6-53

之后再按照前面介绍过的方法修改图表标题，删除图例中的"辅助"数据项，删除坐标轴和水平网格线，增加垂直网格线，修改各数据的颜色并为之添加标签，最终效果如图 6-54 所示。

这种变形法的要点就在于增加辅助列，并让辅助列空白以达到数据分开呈现的效果，让数据之间不会太紧凑。在制作图表时，空白、辅助列、"#N/A"等都是不可缺少的元素，必须深刻理解数据与图表的呈现关系，才能灵活应用。这种变形法可以避免分析项目较多时显得杂乱的问题，也可以适当借用次坐标轴、图形填充等进行改善和美化，进一步增加图表的感染力。

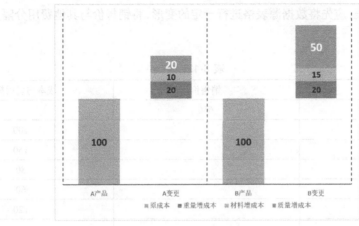

图 6-54

（2）堆积柱形图变瀑布图。

某厂对某产品进行了成本与费用分析，结果如表 6-11 所示。

如果根据该表直接制作一个堆积柱形图，则很难看清楚销售价与各成本及利润之间的关系，如图 6-55 所示。

表 6-11

类型	成本与费用拆解
销售价	650
实物成本	200
人工成本	150
动能成本	80
辅料成本	60
制造费用	120
期间费用	10
利润	30

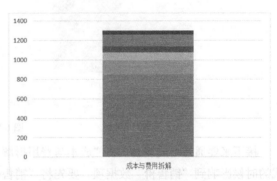

图 6-55

领导要求重新创建图表，通过图表能够清晰地看到销售价与各项费用之间的关系，如图 6-56 所示。

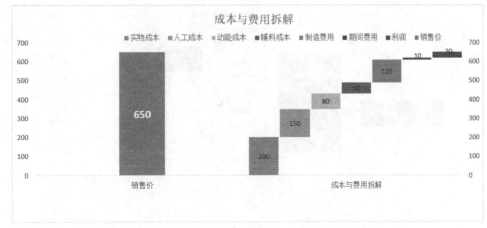

图 6-56

要创建这样的图表,应先将数据源表格进行一定的变形,将销售价与其他费用分隔开,如表 6-12 所示。

表 6-12

类型	销售价	成本与费用拆解
销售价	650	
实物成本		200
人工成本		150
动能成本		80
辅料成本		60
制造费用		120
期间费用		10
利润		30

然后根据这个新的表格创建一个堆积柱形图,如图 6-57 所示。

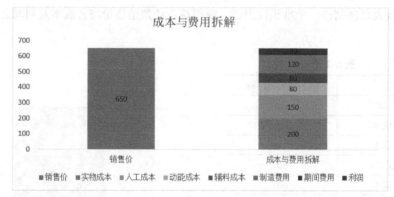

图 6-57

接下来要通过格式设置,将"成本与费用拆解"数据项中的各个数据拆分开。为了避免设置格式的时候影响到"销售价"数据项,要先将"销售价"数据项移动到次坐标轴上进行呈现。用鼠标右键单击"销售价"数据项,在弹出的快捷菜单中选择"设置数据系列格式"命令,然后在弹出的窗格中选择"次坐标轴"单选项,如图 6-58 所示。

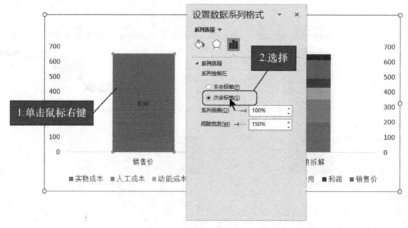

图 6-58

之后用鼠标右键单击"成本与费用拆解"数据项，在弹出的快捷菜单中选择"设置数据系列格式"命令，然后在弹出的窗格中设置"系列重叠"为"-5%"，"间隙宽度"为".00%"，这样"成本与费用拆解"数据项的各色块就分开了，如图 6-59 所示。

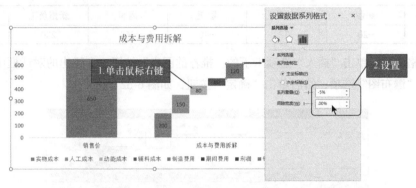

图 6-59

调整标签样式，移动图例位置，并经过其他简单的调整以后，得到最终的图形，如图 6-60 所示。

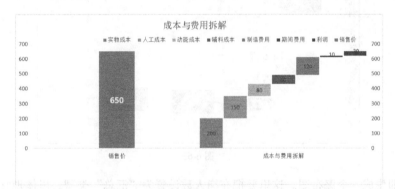

图 6-60

拆分数据主要通过次坐标轴、调整间距和系列重叠来实现，也可以尝试设置重叠度为 0%、-100%或 100%，实现不同的效果。这种变形方法主要用于结构分析，当报告排版需要大篇幅，或堆积状态过于密集的时候，可以通过图表变形解决问题。当然，也可以使用饼图、环状图和瀑布图来实现，具体的图表呈现方式，可以根据自己的喜好、PPT 风格来确定。

【案例 1——用瀑布图分析数据变化过程】

某集团统计了上月底到当前的员工人数状况，并将结果制作成堆积柱形图，如图 6-61 所示。

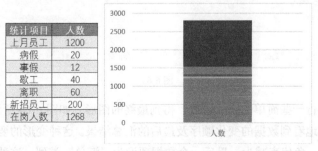

统计项目	人数
上月员工	1200
病假	20
事假	12
歇工	40
离职	60
新招员工	200
在岗人数	1268

图 6-61

这样的图形让人完全无法理解。为了展现从上月底到当前员工数量的变化，分析人员将表格变形，并在病假、事假、歇工、离职这 4 类员工数量前加上负号，如表 6-13 所示。

表 6-13

上月员工	病假	事假	歇工	离职	新招员工	在岗人数
1200	−20	−12	−40	−60	200	1268

选中表格以后，单击"插入"选项卡下的"推荐的图表"按钮，在弹出的对话框中单击"所有图表"下的"瀑布图"选项，然后单击"确定"按钮，如图 6-62 所示。

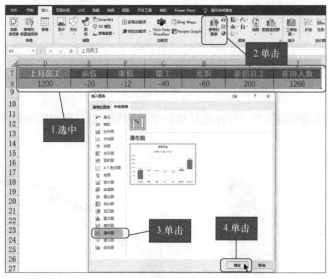

图 6-62

Excel 立即生成一个瀑布图。这里要把在岗人数设置为"汇总"类型，以体现它的汇总属性。单独选中"在岗人数"数据条，在其上单击鼠标右键，在弹出的快捷菜单中选择"设置为汇总"命令，如图 6-63 所示。

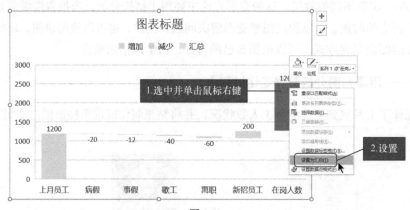

图 6-63

输入标题，并进行一些简单的格式设置，得到最终的图形，如图 6-64 所示。

这样就可以直观地看到数据的变化顺序及最后的汇总结果。这种变形的要点在于将数据设置为正负值，正代表增加，负代表减少；最后一个数据项设为"汇总"类型。这种变形主要用于关联性变动原因分析，例如人员结构变化、财务实物成本变化、费用超标多元分析、设计成本变化等。

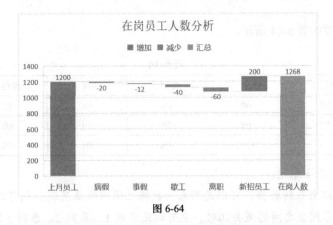

图 6-64

6.2.6　柱线复合图及其变形：多元素比较分析图表

柱线复合图是指图表中既有数据条，也有折线或趋势线等线条，通过它们的组合来表达数据间的关系。柱线复合图主要用于两元素或多元素对比分析，例如同期比、环比、改善前后对比等分析，广泛用于财务利润分析、薪资对比分析、销售业绩对比分析、制造能力提升对比分析、质量改善对比分析等。

1. 图表特点

一个典型的柱线复合图如图 6-65 所示。

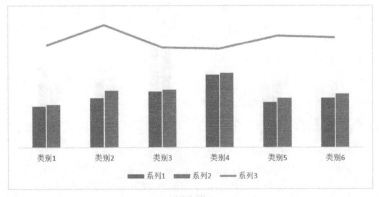

图 6-65

从图中可见，柱线复合图有以下两个特点。

❖ 适用于双元素、多元素的对比分析，例如量率、价率、额率、量量率、价价率、额额率、率率率对比分析，或者可以是量量量、价价价之间的分析。

❖ 图表简洁、直观，可以看绝对值，也可以看差异、变动率，方便受众一眼看出问题。

2. 数据理解

图 6-65 的数据源如表 6-14 所示。

表 6-14

项目	类别 1	类别 2	类别 3	类别 4	类别 5	类别 6
系列 1	50	60	68	88	55	60
系列 2	52	69	70	90	60	65
系列 3	4%	15%	3%	2%	9%	8%

从表中可以得出以下结论。

◇ 两个及两个以上系列数据，可以是两系列数据之间的独立呈现，也可以是系列 1、系列 2 及系列 1 与系列 2 之间的差异比较，也可以是系列 1、系列 2、系列 3 这 3 组数据的对比，数据间可以存在相关性或相对性。

◇ 如果是系列 1、系列 2 及系列 1 与系列 2 之间的差异比较，那么数据之间就呈现相关性，例如量量率分析，去年量、今年量及同期对比变化率这 3 组数据的对比。

◇ 如果是 3 个系列数据间的对比，那么数据之间具有相对性，例如量量量分析，去年量、今年量、今年平均量的对比，或者去年量、今年量、明年目标量的对比等。

3. 制作过程

例如某公司销售科对去年 1～6 月和今年 1～6 月的销量进行了同期变动率对比分析，然后根据对比表格制作了相应的簇状柱形图，如图 6-66 所示。

月份	1月	2月	3月	4月	5月	6月
去年销售	50	60	68	90	55	60
今年销售	55	60	72	98	62	75
变动率	10%	0%	6%	9%	13%	25%

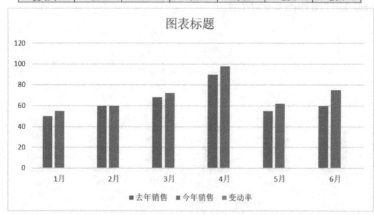

图 6-66

从图中可以看到，由于变动率的数据太小，无法进行正常的展示，因此需要经过一定的操作将其清晰地显示出来。这里分析人员决定将变动率以折线图的形式展示在同期销量的上方。在选中表格的情况下，单击"格式"选项卡下的"图表元素"下拉列表，选择其中的"系列'变动率'"选项，如图 6-67 所示。

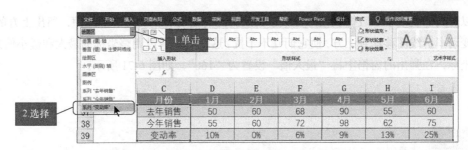

图 6-67

选择好以后，单击下方的"设置所选内容格式"按钮，如图 6-68 所示。然后在弹出的窗格中选择"次坐标轴"单选项，如图 6-69 所示。

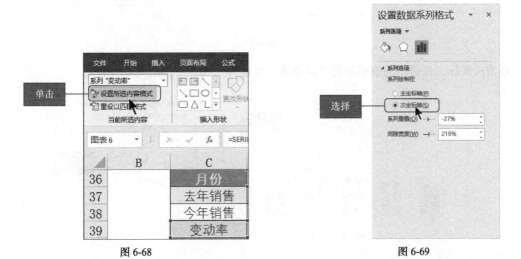

图 6-68   图 6-69

注意先不要撤销对"变动率"数据的选择，在保持其被选中的情况下，单击"插入"选项卡下的"插入折线图或面积图"按钮，在弹出的下拉列表中选择"折线图"选项，如图 6-70 所示。

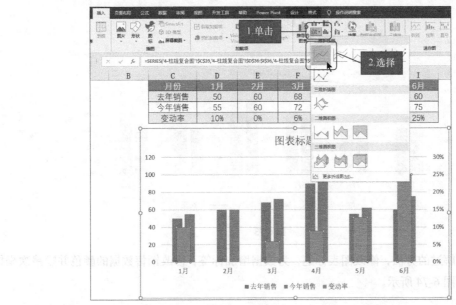

图 6-70

可以看到"变动率"数据从柱形变成了折线。此时需要将销售柱形图缩短，留出上方的空间，然后将变动率折线图移动到上方，使它们互不干扰，这就需要通过调整坐标的最大和最小值来实现。双击主坐标，在弹出的窗格中将"最大值"设置为"160"，如图 6-71 所示。

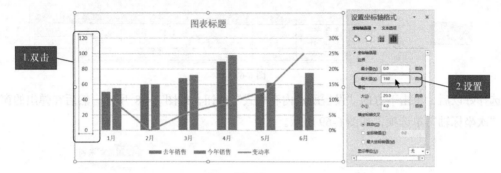

图 6-71

双击次坐标，在弹出的窗格中将"最小值"设置为"−0.6"，如图 6-72 所示。

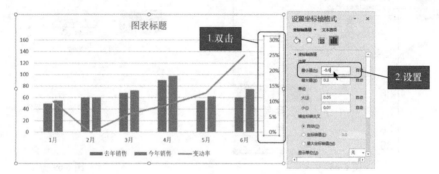

图 6-72

这样就成功地把变动率数据和销售数据分离开了，如图 6-73 所示。

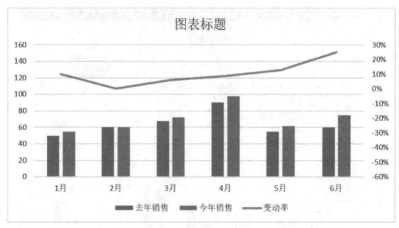

图 6-73

按照前面讲解过的方法，修改图表标题，为数据增加标签，修改销售数据的颜色并隐藏次坐标轴，最终效果如图 6-74 所示。

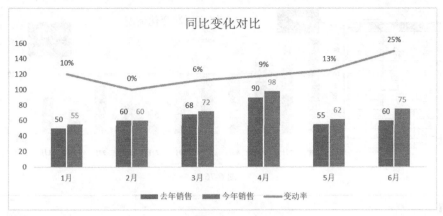

图 6-74

4. 注意事项与建议

笔者在使用柱线复合图的过程中，总结出以下几点注意事项与建议。

❖ 可以把折线变成直线，作为标杆线；也可以利用系列数据的重叠度进行调整，实现重叠或错位效果。

❖ 可以通过修改标签位置、图形填充颜色等进行格式调整或个性化填充。

❖ 对于变动率差异较大的情况，可以调整坐标轴的最大、最小值，以达到预期的效果。

5. 变形案例与操作

这里讲解一个柱形图变柱线复合图的案例。某公司于年底统计了当年利润，其数据表与图表如图 6-75 所示。

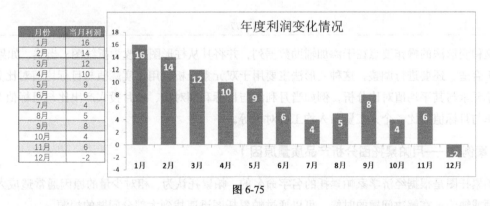

图 6-75

分析人员希望为图表添加一条值为"10"的目标水平线，让受众在看图时能有一个参照。此时可以为图表增加一列数据，并在选中整个表格以后，创建一个簇状柱形图，将其中的"目标"数据从柱形图修改为折线图，并选中最后一个数据点，在旁边添加标签，之后再修改其他细节，最终效果如图 6-76 所示。

有了目标水平线作为参照，图表一下就变得更加具有表现力了。

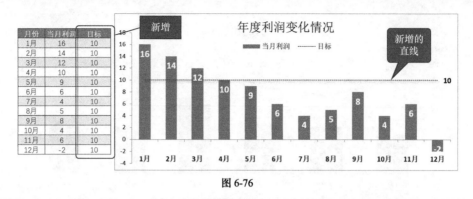

图 6-76

名师支招

如果水平坐标的标签（这里是月份标签）离坐标轴太远或太近，就需要手动调整。例如可以双击月份标签，在弹出的"设置坐标轴格式"窗格中通过设置"标签位置"和"与坐标轴的距离"来调整标签的位置，如图 6-77 所示。

图 6-77

这种变形法的操作要点在于添加辅助数据列，并将其从柱形图修改为折线图；当然，如果标签位置不合适，还要进行调整。这种变形法主要用于双元素分析，用于实际值与目标均值对比分析，或者单元素与其平均值对比分析，例如当月利润与目标利润对比、每月投入产出比与目标值对比、废品率与目标值对比、个人工资与人均工资对比等。

【案例 2——用帕累托图分析产品质量原因】

帕累托图是根据经济学家帕累托的名字命名的。帕累托认为，相对少量的原因通常造成大多数的问题或缺陷，在解决问题的时候，可以通过帕累托图迅速找到大部分问题的根源。

某厂调查了产品的质量问题后，将问题项目按照"不良比例"进行了降序排列，并计算出了累计比例，创建了相应的帕累托图，如图 6-78 所示。

从图中可以看到，"累计比例"折线左边起点正好处于坐标"原点"，终点则位于图表内框右上角，这个效果是怎样制作出来的呢？首先按住 Ctrl 键选择表格中的"项目""不良数量""累计比例" 3 列数据（不包括"不良比例"列与"合计"行），然后单击"插入"选项卡下的"推荐的图表"按钮，在弹出的对话框中单击"组合图"选项，选择"簇状柱形图-次坐标轴上的折线图"选项，再勾选"累计比例"后的"次坐标轴"复选框，最后单击"确定"按钮，如图 6-79 所示。

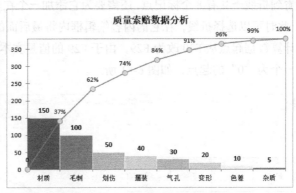

图 6-78

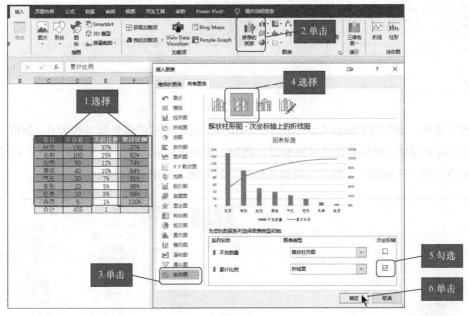

图 6-79

按照前面讲解过的方法，将主坐标的最大值设置为"350"，并将柱形数据条的"系列重叠"与"间隙宽度"均调整为"0"，然后将折线选中后修改为"带数据标记的折线图"，将次坐标的最大值改为"100%"，完成前后的效果对比如图 6-80 所示。

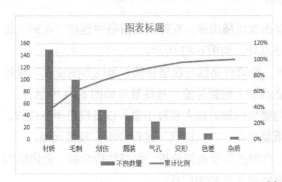
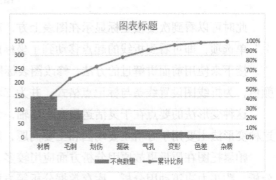

图 6-80

可以看到折线一共有 8 个标记点，还需要为它添加一个在坐标原点的标记点，这样看起来才"有始有终"。此时可以选择折线，在它的内容编辑框内将最后面的"$F$30"修改为"$F$29"，也就是将折线的计算数据起点从 F30 改为 F29，由于 F29 的值是文本，因此被计算为"0"，这样就为折线图增加了一个为"0"的起点，如图 6-81 所示。

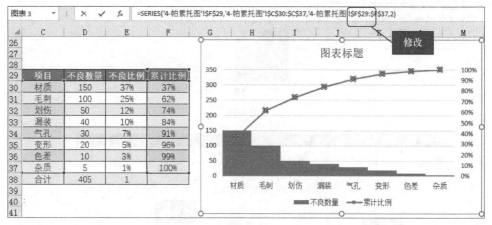

图 6-81

设置完毕后，新增的折线起点就出现了，但美中不足的是它的纵坐标虽然为 0，但横坐标却不为 0。这里需要设置次坐标的横坐标轴来进行调整。选择图表后，单击右上角的"+"按钮，在弹出的列表中勾选"坐标轴"下的"次要横坐标轴"复选框，如图 6-82 所示。

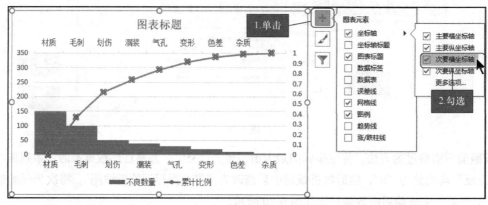

图 6-82

此时可以看到次要横坐标显示在图表上方，双击次要横坐标，在弹出的窗格中选择"在刻度线上"单选项，即可看到折线的起点移动到了坐标原点处，如图 6-83 所示。

接下来使用前面讲解过的方法，修改图表标题，隐藏网格线与次坐标轴，为柱形图设置不同的颜色，为折线图设置线条与标记点格式，并为二者都加上数据标签，最终效果如图 6-84 所示。

这种变形法的要点在于灵活运用次坐标轴，调整坐标轴的最大和最小值，以及设定坐标位置。这种变形法主要用于分析主要动因和主要问题，重复利用"二八原则"进行分析，发现问题。

帕累托图在质量事故原因分析方面应用较多，在财务年度预算分析、薪资结构分析、销售结构分析、购买力决策动因分析、库存数据分析等方面的应用也较为广泛。

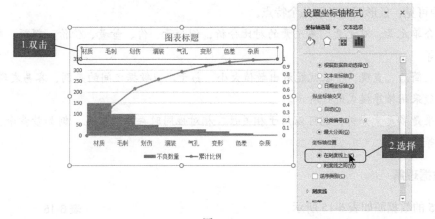

图 6-83

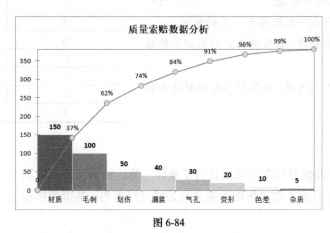

图 6-84

6.2.7 条形图及其变形：排序法分析图表

条形图和柱形图有很大的相似之处，柱形图的数据条是垂直放置的，而条形图的数据条是水平放置的，应用范围基本与柱形图、二维柱形图相同。

1. 图表特点

一个典型的条形图如图 6-85 所示。

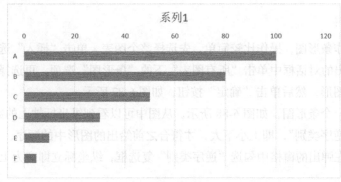

图 6-85

从图中可见，条形图有以下几个特点。

◇ 适合单元素、双元素、多元素的对比分析，例如量、价、量量、价价、额额、率率对比分析等。

◇ 图表简洁、直观，一眼就能看出数值大小，易于比较数据之间的差别，容易发现问题。

◇ 一般采用排序模式进行展示。

◇ 如果是多元素分析，也可以用于相关性、相对性同时存在的情况，例如量量率、额额率分析等。

2. 数据理解

图 6-85 的数据源如表 6-15 所示。

从表中可以得出以下结论。

◇ 表格具有一行或一列标签和一系列数据。

◇ 如果是双元素分析，其数据格式可参照二维柱形图。

◇ 数据之间存在相对性，或同时存在相对性和相关性。

表 6-15

项目	系列 1
A	100
B	80
C	50
D	30
E	10
F	5

3. 制作过程

例如某公司对产品的开发与销售量进行了统计，然后根据统计表格制作了相应的条形图，如图 6-86 所示。这里要注意，此条形图的纵坐标是经过修改的，其值的排序是上小下大，与默认的上大下小相反。

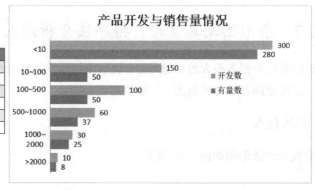

图 6-86

要根据图表制作条形图，操作比较简单。先选择整个图表，单击"插入"选项卡下的"推荐的图表"按钮，在弹出的对话框中单击"所有图表"下的"条形图"选项，再选择"簇状条形图"选项，并选择左边的图形，然后单击"确定"按钮，如图 6-87 所示。

这样就生成了一个条形图，如图 6-88 所示。从图中可以看到纵坐标轴上的数据是上大下小的，需要将之设置为"逆序类别"，即上小下大，才符合之前给出的图形中的顺序。

双击纵坐标，在弹出的窗格中勾选"逆序类别"复选框，纵坐标立即变为上小下大，如图 6-89 所示。

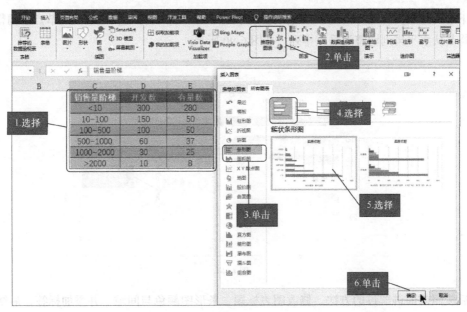

图 6-87

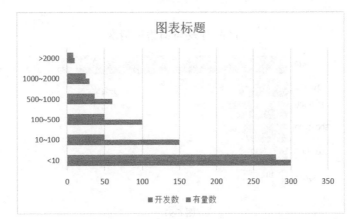

图 6-88

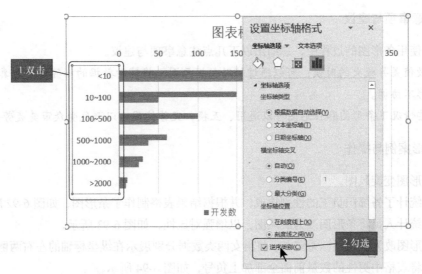

图 6-89

接下来调整图例位置与格式。将图例拖动到表格空白处，并拖动其边框上的节点来调整其排列状态，将其从水平排列调整为垂直排列，如图 6-90 所示。

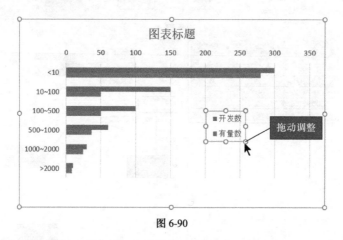

图 6-90

之后按照前面讲解过的方法，修改图表标题、条形图颜色与间隙，并添加标签，最终效果如图 6-91 所示。

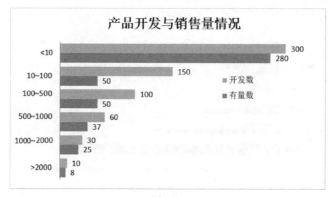

图 6-91

4. 注意事项与建议

笔者在使用条形图的过程中，总结出以下几点注意事项与建议。

✧ 当数值差异较大的时候，可以通过辅助数据画图，将辅助数据的标签设置为真实值，避免图形不协调。

✧ 某些情况下条形图和柱形图可以通用、互换，交替使用可以避免受众审美疲劳。

5. 变形案例与操作

（1）条形图变旋风图。

某公司统计了各部门员工的性别构成，并根据结果表格制作了条形图，如图 6-92 所示。

领导让统计人员将条形图改为旋风图，以增强对比性，如图 6-93 所示。

要将条形图改为旋风图，关键在于将男女两类数据分别展示在纵坐标轴的左右两侧。为达到这个目的，先将表格中男性的数量前面全部加上负号，如图 6-94 所示。

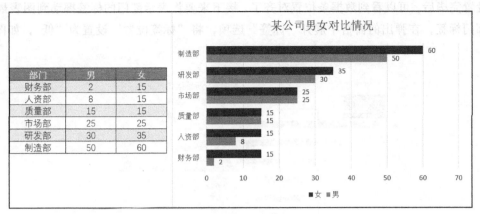

图 6-92

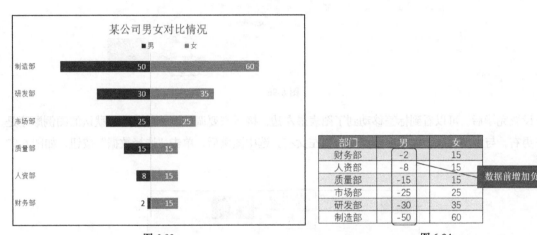

图 6-93　　　　　　　　　　　　　　　　图 6-94

选中表格并插入一个条形图，可以看到男性和女性的数据条是错位的，可通过调节数据条的格式将它们的位置对齐。双击男性数据条，在弹出的窗格中设置"系列重叠"为"100%"，如图 6-95 所示。

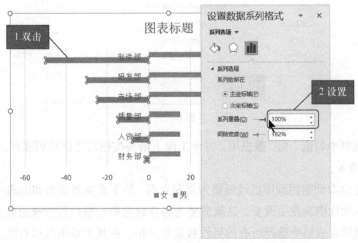

图 6-95

设置完毕后，可以看到数据条位置对齐了。接下来要将表示部门的标签挪动到图表最左边。双击部门标签，在弹出的窗格中展开"标签"选项，将"标签位置"设置为"低"，如图 6-96 所示。

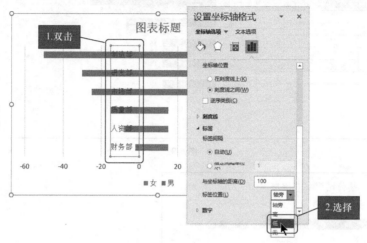

图 6-96

设置完毕后，可以看到标签移动到了图表最左边。接下来要调整图例的顺序。默认的图例顺序是女左男右，与主图相反，因此需要调整为男左女右。选中图例后，单击"选择数据"按钮，如图 6-97 所示。

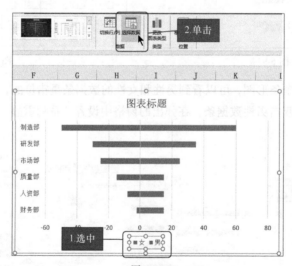

图 6-97

在弹出的对话框中勾选"男"数据项，并单击向下箭头按钮将之挪动到底部，然后单击"确定"按钮，如图 6-98 所示。

设置完毕后可以看到图例顺序已经调整为男左女右。接下来要将表格和图表中的男性数量改为正数，但又不能因此让图表发生改变，这就需要为男性数量单元格设置特殊的显示格式。先为图表数据添加标签，然后在表格中选择所有的男性数量单元格，在其上单击鼠标右键，在弹出的快捷菜单中选择"设置单元格格式"命令，如图 6-99 所示。

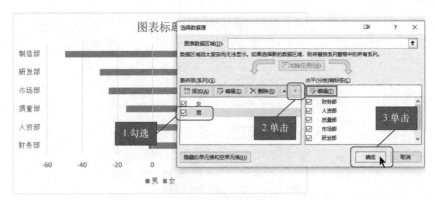

图 6-98

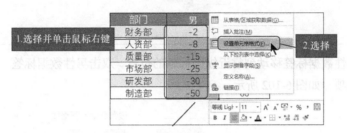

图 6-99

在弹出的对话框中选择"自定义"选项，在"类型"文本框中输入"[<0]0"，并单击"确定"按钮，如图 6-100 所示。

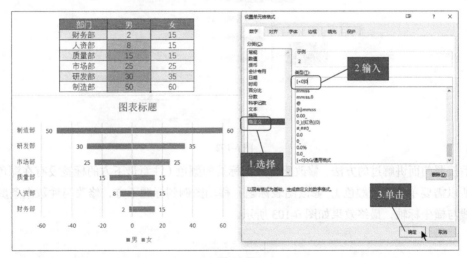

图 6-100

设置完毕后，可以看到单元格里面的男性数据及图表中的男性数据标签都显示为正数了。

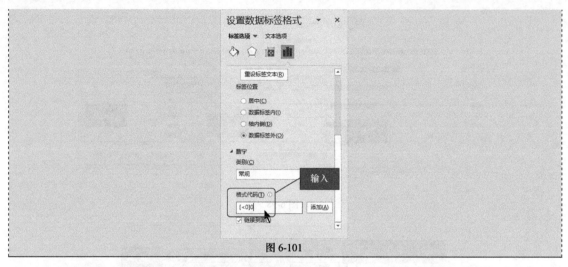

图 6-101

接下来要将男性数据标签移动到靠近纵坐标轴的位置。双击男性数据标签，在弹出的窗格中选择"轴内侧"单选项，如图 6-102 所示。

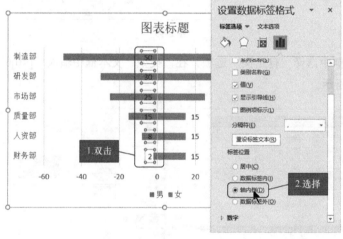

图 6-102

然后按照前面讲解过的方法，修改男性数据标签的颜色（注意最下方的标签没有在深色的数据条内，所以需要单独设置颜色），修改图表标题，移动图例到标题下方，修改男性数据条颜色，隐藏网格线与横坐标轴，最终效果如图 6-103 所示。

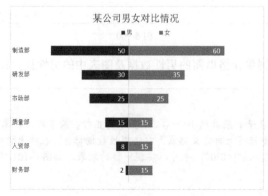

图 6-103

这种变形方法的要点在于修改其中一类数据为负数，实现左右看起来更平衡的状态，并对修改为负数的数据的标签采用自定义格式，使之显示为正数而又不影响图表结构。这种变形方法主要采用左右结构来对比两种元素，例如利润结构对比、人力薪资结构对比、成本结构对比、销售结构对比、采购结构对比、产能结构对比、产品功能对比等。

（2）条形图变对比图。

某集团对下属若干公司进行了贸易变化分析，并根据分析结果制作了由条形图变形而来的对比图，如图 6-104 所示。

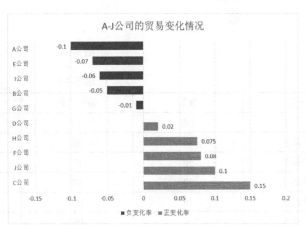

图 6-104

这个图的制作方法与柱形图的第 2 个变形方法是一样的，也是先将数据正负分离以后再创建图表，其制作方法和使用要点可以参考柱形图的第 2 个变形方法，这里就不再赘述。

（3）条形图变打靶图。

所谓打靶图，就是在条形图一侧再加上垂直排列的标签，好像一列靶子。标签可以用于表明一些其他的数据，如占比、差值等，因此打靶图可以为受众带来更多信息，更加全面地说明问题。

某公司统计了 6 种产品的库存数量，并根据统计表格创建了图表，如图 6-105 所示。

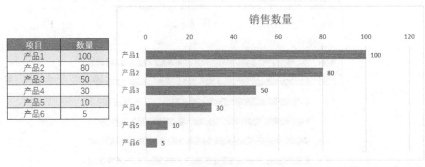

图 6-105

经理希望在图表右侧增加一列标签，用于显示产品在库存总量中的占比，如图 6-106 所示。

为了显示这一列标签，需要设置一个"辅助占位"数据列，该数据列中的数据与对应"数量"列的数据相加均等于 110（方便与产品数量最大值 100 拉开 10 的距离），以及设置一个"标签占位"数据列（该列数据用于占位，最终是不会显示的，因此可以为任何值，这里设置为"8"），再设置一个"标签列"数据列，该列每个单元格中的值是所在行的产品在库存总量中的占比，如表 6-16 所示。

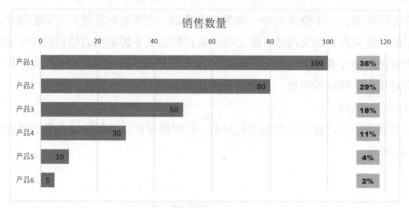

图 6-106

表 6-16

项目	数量	辅助占位	标签占位	标签列
产品 1	100	10	8	36%
产品 2	80	30	8	29%
产品 3	50	60	8	18%
产品 4	30	80	8	11%
产品 5	10	100	8	4%
产品 6	5	105	8	2%

　　选择表格中除"标签列"列以外的所有单元格，插入一个堆积条形图，并按照前面的方法将纵坐标轴的数据设置为逆序排列，如图 6-107 所示。

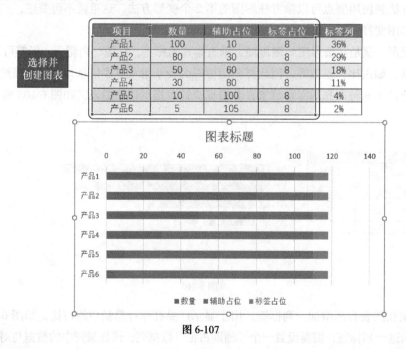

图 6-107

　　选中"辅助占位"数据条，并将之设置为"无填充"，这样图表上就只显示数量和标签占位数据条了。接下来修改横坐标的最大值为"120"，并分别为数量数据条和标签占位数据条添加标签，如图 6-108 所示。

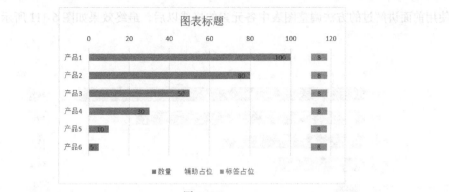

图 6-108

接下来要把"标签占位"数据条中的数字"8"替换为表格中的"标签列"下的百分比数据。双击"标签占位"数据条中的标签,在弹出的窗格中取消对"值"复选框的勾选,并勾选"单元格中的值"复选框,此时会弹出一个对话框用于选择单元格,选择"标签列"下的所有单元格之后,单击"确定"按钮,如图 6-109 所示。

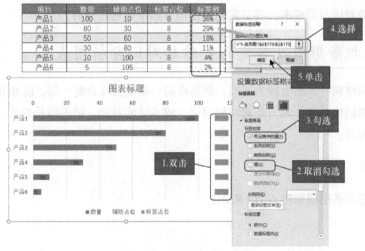

图 6-109

设计完毕以后,"标签占位"数据条中的数字"8"就被替换为表格中的"标签列"下的百分比数据了,如图 6-110 所示。

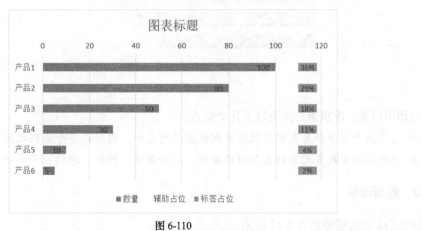

图 6-110

使用前面讲解过的方法调整图表中各元素的格式以后，最终效果如图 6-111 所示。

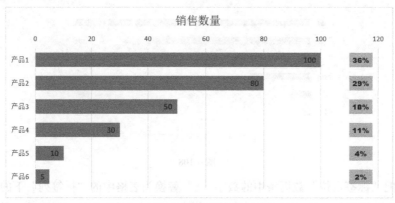

图 6-111

这种变形方法的要点在于增加辅助占位、标签占位数据列，同时修改标签占位数据列的标签内容。这种变形方法主要用于双元素对比分析，例如销售数据对比和占比、企业部门 KPI 完成对比与完成率、个人业绩对比与完成率、质量索赔对比与索赔率等对比分析。

6.2.8　堆积条形图及其变形：结构对比分析图表

堆积条形图和堆积柱形图也较为相似，都是将同一类数据堆叠到一起，而非并排展示。堆积条形图主要用于利润结构对比、人力薪资结构对比、成本结构对比、销售结构对比、采购结构对比、产能结构对比等方面。

1. 图表特点

一个典型的堆积条形图如图 6-112 所示。

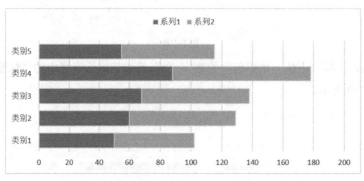

图 6-112

从图中可见，堆积条形图有以下几个特点。

◇　图中两个或多个具有相关性的系列数据进行叠加，同时在多个类别之间进行相对性比较。

◇　适合双元素或多元素的叠加对比分析，例如量量、价价、额额、率率对比分析等。

2. 数据理解

图 6-112 的数据源如表 6-17 所示。

表6-17

项目	类别1	类别2	类别3	类别4	类别5
系列1	50	60	68	88	55
系列2	52	69	70	90	60

从表中可以得出以下结论。

✧ 表中通常有两个及两个以上的系列数据进行叠加对比。

✧ 如果是相同的双元素或多元素分析，数据格式可参照堆积柱形图。

✧ 数据间的关系存在相对性和相关性。

3. 制作过程

例如某公司对员工去年与今年的总体工资结构进行了统计，并根据统计结果表格制作了对比图表，如图6-113所示。

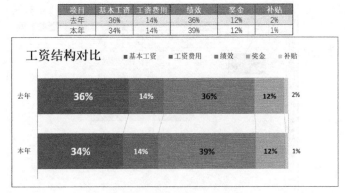

图6-113

要制作出这样的堆积条形图，先选中表格并插入一个堆积条形图，注意选择右边的样式，如图6-114所示。

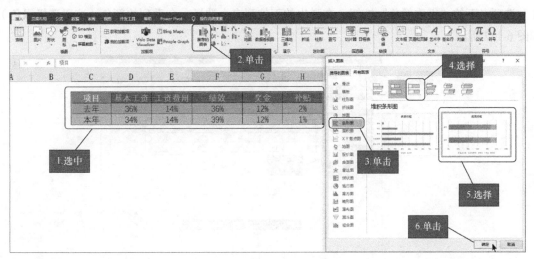

图6-114

创建出堆积条形图以后，按照前面讲解过的方法，将纵坐标轴的数据设置为逆序排列，让"去年"数据条在上面，如图6-115所示。

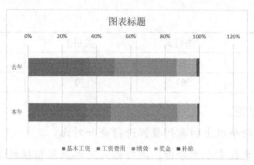

图 6-115

接下来要为同系列数据之间加上连线。选中图表以后，单击"设计"选项卡下的"快速布局"按钮，在弹出的下拉列表中选择"布局 8"选项，如图 6-116 所示。

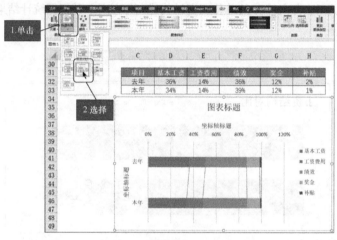

图 6-116

设置完毕以后可以看到同系列数据之间出现了连线。接下来要为数据条设置颜色，之前讲解的方法都是逐个设置，这里则使用 Excel 预置的系列颜色来快速设置。在选中图表的情况下，单击"设计"选项卡下的"更改颜色"按钮，在弹出的下拉列表中选择一个系列的颜色（这里选择绿色），如图 6-117 所示。

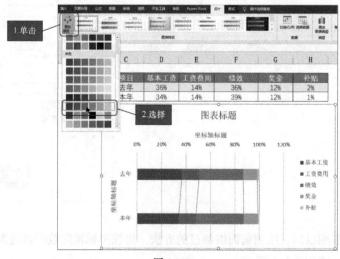

图 6-117

按照前面讲解过的方法，对图表的间距、标签、网格线、图例等进行修改和调整，最终效果如图 6-118 所示。

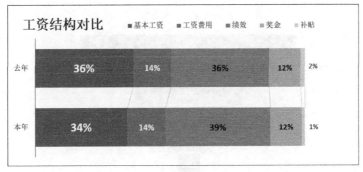

图 6-118

4. 注意事项与建议

笔者在使用堆积条形图的过程中，总结出以下几点注意事项与建议。

◇ 在分析过程中，如果版面为横向的长方形，则推荐使用堆积条形图。

◇ 在制作项目管理进度跟踪图时，一般用堆积条形图，借用辅助列并做无色填充来实现。

◇ 在有些情况下，堆积柱形图和堆积条形图可以互换，取决于报告中的排版需求和自己的习惯偏好。

5. 变形案例与操作

这里讲解将堆积条形图变形为漏斗图的方法。漏斗图是数据按照一定逻辑水平堆叠排列后，呈现出上大下小状态的一种图形，因形似漏斗而得名。漏斗图适用于具有多个固定环节的流程分析，通过比较各环节数据的减少速度，能够直观地发现问题所在。

例如从网店顾客浏览网站到再次购买一共有 6 个环节，每个环节都会流失一定的顾客。某网店统计了最近一周进店顾客的行为，并将结果制作成表格和图表，如图 6-119 所示。

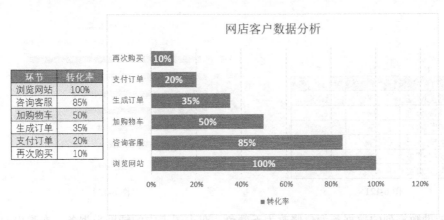

图 6-119

这个条形图虽然也能表达顾客流失的演变过程，但是从图形本身来讲，数据从上往下按由少到多的顺序排列，不符合常规逻辑。如果把浏览网站到再次购买的整个演变过程按相反顺序排列（数据从上往下按由多到少的顺序排列），这个可能会更好，但即便如此，这样的图形给人的感觉会有点头重脚轻，不够形象。如果制作成图 6-120 所示的漏斗图，则会显得非常直观、形象。

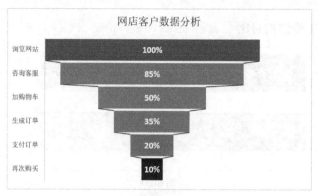

图 6-120

如何制作这样一个漏斗图呢？我们要明白，漏斗图是利用堆积条形图和辅助数据列（空白填充）的效果来实现的。因此，关键点就在于为表格增加一个辅助数据列。增加辅助数据列的目的是在制作图形的过程中，利用辅助数据生成的数据条将转化率数据条"推"向右边。那么，如何让每个转化率数据的中心线对齐呢？这就关系到辅助列数值的大小了。

$$辅助数据 =（ 1 - 当前行的转化率数值 ）÷ 2$$

怎么理解呢？转化率是浏览网站的流量，最大值为 100%，也就是 1。那么后续的环节每个阶段的值都与 1 有一定的差值，如果我们用差值的 50% 来"推"转化率数据条，那就刚好可以使每个转化率数据的中心线对齐。

有了对数据和图表样式的理解，就能构建图表的数据源。在"转化率"列与"环节"列之间增加"辅助"列，如图 6-121 所示。

可以看到 D98 单元格的公式为"(1-E98)/2"，以此类推，D99 单元格的公式为"(1-E99)/2"……设置好辅助数据列以后，选择整个图表并插入堆积条形图，然后将纵坐标轴设置为"逆序类别"，效果如图 6-122 所示。

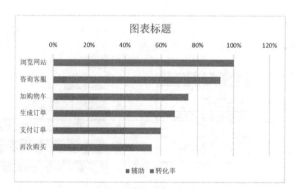

图 6-121　　　　　　　　　　　　　　　　　　　　　图 6-122

再将辅助数据列的数据条颜色修改为无颜色。双击图表中的辅助数据条，在弹出的窗格选择"无填充"单选项，辅助数据条就被隐藏起来了，剩下的转化率数据条形成了一个标准的漏斗图，如图 6-123 所示。

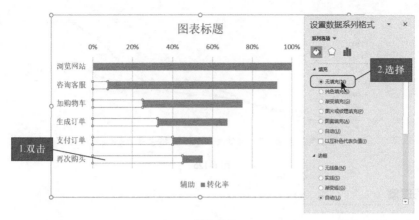

图 6-123

按照前面讲解过的方法调整图表中的各个元素，最终效果如图 6-124 所示。

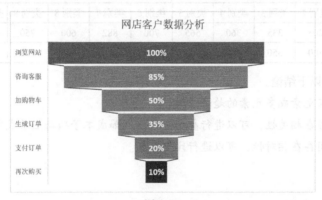

图 6-124

这种变形方法的要点在于利用辅助数据占位，利用无色填充将辅助数据列隐藏起来。这种漏斗图主要用于对电商、营销、改善过程等多环节变化情况的分析。

6.2.9 折线图及其变形：趋势分析图表

根据表格数据在图表上绘制出数据点，然后将数据点用线段连接起来，这样的图形就是折线图。折线图是一种非常直观的图表，主要应用于趋势分析、对比分析等方面，例如销量同期走势对比、利润同期走势对比、索赔对比、薪酬对比、市场占有率对比、客户满意度对比等。

1. 图表特点

一个典型的折线图如图 6-125 所示。

从图中可见，折线图有以下两个特点。

◇ 适合单元素趋势分析或多个相同元素之间的趋势对比分析，例如量、价、额趋势分析，或者量量、额额等趋势对比分析。

◇ 能直观地看出数据趋势，容易发现问题，帮助决策。

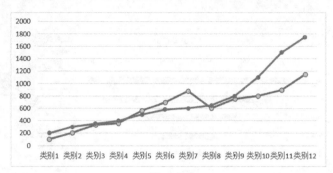

图 6-125

2. 数据理解

图 6-125 的数据源如表 6-18 所示。

表 6-18

类别	类别 1	类别 2	类别 3	类别 4	类别 5	类别 6	类别 7	类别 8	类别 9	类别 10	类别 11	类别 12
系列 1	100	205	335	360	565	700	882	600	750	800	900	1150
系列 2	200	300	350	400	500	580	600	650	800	1100	1500	1750

从表中可以得出以下结论。

　◇　折线图适合双元素或多元素的趋势分析。

　◇　如果数据间存在相关性，可以进行叠加分析，例如成本子项与汇总成本关系分析。

　◇　如果数据之间存在相对性，可以进行比较分析。

3. 制作过程

折线图的制作方法和前面的柱形图、条形图是一样的。选中表格后打开"插入图表"对话框，选择"折线图"下的某个图形插入即可（这里选择了"带数据标记的折线图"），如图 6-126 所示。

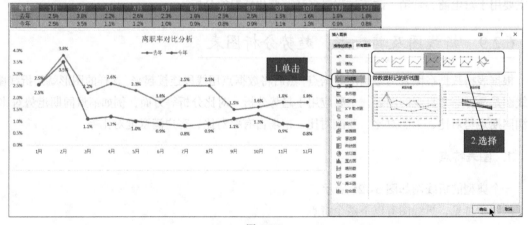

图 6-126

4. 注意事项与建议

笔者在使用折线图的过程中，总结出以下几点注意事项与建议。

　◇　可以通过修改标记记点样式、线条色、阴影、背景等操作，优化图表效果。

◇ 可以做回归分析，分析数据变化趋势，预测未来的数据。

◇ 图表呈现方面，可以制作为虚实线相接的渐变图。

◇ 如果只有一组数据，一般最好不要出现"一张图一条线"的情况，这样会显得图形太单调，饱满度不够；如果有多组数据，在折线上最好不要标注标签，否则整体太杂乱，可以采用带数据表的布局模式。

◇ 如果需要折线平滑，可以选择平滑线；如果觉得折线比较单调，可以与面积图配合使用。

5. 变形案例与操作

（1）折线图变虚实折线图。

数据统计分析中，可能会出现实际与预计折线图首尾衔接的情况，例如在年中总结时，领导需要预测全年的利润情况，因为上半年已经是实际情况，而下半年数据还是未知数，只能预测，这样的实际与预计汇总结果就会呈现出两种结果首尾衔接的状态。此时创建一个折线图，如图 6-127 所示。

月份	1月	2月	3月	4月	5月	6月	7月	8月	9月	10月	11月	12月
实际利润	100	205	335	360	565	700	882					
预计利润							882	1025	1350	1452	1650	2050

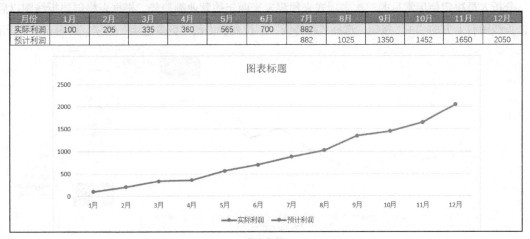

图 6-127

这样的图表显得比较单调，可以修改标记点的样式、线条样式、颜色等，将图表修改为图 6-128 所示的效果。从图中可以看出修改后的折线图更加丰富，更具有感染力。

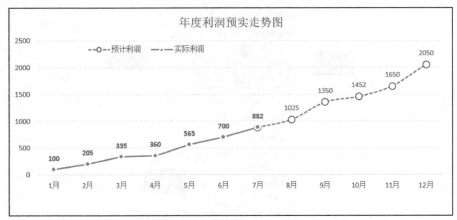

图 6-128

这里没有涉及新的操作方法，因此就不再详细讲解修改过程了。这里主要讲解一下修改的思路，其要点有两个：一是将线段分为虚实两种样式以示区别，二是将标记点设置为不同的格式，例如利用无色填充创建空心点，利用无边纯色填充创建实心点，增强图表美感，避免图表单调。这种虚实折线图属于使用率较高的图表，经常用于销售数据预测、材料实况预测、财务利润预测、风险评估等。

（2）利用折线图做回归分析。

回归分析指的是确定两种或两种以上变量间相互依赖的定量关系的一种统计分析方法，具体的操作方法将在第 9 章进行讲解。简单来说，即用多个函数来拟合已有的数据，选取拟合度最好的函数，用这个函数来预测未来的数据。

已知某公司前 12 年的营业额如表 6-19 所示。需要根据已知数据推测该公司第 13、14 年的营业额趋势。

表 6-19

年份	第1年	第2年	第3年	第4年	第5年	第6年	第7年	第8年	第9年	第10年	第11年	第12年
营业额	550	580	540	600	450	500	650	890	780	900	1200	1150

分析人员决定使用常见的二次多项式来预测未来两年的营业额趋势。根据表格创建折线图以后，单击折线图右上方的"＋"按钮，选择"趋势线"下拉列表中的"更多选项"选项，如图 6-129 所示。

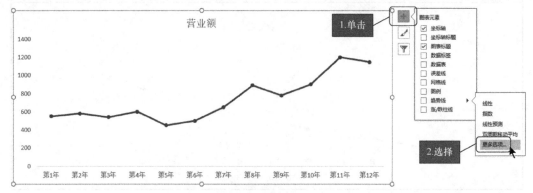

图 6-129

在弹出的窗格中选择"多项式"单选项，"阶数"设置为"2"，"前推"设置为"2"，勾选"显示公式"复选框，如图 6-130 所示。

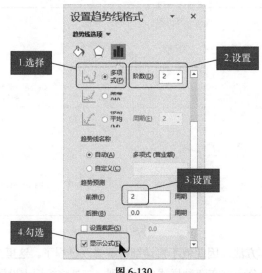

图 6-130

设置完毕后即可看到新插入的二次多项式趋势线及其公式，如图 6-131 所示。

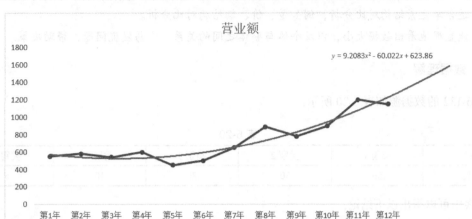

图 6-131

折线图添加了趋势线以后，可以直观地反映数据特性随着时间变化的趋势与走向，为决策提供依据。这种变形方法的要点在于添加趋势线和公式，其中将趋势线向前推若干个单位可以更加清楚地展示趋势，分析人员还可以通过公式进行预测。此外，还可以选择其他的趋势选项，例如"线性""指数""线性预测"等，根据拟合度来判断哪条趋势线的预测效果最好。这种变形方法主要用于分析数据的变化趋势，例如盈利率、销售额、材料价格、质量索赔率、消费、材料强度的提升等趋势。

6.2.10　饼图及其变形：占比法分析图表

饼图是一种非常直观的图表，其制作方法是将一个圆形划分为若干份，以此来表示多类数据在总量中的占比。饼图主要应用于数据结构对比分析，例如利润结构分析、资金结构分析、成本结构分析、质量索赔分析、销售分析、薪资结构分析、材料成分分析等。

1. 图表特点

一个典型的饼图如图 6-132 所示。

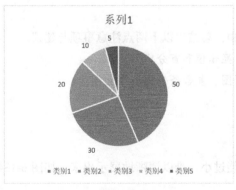

图 6-132

从图中可见，饼图有以下两个特点。

◇ 适合单元素结构对比分析，例如量、价、额结构对比分析。

◇ 能直观地看出数据大小，以及个体与整体之间的关系，容易发现问题，帮助决策。

2. 数据理解

图 6-132 的数据源如表 6-20 所示。

表 6-20

项目	类别 1	类别 2	类别 3	类别 4	类别 5
系列 1	50	30	20	10	5

从表中可以得出以下结论。

◇ 饼图适用于同一元素的数据对比分析。

◇ 数据之间存在相关性，这里的相关性体现在饼图的扇区占比整合等于 100%。

3. 制作过程

饼图的制作方法很简单。选中表格后打开"插入图表"对话框，选择饼图图形插入即可，然后再添加标签并设置格式，结果如图 6-133 所示。

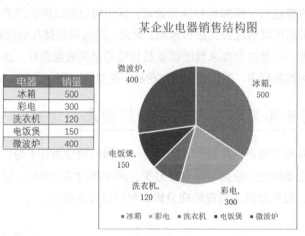

图 6-133

4. 注意事项与建议

笔者在使用饼图的过程中，总结出以下两点注意事项与建议。

◇ 可以修改标签样式，显示值和百分比。

◇ 可以变形做成子母饼图、复合条饼图、半圆图等。

5. 变形案例与操作

（1）饼图变子母饼图。

在饼图中，有些数据可能过小，难以清晰地展示出来，如图 6-134 所示。

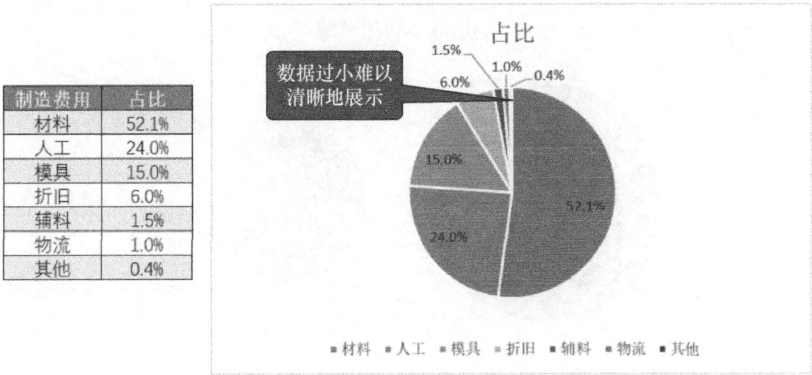

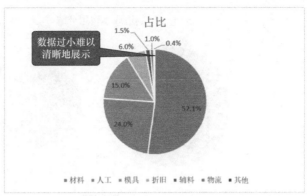

制造费用
占比
材料
52.1%
人工
24.0%
模具
15.0%
折旧
6.0%
辅料
1.5%
物流
1.0%
其他
0.4%
占比
数据过小难以清晰地展示
1.5%
1.0%
0.4%
6.0%
15.0%
52.1%
24.0%
材料 人工 模具 折旧 辅料 物流 其他

图 6-134

此时可以把这些较小的数据合并为一个相对较大的集合放在饼图里，再利用另一个饼图来专门展示这些相对较小的数据。先选择整个表格，插入“子母饼图”，如图 6-135 所示。

制造费用
占比
材料
52.1%
人工
24.0%
模具
15.0%
折旧
6.0%
辅料
1.5%
物流
1.0%
其他
0.4%
插入图表
推荐的图表
所有图表
子母饼图
选择“子母饼图”
确定
取消

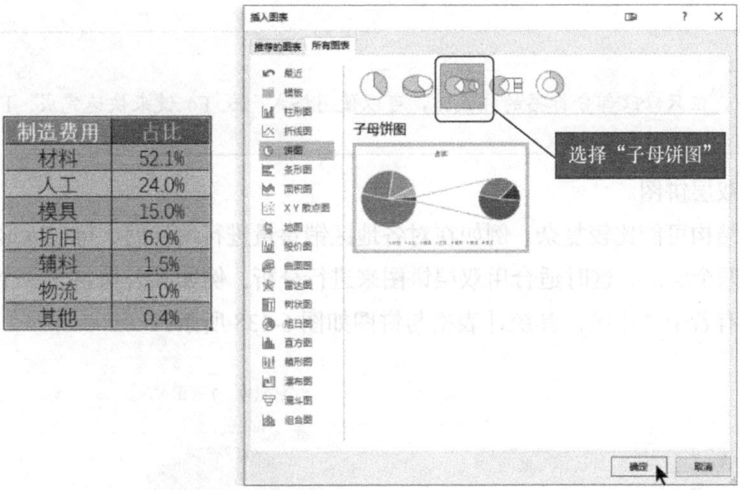

图 6-135

创建饼图以后，还需要调节子饼图所包含数据的数量。双击子饼图，在弹出的窗格中将“第二绘图区中的值”设置为“4”，如图 6-136 所示。

1.双击
设置数据系列格式
2.设置
材料 人工 模具 折旧 辅料 物流 其他

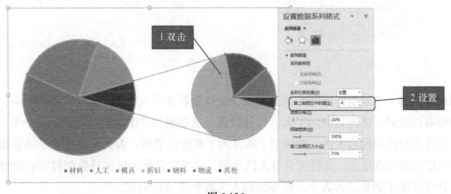

图 6-136

调整颜色、图例位置、标签样式以后，最终效果如图 6-137 所示。

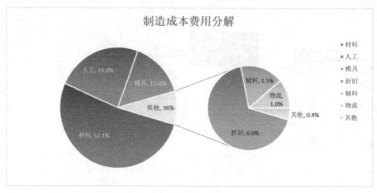

图 6-137

这种变形方法的要点是调整第二绘图区的数值，使之包含的数据量大小合适。这种变形方法主要应用于数据结构对比分析，例如利润结构分析、资金结构分析、成本拆解分析、质量索赔分析、销售分析、薪资结构分析、材料成分分析等。

名师支招

　　当标签较多，但只修改部分标签的样式时，可以使用格式刷或 F4 键来快速完成。F4 键用来重复上一步操作。

（2）饼图变双层饼图。

有时候数据结构可能比较复杂，例如在对各地区销售量进行统计时，可能大区下面还包含多个小区，数据分为两个层次，这时适合用双层饼图来进行分析。例如某公司包含 3 个销售大区，销售大区下面又划分有若干个小区，其统计表格与饼图如图 6-138 所示。

地区	大区总计	小区总计
北京	80	
A区		40
B区		30
C区		10
上海	40	
D区		10
E区		15
F区		15
广州	10	
G区		5
H区		5

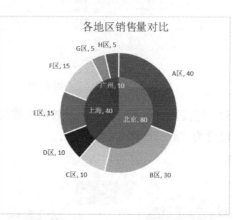

图 6-138

如何制作这样一个双层饼图呢？先选中整个表格数据并插入饼图，如图 6-139 所示。

从图中可以看到，饼图只显示了大区总计数据，这是因为饼图数据只能识别一个系列（一组）的数据，在这里只能识别到大区，而图例（地区列）都能识别到，因此从图表展示的效果来看，大区、小区的图例都可以显示，而饼图只有大区数据。这里我们将大区统计数据移动到次坐标轴上进行显示，并将其缩小到合适的大小，使小区和大区数据都显示出来。

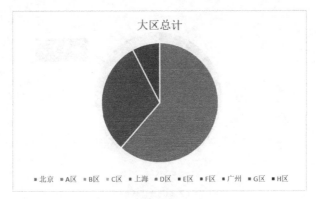

图 6-139

双击大区总计数据，在弹出的窗格中选择"次坐标轴"单选项，此时可以看到图表标题"大区总计"消失了，如图 6-140 所示。

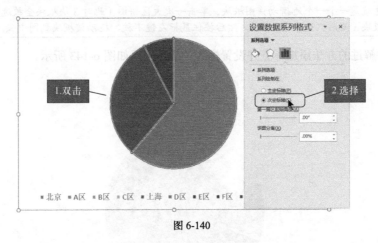

图 6-140

将"饼图分离"设置为"70%"，可以看到大区总计饼图缩小了，并显示出小区饼图，如图 6-141 所示。

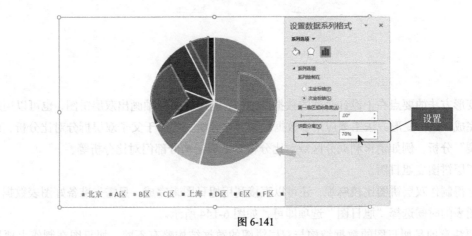

图 6-141

逐一拖动大区总计饼图的板块向中心靠拢，直到合成一个完整的圆，如图 6-142 所示。

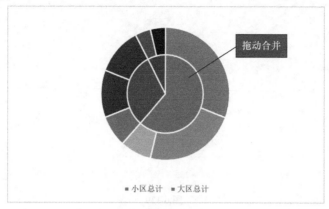

图 6-142

　　按照前面讲解过的方法添加标签并设置样式，最终效果如图 6-143 所示。

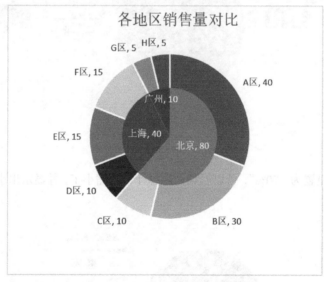

图 6-143

　　这种变形方法的要点在于设计合适的数据源结构，利用次坐标轴画出双层饼图，也可以用双层环状图来完成。这种变形方法主要应用于数据结构对比分析，常用于父子双层拆分对比分析，或者称为"龟裂"分析，例如销售利润分区域对比分析、工资结构分部门对比分析等。

　　（3）双层饼图变旭日图。

　　如果觉得制作双层饼图比较麻烦，还可以直接利用旭日图来完成，只需先准备好图表数据，然后在插入图表的时候选择"旭日图"选项即可，如图 6-144 所示。

　　这里要注意的是旭日图的数据结构与双层饼图的数据结构略有不同。旭日图在制作上要比双层饼图方便很多，但旭日图有一个小小的缺点，即它的数据排序是不能调整的，例如，图 6-144 所示的数据表中的数据是按 A、B、C、D、E、F、G 的顺序显示的，但是右边的旭日图，实际没有按照 A、B、C、D、E、F、G 的顺序显示数据。此外，旭日图在 Excel 2007 及之前的版本中是无法应用的。

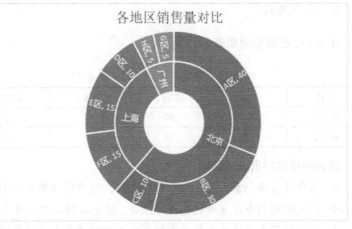

北京	A区	40
	B区	30
	C区	10
上海	D区	10
	E区	15
	F区	15
广州	G区	5
	H区	5

图 6-144

6.2.11 散点图和气泡图：相关性分析图表

散点图是一种没有添加任何修饰的图表，所有的数据直接以点的形式散布在坐标系中。散点图主要用于相关性分析，通过已知条件推测结果，例如通过销售价格与重量关系分析、采购价格与重量关系分析来分析价格的合理性，也可以用于预测分析、投资分析等。

1. 图表特点

一个典型的散点图如图 6-145 所示。

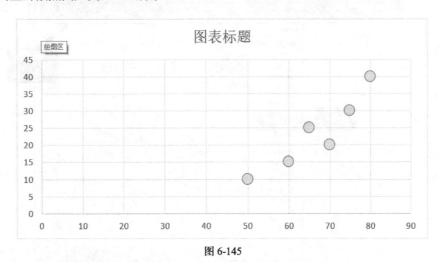

图 6-145

从图中可见，散点图有以下两个特点。

❖ 便于分析两项指标的数据之间的关系，以及它们是否存在相关性，适合双元素对比分析。

双元素可以是同类元素，也可以是不同类元素，例如量量、量价、价价、量额、额率对比分析等。

◇ 图表简洁、直观，便于看出双元素组合数据的位置，易于比较数据之间的差别，容易发现问题。

2. 数据理解

图 6-145 的数据源如表 6-21 所示。

表 6-21

项目	类别 1	类别 2	类别 3	类别 4	类别 5	类别 6
系列 1	50	60	70	65	75	80
系列 2	10	15	20	25	30	40

从表中可以得出以下结论。

◇ 表中具有两个系列或 3 个系列的数据，可用散点图对它们进行组合对比分析。

◇ 同类别的两个或 3 个数据进行组合，组合后的数据与其余同类别数据组合之间存在相对性。

◇ 有时候同类别的两个或 3 个组合数据之间本身存在运算逻辑，因此数据具有相关性。

3. 制作过程

散点图的制作方法很简单，但需要注意的是不能选择整个表格来创建图表，只能选择有数据的单元格区域，之后再插入 "XY 散点图"，如图 6-146 所示。

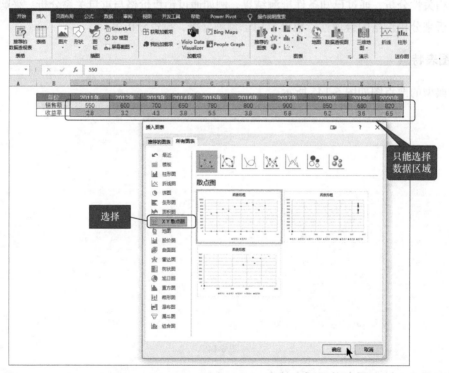

图 6-146

图表中的数据可能会比较集中在某一区域，从而让另外的区域显得比较空，此时可以通过修改坐标轴的最小值来调节。由于这里创建的图表左边较空，因此需要将横坐标轴的最小值设置得大一点。双击横坐标，在弹出的窗格中将"最小值"设置为"400"，如图 6-147 所示。

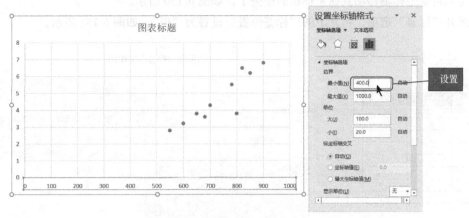

图 6-147

再进行一定的格式设置，并添加线性趋势线，最终效果如图 6-148 所示。

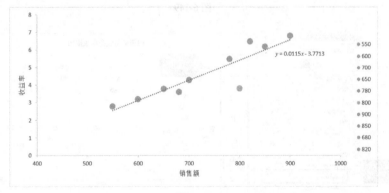

图 6-148

图中黄色的圆点是一个比较异常的数据，对于这种异常的数据，可以通过改变其颜色进行标记，以提醒图表的受众。

4. 注意事项与建议

笔者在使用散点图的过程中，总结出以下两点注意事项与建议。

✧ 散点图可以结合数据之间关系的定位，帮助决策，详见其变形案例。

✧ 散点图可以拓展为气泡图，变成三元素分析。

5. 变形案例与操作

（1）散点图变象限图。

学习过坐标系的读者应该都知道象限的概念，一个直角坐标系分为 4 个象限。如果为散点图也加上象限，分析起来就会更加轻松。例如，对于处在低收益且周期长象限的产品，应该放弃掉；对于处在高收益且周期长象限的产品，应集中改进其生产周期，等等。

某公司制作了一个客户调查表，并创建了带有象限的散点图，如图 6-149 所示。

如何为散点图添加象限呢？这里要调整两个坐标轴的位置，让它们轴线位于绘图区中央。双击纵坐标，在弹出的窗格中选择"坐标轴值"单选项，并在文本框中输入最大值的一半，即"0.15"，这样就可以将横坐标轴移动到纵坐标轴的中央了，如图 6-150 所示。

再展开"标签"选项，将其下的"标签位置"设置为"低"，如图 6-151 所示。

客户	销售额	收益率
客户1	98	0.06
客户2	82	0.1
客户3	25	0.09
客户4	20	0.18
客户5	52	0.22
客户6	76	0.25
客户7	88	0.2
客户8	8	0.1

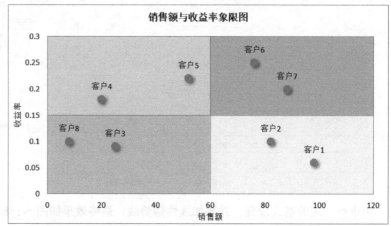

图 6-149

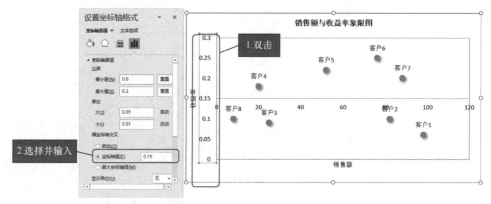

图 6-150

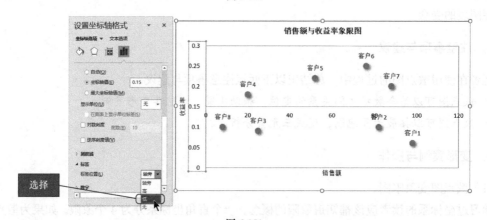

图 6-151

接下来对横坐标轴也进行同样的操作，将"坐标轴值"设置为最大值的一半，即"60"，然后将其"标签位置"设置为"低"。设置完毕后，两个坐标轴就在绘图区中心交叉，将绘图区划分为 4 个象限，如图 6-152 所示。

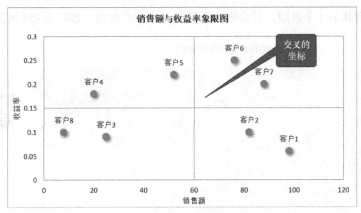

图 6-152

但这样的图表过于单调，如果为各个象限添加不同的背景色，图表就会更加美观。为此要绘制一个与绘图区 4 个象限大小相符的背景，再将其填充到绘图区。先单击"插入"选项卡下的"形状"按钮，选择其中的矩形，如图 6-153 所示。

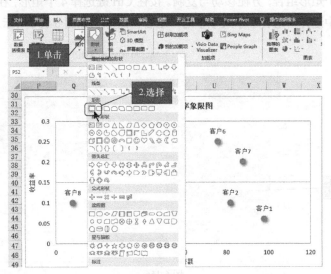

图 6-153

在散点图的任意一个象限绘制出一个矩形，并去掉其边框线，如图 6-154 所示。

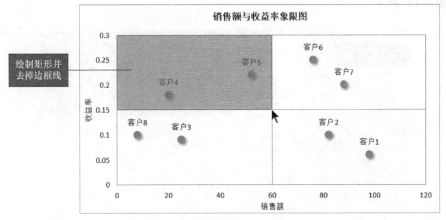

图 6-154

复制该矩形到其余 3 个象限，并分别为它们设置不同的颜色，如图 6-155 所示。

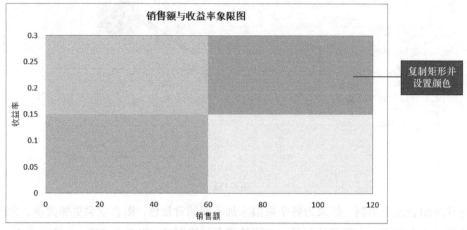

图 6-155

接下来要将 4 个矩形组合，方便移动与复制。按住 Ctrl 键选择 4 个矩形，在其上单击鼠标右键，在弹出的快捷菜单中选择"组合"子菜单下的"组合"命令，如图 6-156 所示。

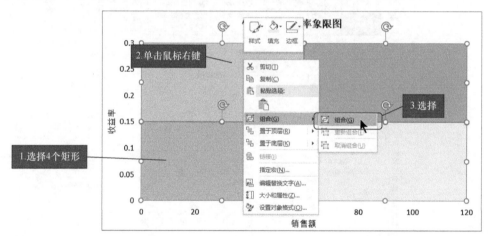

图 6-156

将组合好的矩形移动到图表之外，并在其上单击鼠标右键，在弹出的快捷菜单中选择"复制"命令，如图 6-157 所示。

图 6-157

复制完毕后，双击图表绘图区，在弹出的窗格中展开"填充"选项，选择"图片或纹理填充"单选项，并在其下出现的按钮中单击"剪贴板"按钮，如图6-158所示。

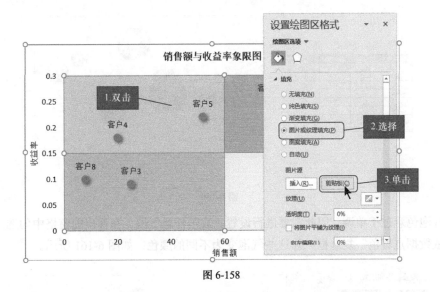

图 6-158

绘图区背景就成了刚才绘制的包含4个色块的矩形，最终效果如图6-159所示。

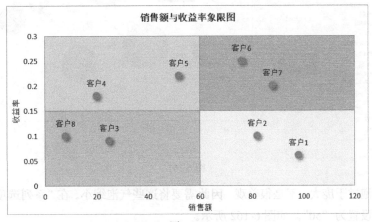

图 6-159

通过象限图，分析人员即可轻松地识别出需要改善的产品类别。

这种变形方法的要点在于设置坐标轴交叉并调整坐标轴标签的显示位置，以及为绘图区填充一个合适的背景。这种变形方法主要用于相关性分析，例如产品价格与销量关系分析、索赔与销量关系分析、学历与薪酬关系分析、制造投入与产出关系分析等。

名师支招

在 Excel 2010 或以下版本中没有相应的选项可以为散点图中的标签添加单元格中的值，老版本的用户可以下载 XY Chart Labeler 标签插件来实现。

（2）散点图变气泡图，分析3个系列的数据。

气泡图是散点图的一种变形。当表格中存在3个系列的数据时，可以利用气泡图来表示，用其中两个系列的数据用来决定图表上数据点的位置，第3个系列的数据用来决定数据点的大小。

　　例如某厂统计了 8 种产品的销售情况，并插入了"XY 散点图"下的"气泡图"，经过一定的格式设置后，效果如图 6-160 所示。

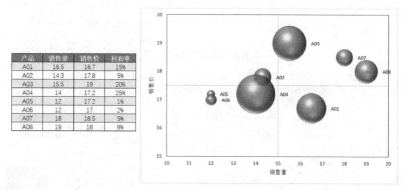

产品	销售量	销售价	利润率
A01	16.5	16.7	15%
A02	14.3	17.8	5%
A03	15.5	19	20%
A04	14	17.2	25%
A05	12	17.2	1%
A06	12	17	2%
A07	18	18.5	5%
A08	19	18	9%

图 6-160

　　由于气泡色彩过于单调，因此需要进行设置。双击任意气泡，在弹出的窗格中勾选"填充"选项下的"依数据点着色"复选框，让这些气泡变为不同的颜色，如图 6-161 所示。

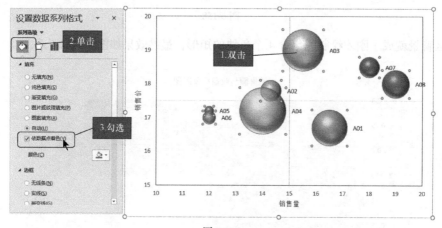

图 6-161

　　由于部分气泡过于庞大，不是很美观，因此需要将这些气泡缩小。在"系列选项"选项下将"缩放气泡大小为"设置为"50"，如图 6-162 所示。

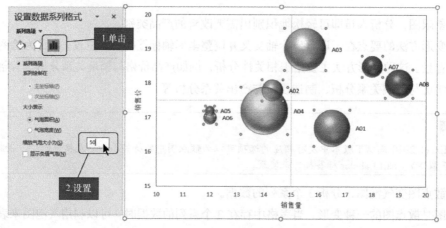

图 6-162

设置完毕后，气泡大小就比较合适了，最终效果如图 6-163 所示。

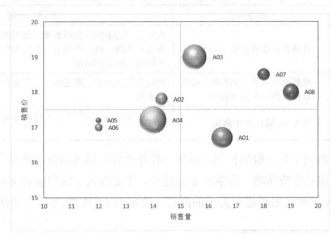

图 6-163

从气泡图可以方便地进行分析，例如，A03 与 A08 产品的销售价与利润率都较高，应注意维持；A07 产品利润率一般，还可以提升其利润率；A04 产品利润率高，但销售价与销售量都一般，因此需要在销售价与销售量上下功夫，等等。

这种变形方法的要点在于修改气泡的颜色与大小，调整到合适的程度。这种变形方法适合进行三元素分析，例如量价额、量价率等分析；或者应用于市场分析、产品生产结构规划分析等。

6.2.12 动态数据可视化分析模型的原理

动态数据可视化是指图表中存在一个"可控制"的部分，用户通过操作这个可控制的部分，让不同类别的数据通过同一个图表进行展示。例如某个动态图表中，存在一车间到五车间的产量分析选择部件，用户单击选择某个车间，图表就会相应地展示该车间的产量数据。

动态数据可视化分析主要用于分析维度相对较多的情况，例如常见的每月、每周、每日的例行报告和分析，包括销售周报、库存日报、质量月度报告、财务月度报告、薪酬月度分析等。

1. 建立动态数据可视化模型的方法

动态数据可视化的基本要点是要建立一个模型。通常有 4 种模型，如图 6-164 所示。

图 6-164

这 4 种模型的创建要求、原理与应用各有特点，如表 6-22 所示。

表 6-22

模型类别	创建要求	原理与应用
函数模型	对函数应用熟练，有一定函数嵌套经验	利用查找、索引、位移、嵌套等方法来索引数据，结合图表进行可视化，制作分析模型，应用于相对简单的案例

续表

模型类别	创建要求	原理与应用
控件模型	对函数和控件应用熟练	利用控件的单元格数据链接，借用控件选择不同的单元格数值发生变动，再结合图表，从而制作动态图。应用于数据分析维度比较多的情况
透视表模型	对数据透视表应用熟练，透视数据源的数据要求规范	利用数据透视表、透视图，以及切片器动态变动的原理实现动态图
VBA 模型	对 VBA 编程应用熟练	利用 VBA 编程实现数据统计、分析，结合图表实现可视化分析

这里用 3 个简单的例子来讲解如何利用函数、控件和数据透视表来制作动态分析模型，主要是为了展示原理，所以相对比较简略，篇幅也不会过长。想要深入了解的读者可以购买专门的图书进行学习，尤其是 VBA 编程更需要进行大量的阅读，这里限于篇幅就不进行讲解了。

2. 利用函数制作动态分析模型

这里举一个利用 VLOOKUP 函数制作动态分析图表的例子。假设某表格如表 6-23 所示。

表 6-23

项目	1月	2月	3月	4月	5月	6月
A	6	8	9	6	7	8
B	8	7	8	5	9	5
C	5	9	9	5	5	6
D	6	9	9	9	6	8
E	7	9	9	5	7	7

为了方便查看每个项目的柱形图，分析人员单独设计了一个数据中转区域，用于向图表提供数据，当用户在下拉列表中选择不同的项目时，图表会自动展示所选项目的数据图形，如图 6-165 所示。

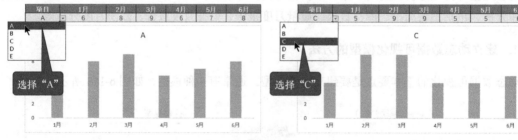

图 6-165

其制作要点在于利用绿色的单元格做一个下拉列表，其右侧的单元格用 VLOOKUP 函数获取对应的项目数据，制作好这个数据中转区域以后，再插入图表就可以了。先制作与数据源表格列数一致的表格，它仅有两行，第一行是数据源表头，第二行是空白单元格。制作好表格之后，选择"项目"下的空白单元格，单击"数据"选项卡下的"数据验证"按钮，在弹出的下拉列表中选择"数据验证"选项，如图 6-166 所示。

图 6-166

在弹出的对话框中将"允许"设置为"序列",并将"来源"设置为$D$35:$D$39 单元格区域,以取得数据源表格中的所有项目名称,之后单击"确定"按钮,如图 6-167 所示。

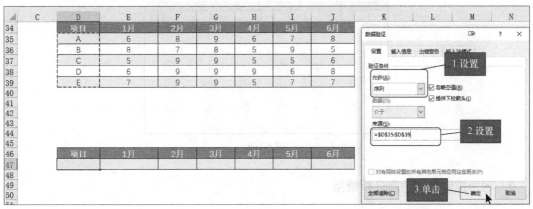

图 6-167

随后在数据中转表格的"1 月"下方的 E47 单元格中输入公式"＝VLOOKUP($D$47,$D$35:$J$39,COLUMN(A1)+1,FALSE)"。

第 5 章中已经详细讲解过 VLOOKUP 函数的用法,这里就不再赘述。该公式的作用是提取数据源表格中与 D47 单元格同一行不同列的单元格的值。输入该公式后,E47 单元格数据就自动变成了 E35 单元格中的数据,如图 6-168 所示。

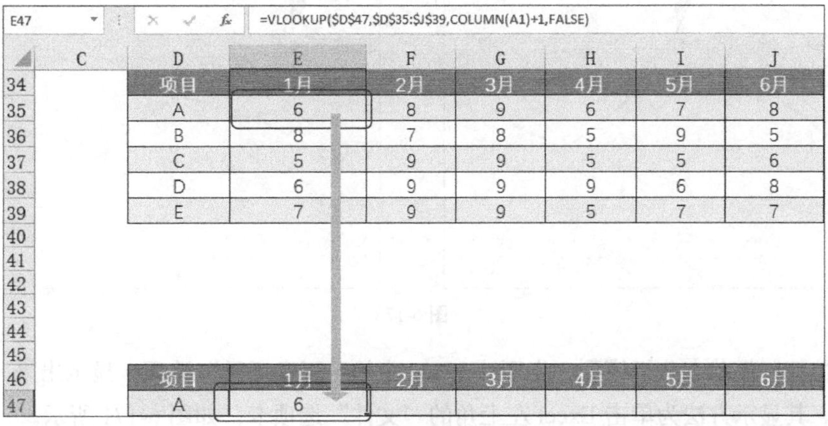

图 6-168

接下来将 E47 单元格的公式拖动复制到其右侧的 5 个单元格中，即可得到项目 A 在数据源表格中的所有数据，如表 6-24 所示。

表 6-24

项目	1月	2月	3月	4月	5月	6月
A	6	8	9	6	7	8

选中数据中转表格后插入柱形图，即可完成建模，如图 6-169 所示。

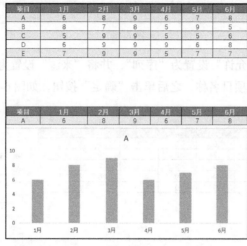

图 6-169

3. 利用控件制作动态分析模型

控件，简而言之即供用户控制的部件。当用户操作控件后，会使某些数据产生变化，从而导致图表改变。书中常常提到的"开发工具"选项卡中的"单选项""复选框""列表框"等就是控件。当选择不同的控件时，图表会自动展示不同项目的数据，如图 6-170 所示。

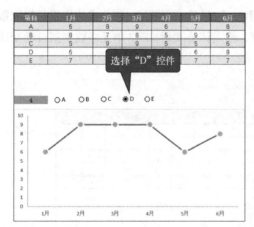
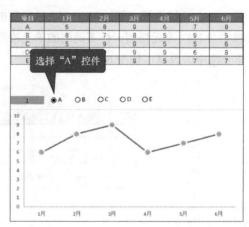

图 6-170

要利用控件制作动态分析模型，先要让 Excel 中的"开发工具"选项卡显示出来，此选项卡默认是隐藏的。其显示方法为单击 Excel 左上角的"文件"选项卡，如图 6-171 所示。

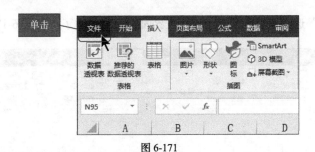

图 6-171

接下来单击"选项"按钮，如图 6-172 所示。

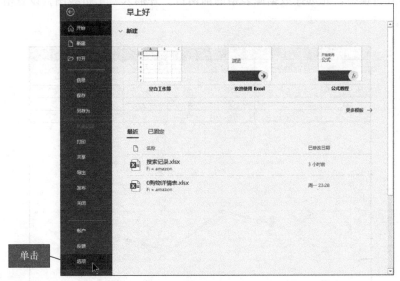

图 6-172

在弹出的对话框中单击"自定义功能区"选项，并勾选"开发工具"复选框，然后单击"确定"按钮，如图 6-173 所示。

图 6-173

这样"开发工具"选项卡就出现在 Excel 主界面的菜单栏中了，如图 6-174 所示。

图 6-174

开始制作分析模型。先选择数据源表格的前两行，并插入一个折线图，设置格式后的效果如图 6-175 所示。

项目	1月	2月	3月	4月	5月	6月
A	6	8	9	6	7	8
B	8	7	8	5	9	5
C	5	9	9	5	5	6
D	6	9	9	6	7	8
E	7	9	9	5	7	7

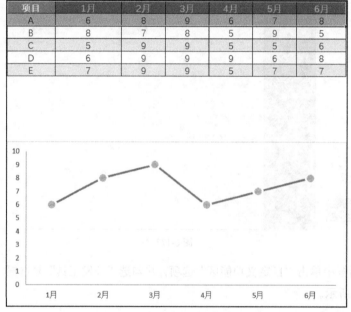

图 6-175

创建 5 个控件，分别对应 5 个项目。单击"开发工具"选项卡下的"插入"按钮，在弹出的下拉列表中选择单选项控件，如图 6-176 所示。在图表空白处绘制出一个单选项控件，如图 6-177 所示。将该单选项控件的名称改为"A"之后，在其上单击鼠标右键，在弹出的快捷菜单中选择"设置控件格式"命令，如图 6-178 所示。

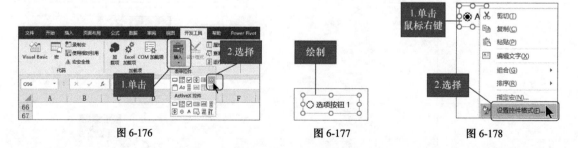

图 6-176　　　　　　　　图 6-177　　　　　　　　图 6-178

在弹出的对话框中单击"控制"选项卡，将"单元格链接"设置为图表旁任意一个空白单元格

（这里设置为 D88 单元格），并单击"确定"按钮。关闭对话框后将控件 A 复制出 4 个，分别命名为 B、C、D、E，然后依次排列在图表的上方，如图 6-179 所示。

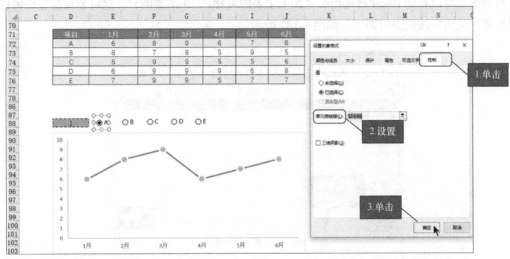

图 6-179

这里可以测试一下，分别单击 A、B、C、D、E 这 5 个控件，D88 单元格会分别显示 1、2、3、4、5。D88 单元格起到了传递用户控制的作用，是一个特殊的单元格，这里将它的底色设置为灰色以做区别。

由于还没有将图表与单选项控件连接起来，因此无论怎样选择单选项控件，图表都不会产生变化。为了建立二者之间的连接，需要设置一个带有名称的公式，设置完毕后用该名称替换图表公式中的区域选择部分，即可达到目的。单击"公式"选项卡下的"名称管理器"按钮，在弹出的对话框中单击"新建"按钮，接着在弹出的对话框中输入名称、范围和引用位置，并单击"确定"按钮，如图 6-180 所示。

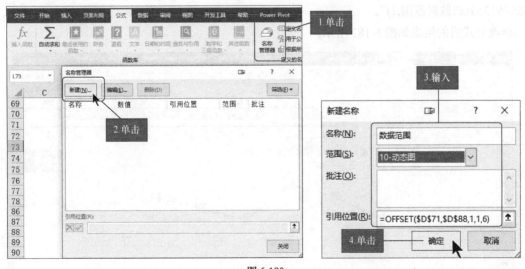

图 6-180

需要特别说明的是，"名称"会用于替换图表中的范围部分，"范围"用于设置此名称的作用范围，"引用位置"则是一个公式" = OFFSET($D$71,$D$88,1,1,6)"。

OFFSET 函数已经在前面学习过，这里就不再详细讲解。该公式的作用是以 D71 单元格为坐标原点，以 D88 单元格数值进行向下偏移，并取得该行 71 列后 6 个单元格的值。设置完毕后返回之前的对话框，可以看到 Excel 自动给公式加上了表的名称"'10-动态图'!"，这对公式没有任何影响，直接单击"关闭"按钮退出即可，如图 6-181 所示。

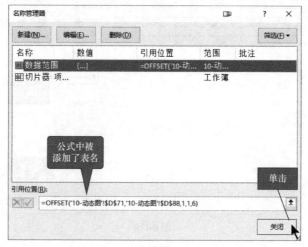

图 6-181

接下来要将图表中的范围部分替换为"数据范围"名称。单击图表中的折线，在上方的编辑栏中可以看到公式"= SERIES('10-动态图'!$D$72,'10-动态图'!$E$71:$J$71,'10-动态图'!$E$72:$J$72,1)"。

将其中表示范围的部分"'10-动态图'!$E$72:$J$72"替换为"'第 6 章-专业数据可视化与图表变形技术-99%的人都不知道-20200913.xlsx'!数据范围"。这里的"第 6 章-专业数据可视化与图表变形技术-99%的人都不知道-20200913.xlsx"是笔者所用的示例文件的名字，读者在实际操作的时候，这个名字会根据 Excel 文件名的不同而改变，读者也要自行修正。修改完毕后的公式为"= SERIES('10-动态图'!$D$72,'10-动态图'!$E$71:$J$71,'第 6 章-专业数据可视化与图表变形技术-99%的人都不知道-20200913.xlsx'!数据范围,1)"。

修改公式后的结果如图 6-182 所示。

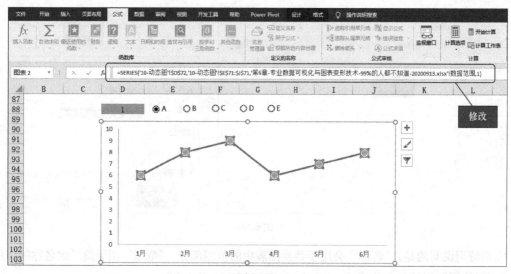

图 6-182

此时再单击控件，即可看到折线图在随着操作变化，如图 6-183 所示。

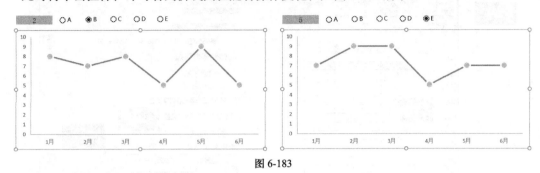

图 6-183

4. 利用数据透视表制作动态分析模型

数据透视表可以快速地汇总各类数据，是非常方便的工具。通过数据透视表与切片器，可以制作出动态图表，当用户选择切片器中的不同字段时，图表也会发生相应的变化，如图 6-184 所示。

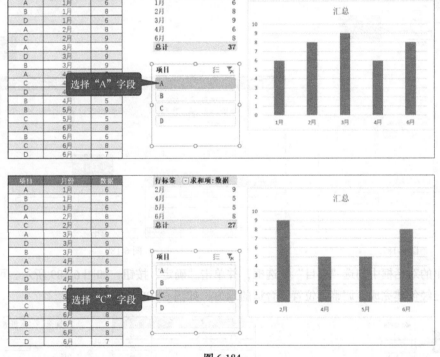

图 6-184

利用数据透视表与切片器来制作动态分析模型的操作相当简单，只需依次插入数据透视表与切片器，然后利用数据透视表的数据插入图表即可，不涉及任何函数、公式与控件。先选中数据源表格中的任意一个单元格，再单击"插入"选项卡下的"数据透视表"按钮，如图 6-185 所示。在弹出的对话框中选择"现有工作表"单选项，设置数据透视表的位置（这里设置在 H112 单元格），然后单击"确定"按钮，如图 6-186 所示。

在弹出的对话框中将"月份"字段拖动到下方的"行"区域，将"数据"字段拖动到"Σ值"区域，如图 6-187 所示。这样一个数据透视表就制作完成了，之后选择数据透视表中的任意一个单元格，并单击"插入"选项卡下的"切片器"按钮，如图 6-188 所示。

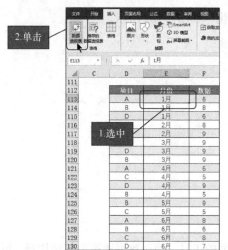

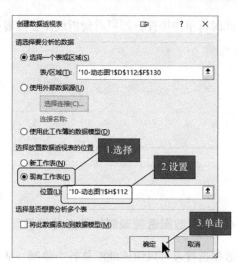

图 6-185 · 图 6-186

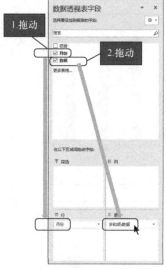

图 6-187

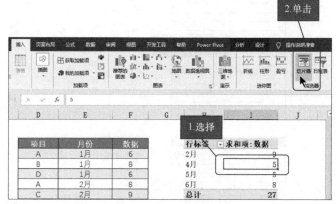

图 6-188

在弹出的对话框中勾选"项目"复选框，并单击"确定"按钮，如图 6-189 所示。可以看到项目切片器已经创建完成，调整其位置到合适的地方，如图 6-190 所示。

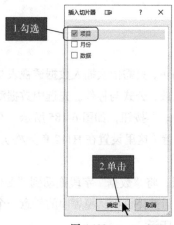

图 6-189

图 6-190

插入透视图有两种方法。方法一，选中数据透视表任何一个单元格区域，然后选择"插入"选项卡，再选择"簇状柱形图"选项。方法二，选中数据透视表任何一个单元格区域，然后选择"分析"选项卡，再单击"数据透视图"按钮，效果如图6-191所示。

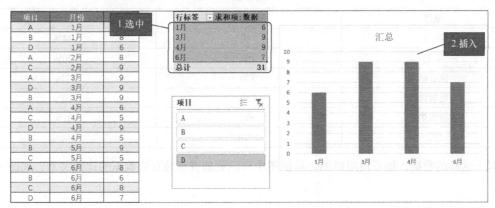

图 6-191

这里的几个案例都很简单，仅用于说明原理，还有很多具体的运用技巧需要读者在实践中去摸索。

6.2.13 怎样根据数据选择图表

介绍了这么多类型的图表，可能有的读者会比较茫然，不知道具体工作中究竟选择哪个图表比较合适。一般情况下，选择图表时需要考虑数据的维度、相关性、相对性，以及数据之间的规律。很多时候数据之间的关系是综合性的，既有相关性，也有相对性，因此需要酌情考虑，更多时候用复合图。笔者根据多年工作经验，给出了关于选择图表的一些建议，如表6-25所示。

表 6-25

项目	定义	推荐图表
有相关性	数据维度之间或同一维度内数据之间存在运算（+、-、*、/）关系	饼图、环状图、折线图、散点图、瀑布图、漏斗图、条饼图、面积图等
有相对性	与相关性相反	柱形图、条形图、折线图、雷达图、树状图、漏斗图等
既有相关性又有相对性	存在两个或两个以上的对象进行多元素对比	柱线复合图、堆积柱形图、堆积条形图、散点图、气泡图等

1. 相关性选图表案例

例如已知道电器的销量，如表6-26所示。

表 6-26

项目	销量
冰箱	500
彩电	300
洗衣机	120
电饭煲	150
微波炉	400

需要了解每种电器的销量占比关系。由于每类电器的销量占比合计为 100%，因此电器之间的销量占比存在相关性，如表 6-27 所示。

表 6-27

电器	销量	占比
冰箱	500	34%
彩电	300	20%
洗衣机	120	8%
电饭煲	150	10%
微波炉	400	27%
合计	1470	100%

对于这样的数据，推荐使用饼图，从饼图中可以更加直观地看到数据的比例关系，如图 6-192 所示。

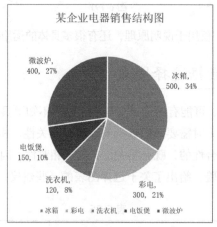

图 6-192

2. 相对性选图表案例

某公司统计了业务员的销售业绩，结果如表 6-28 所示。

表 6-28

名称	小孟	小徐	小惠	小李	小满	小黄
业绩	600	480	500	700	350	550

由于每个业务员都是独立的个体，他们之间的业绩不存在相关性，反而是一种相互对比的状态，因此推荐柱形图、条形图，如图 6-193 所示。

3. 同时具备相关性与相对性选图表案例

（1）6 种产品的成本结构对比。

某厂统计了 6 种产品的成本，结果如表 6-29 所示。

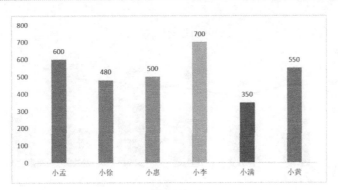

图 6-193

表 6-29

产品	产品 1	产品 2	产品 3	产品 4	产品 5	产品 6
材料成本	31	33	35	30	33	35
人工成本	31	36	34	31	33	33
制造费和	33	31	34	30	34	30

对于这样一个表格应该怎样分析呢？可以看到，产品成本是一个整体，包括了材料成本、人工成本、制造费用，相互间具有相关性。同时，6 种产品的成本是各不相同的，相互之间又具有相对性。对于这样的关系，堆积柱形图是一个较好的选择，如图 6-194 所示。

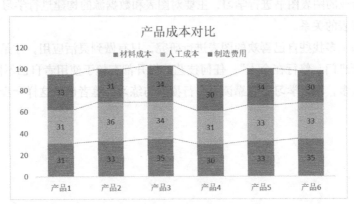

图 6-194

（2）销售额同期对比分析。

某公司对今年和去年的 1～6 月的销售额进行了同期对比，并统计出了相应的变动率，结果如表 6-30 所示。

表 6-30

月份	1 月	2 月	3 月	4 月	5 月	6 月
去年销售额	50	60	68	90	55	60
今年销售额	55	60	72	98	62	75
变动率	10%	0%	6%	9%	13%	25%

前面已经讲解过类似的案例，同期销售额数据之间具有相对性，而销售额数据与变动率之间又存在相关性，所以这里采用柱线复合图比较好，如图 6-195 所示。

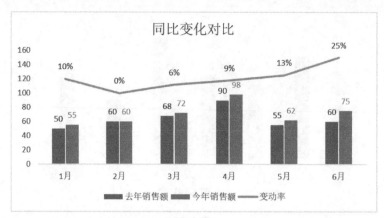

图 6-195

> **名师经验**
>
> 如果想深入学习如何选图表，可以参考笔者的《Excel 图表应用大全（基础卷）》，书中对选图、构建数据源有较为详细的讲解。

本章讲了常用的图表及其变形，这里给出一些相关的建议。

首先，掌握本书中的内容和要求，理解图表元素，灵活应用系列重叠、类别间距、次坐标轴，掌握填充的要领。

其次，购买专业的图表图书进行学习，主要对图表和数据源的构建进行学习、研究，便于更深刻地理解数据与图表的关系。

最后，从网络上多找些自己喜欢的图表进行研究，只有做到灵活应用，才是自己的本领。

所谓"师傅领进门，修行在个人"，任何技艺的提升都有赖于使用者自己不懈地磨炼。本章内容介绍的知识点太多，深入学习还要靠读者自行摸索与练习，笔者也是这样一步一步走过来的。

第7章

9 种常用数据分析方法与实战案例

要 点 导 航

7.1　分析数据的两大原则

7.2　分析数据的 9 种常用方法

7.3　根据数据选择分析方法

7.4　两道思考题

前面已经讲解了数据规范化处理、常用函数及专业的可视化图表等基本方法和工具，本章则要依托这些方法和工具讲解一些常用的数据分析方法及其实战案例。

这是一个大数据时代，很多工作岗位难免要与数据打交道。能够对数据进行必要的处理和分析，是职场人的必备素质。不过，很多人虽然能熟练使用 Excel，却对如何进行数据分析没有把握。因此，本章将要向大家讲解 9 种常用的数据分析方法，包括比较法、排序法、结构法、阶梯法等，如图 7-1 所示。

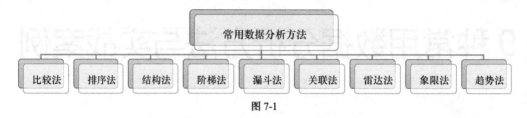

图 7-1

在学习了本章的内容之后，大家即可掌握常用的数据分析思路及其方法，并能应用到实际工作中。

7.1 | 分析数据的两大原则

面对杂乱无章的数据时，该如何进行分析呢？很显然，先要建立分析的逻辑框架，有了框架性思路，分析时就不会漫无目的，浪费时间。从多年的数据分析工作中，笔者总结出两大原则，即"先总后分，层层拆解"与"分清主次，重点解决"。

7.1.1　先总后分，层层拆解

先总后分的思路，即先分析整体，后分析局部，这样能够先建立起全局观念，再从全局的角度从上往下进行拆解分析。如果一上来就分析细节，往往会陷入数据的汪洋，从而迷失方向。因此正确的分析过程应该是从整体到局部，先研判总体数据是否存在问题，然后再缩小范围，对有问题的数据进行详细分析，直至解决问题。

　◇　分析经济数据：全球数据→全国数据→行业数据→企业数据等。

　◇　分析企业利润：利润结果→整体收入与成本→分车间（或部门、市场、产品系列等）。

　◇　分析销售数据：整体销售→分板块（或市场）→分科室→分个人。

然而，当进行数据分析时，最初拿到的往往是零散的原始数据，数据较复杂而且体量较大，那么，就需要对数据进行预处理，就像海上救援，要根据各种数据大致判断搜索范围，然后再划分区域，分别搜索。

因此，面对原始数据，可以先将数据分类，例如按类别、年份、地区、特性、标准等进行分类，然后再进行数据统计，此过程也称为"数据打包"。

数据打包之后，再对数据进行包与包、板块与板块之间的数据对比分析，从而达到分析数据的目的。这是一种结构性思维。

数据打包的好处：快速发现问题，缩小分析范围。

数据切块的好处：数据分析可以追根溯源，直到问题数据的末端，便于进行判断、决策、改善。

例如有一份 N 年和 $N+1$ 年的数据表，这是一份原始数据表，未经处理难以分析，如表 7-1 所示。

表 7-1

年份	月份	A 类	B 类	C 类	D 类	E 类
N 年	1 月	7	7	6	6	6
N 年	2 月	5	7	6	7	6
N 年	3 月	9	6	7	7	7
N 年	4 月	8	6	8	6	7
N 年	5 月	7	7	5	6	7
N 年	6 月	6	8	6	6	8
$N+1$ 年	1 月	6	6	7	7	6
$N+1$ 年	2 月	7	8	5	8	9
$N+1$ 年	3 月	5	9	6	6	8
$N+1$ 年	4 月	9	7	9	8	9
$N+1$ 年	5 月	9	7	8	9	8
$N+1$ 年	6 月	7	8	9	6	9

此时，可以尝试先合计年份、月份、类别的数据情况，然后再进行拆解分析。包括对数据纵向、横向切块，也包括对数据纵向、横向打包（数据汇总），结果如表 7-2 所示。

表 7-2

年份	月份	A 类	B 类	C 类	D 类	E 类	合计
N 年	1 月	7	7	6	6	6	32
N 年	2 月	5	7	6	7	6	31
N 年	3 月	9	6	7	7	7	36
N 年	4 月	8	6	8	6	7	35
N 年	5 月	7	7	5	6	7	32
N 年	6 月	6	8	6	6	8	34
N 年	合计	42	41	38	38	41	200
$N+1$ 年	1 月	6	6	7	7	6	32
$N+1$ 年	2 月	7	8	5	8	9	37
$N+1$ 年	3 月	5	9	6	6	8	34
$N+1$ 年	4 月	9	7	9	8	9	42
$N+1$ 年	5 月	9	7	8	9	8	41
$N+1$ 年	6 月	7	8	9	6	9	39
$N+1$ 年	合计	43	45	44	44	49	225

从整体上分析，$N+1$ 年比 N 年增长了 25，增长率为 12.5%。接着再对两年各类的数据进行分析，可以看出 A 类增长最少，E 类增长最多，结果如表 7-3 所示。

表 7-3

年份	A 类	B 类	C 类	D 类	E 类
N 年	42	41	38	38	41
$N+1$ 年	43	45	44	44	49
增长率	2%	10%	16%	16%	20%

还可以按月份来进行分析，可以看出 3 月环比负增长，5 月增长最多，达到了 28%，结果如表 7-4 所示。

表 7-4

年份	1 月	2 月	3 月	4 月	5 月	6 月
N 年	32	31	36	35	32	34
$N+1$ 年	32	37	34	42	41	39
增长率	0%	19%	−6%	20%	28%	15%

如果还要继续分析，例如研究 5 月是哪些类别增长导致出现这么大的差异，3 月是哪些类别出现负增长，那就需要进一步分析。这就是数据分析的过程，层层递进好比"剥洋葱"。

7.1.2　分清主次，重点解决

学过辩证法的人都知道，解决问题要抓住主要矛盾，解决矛盾则应抓住矛盾的主要方面，这样才能够快速、有效地给出对策，弱化问题的影响或解决问题。如果把精力、人力、物力用于解决主要矛盾，或者矛盾的主要方面，则一定可以达到事半功倍的效果；反之则会花费大量的资源而仍未解决问题。在具体生产、管理、商务等数据分析中，这一条是适用的硬道理。例如，现有某厂产品销量增长率如表 7-5 所示。

表 7-5

年份	1 月	2 月	3 月	4 月	5 月	6 月
N 年	32	31	36	35	32	34
$N+1$ 年	32	37	34	42	41	39
增长率	0%	19%	−6%	20%	28%	15%

从表中可见 3 月出现了负增长，因此展开 3 月各类产品的销量数据，具体如表 7-6 所示。

表 7-6

年份	A 类	B 类	C 类	D 类	E 类	合计
N 年	9	6	7	7	7	36
$N+1$ 年	5	9	6	6	8	34
增长率	−44%	50%	−14%	−14%	14%	−6%

从表中可见，导致 3 月增长率为负的主要因素为 A 类产品在 3 月销量下降 44%，这就是问题的主要矛盾，只要解决了 A 类产品增长率的问题，例如，只要 A 类产品销量与同期持平，那么即便 C、D 类产品的销量维持现状，合计增长率也有 6%，而不至于为负数，如表 7-7 所示。

表 7-7

年份	A 类	B 类	C 类	D 类	E 类	合计
N 年	9	6	7	7	7	36
N+1 年	9	9	6	6	8	38
增长率	0%	50%	−14%	−14%	14%	6%

本案例通过两个原则就把问题分析出来了，如果是单看一堆数据，犹如大海捞针，就很难发现问题。

名师经验

当数据比较繁杂的时候，就一定要对数据进行分类，采用"先打包，后切块"模式，不管是分析问题，还是预测未来、帮助决策，分析数据时都是从整体到局部，从主要到次要。

7.2 | 分析数据的 9 种常用方法

虽然分析数据的方法有很多，但并没有什么万能的方法可以应付所有的情况，因此新手拿到数据后往往无从下手。这里介绍 9 种常用的数据分析方法及其内在规律，希望能快速带领读者入门数据分析，同时希望给已经有一些数据分析思路和方法的读者一定的启发。此外，对于企业管理者来讲，了解这 9 种分析方法，有助于做出判断和决策，并采取适当的行动。

对这 9 种分析方法的简单介绍如表 7-8 所示。

表 7-8

方法	定义	常用指数
比较法	比较法是一种通过同类元素之间的比较分析，分析同类元素的差异和差异率的分析方法，即分析五大元素中的差、率两种元素，包括同比、环比、对比、基比、均比、占比	★★★★★
排序法	对分析的元素（量、额、价、差、率）数据进行排序，如自定义排序规则，确定评估对象的表现在总体的名次、占位等，可从优至劣或由劣到优排序，通常结合比较法（同比、环比、占比等）进行分析，找出重点问题	★★★★★
结构法	根据数据结构特征、属性、自定义等方式对数据分类，在分析过程中采用龟裂、合拢的分析模式，找出重点问题	★★★★★
阶梯法	阶梯法又叫步进法，用于研究数据从 A 状态变动到 B 状态的过程。影响数据变化的原因是多种多样的，对每种原因的影响程度进行正负叠加，采用步进方式呈现	★★★★★
漏斗法	漏斗法采用流程化的思维方式，研究不可逆的数据变化过程。事件影响数据变化，存在数据收敛或发散两种模式，经常用于转换率、扩散面积分析等	★★★★
关联法	关联分析是一种简单、实用的分析技术，目的是发现存在于大量数据集中的关联性或相关性，从而描述一个事物中某些属性同时出现的规律和模式，也可以说某些事件的发生引起另外一些事件的发生，A 的量变与 B 的量变的关系	★★★★
雷达法	对一个对象或几个对象进行对比分析，每个对象分别有 3 个或多个维度，每个维度由分析元素组成，维度之间没有相关性，但是每个维度是构成分析对象的要素，采用不规则多边形表现的分析方法。雷达法采用雷达图，也称为网络图、蜘蛛网图	★★★★
象限法	对多个对象进行比较分析，每个对象具有 2~3 个维度，维度是由分析元素构成的，对分析对象的维度进行绑定，把相同特征的对象进行归类，通过定义的中值进行划分，形成 4 个象限，从而发现问题、帮助决策	★★★★

方法	定义	常用指数
趋势法	根据变量的数据，结合时间序列推导变动趋势，是一种以现有变量值推测未来值的预测方法。趋势法通常用于预测对象的发展规律是渐进式的变化，而不是跳跃式的变化，并且能够找到一个合适函数曲线反映预测对象的变化趋势。实际预测中常采用的是一些比较简单的函数模型，如线性模型、指数模型、多项式模型等	★★★★★

下面详细介绍这 9 种分析方法的特点、计算方法与适用范围等方面的内容。

7.2.1　比较法：数据打包与切块

比较法是分析的基本方法，也是最常用、最简单的方法之一，不管分析哪种元素、指标，几乎都可以采用比较法；同时比较法也是校验分析结果的方法之一。比较法比较简单易懂，常与排序法、结构法、漏斗法等搭配使用。常用的比较法有 6 种，如表 7-9 所示。

表 7-9

方法	定义	比率计算	什么情况下选用
同比	同比一般情况下是本期（今年第 n 月）与去年同期（去年第 n 月）相比。同比发展速度主要用于消除季节变动的影响，说明本期发展水平与去年同期发展水平对比而达到的相对发展速度	同比率=（本期数－同期数）÷同期数×100%	今天与去年今天对比，或本月与去年同月对比的时候
环比	环比发展速度一般是指本期水平与前一时期水平之比，表明现象逐期的发展速度	环比率=（本期数－上期数）÷上期数×100%	今天与昨天对比，或本月与上月对比的时候
对比	对比是把两个相反、相对的目标数据放在一起进行比较，通过差异或差异率的形式比较发展速度	对比差异率=（A 数－B 数）÷B 数×100%	两两进行比较的时候
基比	一般是指本期水平与某一基准水平（目标、参考、固定值）之比，表明当前水平较基准水平的差异或差异率	基比差异率=（本期数－基数）÷基数×100%	分析当前与目标或基准点差异的时候
均比	一般是指当前水平与平均水平之比，表明当前水平较平均水平的差异或差异率	均比差异率=（A 数－平均数）÷平均数×100%	做好坏区分的时候
占比	一般是指当前数与合计数之比，表明当前水平占合计数的份额或比率	占比率=A 数÷合计数×100%	做结构比例分析的时候

下面详细讲解 6 种比较法的相关知识与使用方法。

1．同比

同比常用于将今年（同期）与去年（同期）相比，可以用一个简单的示意图来表示，如图 7-2 所示。

年份	月份	A类	B类	C类	D类	E类	合计
N年	1月	71	78	77	83	85	394
N年	2月	83	74	70	78	80	385
N年	3月	84	73	76	84	71	388
N+1年	1月	75	66	82	90	95	408
N+1年	2月	79	84	78	85	84	410
N+1年	3月	90	79	75	82	85	411

同比

图 7-2

（1）分析。分析内容：采用同期比，分析差异和差异率。例如取 1 月的数据分析差异，结果如表 7-10 所示。

表 7-10

年份	A 类	B 类	C 类	D 类	E 类	合计
N 年	71	78	77	83	85	394
N+1 年	75	66	82	90	95	408
差异	4	−12	5	7	10	14

例如取 1 月的数据分析同比率，结果如表 7-11 所示。

表 7-11

年份	A 类	B 类	C 类	D 类	E 类	合计
N 年	71	78	77	83	85	394
N+1 年	75	66	82	90	95	408
差异	4	−12	5	7	10	14
同比率	6%	−15%	6%	8%	12%	4%

（2）优点：主要可以消除季节变动的影响。

（3）适用范围：常用于销售、利润、成本、质量故障、质量索赔、效率等同期对比分析，例如当月产品销售量同比分析、当月索赔率同比分析、当月费用同比分析、当月利润同比分析等。

（4）推荐图表。如果是同类双元素分析，如单纯的量量、额额、率率分析，推荐使用柱形图或条形图。例如 1 月的数据同比差异可使用柱形图来表示，如图 7-3 所示。

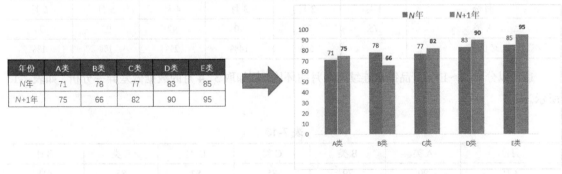

图 7-3

从图表中可以直观地得出结论：1 月 B 类产品销量同比下降。注意，因为图上没有显示合计数据，所以报告中可以用备注进行说明。

如果是三元素分析，如量量率、额额率、率率率分析，推荐使用柱线复合图、变形的条形图等。例如 1 月的数据同比率可用柱线复合图表示，如图 7-4 所示。

从图表中可以直观地得出结论：1 月 B 类产品销量同比下降，下降幅度为 15%。

2. 环比

环比常用于将本月（年）与上月（年）相比，可以用一个简单的示意图来表示，如图 7-5 所示。

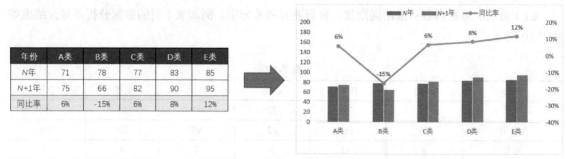

年份	A类	B类	C类	D类	E类
N年	71	78	77	83	85
N+1年	75	66	82	90	95
同比率	6%	-15%	6%	8%	12%

图 7-4

年份	月份	A类	B类	C类	D类	E类	合计
N+1年	1月	75	80	82	90	95	422
N+1年	2月	79	84	78	85	84	410
N+1年	3月	90	79	75	82	85	411
N+1年	4月	92	80	72	80	89	413
N+1年	5月	93	81	73	81	90	418
N+1年	6月	94	82	74	82	91	423

环比

图 7-5

（1）分析。分析内容：分析差异和差异率，环比分为日环比、周环比、月环比、季环比、年环比。例如，取 A 类产品 1～6 月的销量数据进行环比分析，涉及量与率两个维度，如表 7-12 所示。

表 7-12

月份	1月	2月	3月	4月	5月	6月
A 类	75	79	90	92	93	94
环比率		5%	14%	2%	1%	1%

也可以分析 A～E 类产品销量连续两个月的环比，例如取 3、4 月的数据做差异率分析，如表 7-13 所示。

表 7-13

月份	A 类	B 类	C 类	D 类	E 类	合计
3 月	90	79	75	82	85	411
4 月	92	80	72	80	89	413
差异	2	1	−3	−2	4	2
环比率	2%	1%	−4%	−2%	5%	0%

（2）优点：主要展示逐期的发展速度。

（3）适用范围：常用于销售、利润、成本、质量故障、质量索赔、效率等环比分析，例如某产品销售量环比分析、某公司索赔降赔环比分析、某部门费用缩减环比分析等。

（4）推荐图表。环比一般用于双元素或三元素分析，例如量率、额率、价率分析，或者量量率、额额率分析等，推荐使用柱线复合图、条线复合图、子弹图等。例如 A 类产品销量的环比率可以用柱线复合图来表示，如图 7-6 所示。

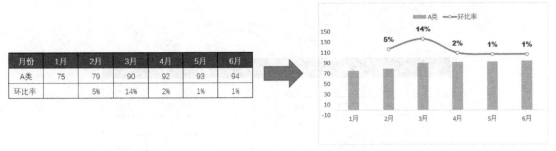

月份	1月	2月	3月	4月	5月	6月
A类	75	79	90	92	93	94
环比率		5%	14%	2%	1%	1%

图 7-6

从图表中可以直观地得出结论：3月A类产品销量环比增长最大，增长率为14%。

又如3、4月数据环比率可以用柱线复合图来表示，如图7-7所示。

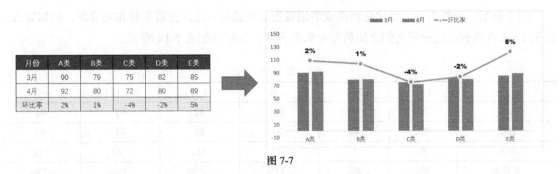

月份	A类	B类	C类	D类	E类
3月	90	79	75	82	85
4月	92	80	72	80	89
环比率	2%	1%	-4%	-2%	5%

图 7-7

从图表中可以直观地得出结论：C、D类产品销量环比下降。

拓展：有时候为了分析的需要，要同时看数据的同比率、环比率，推荐使用柱线复合图来表示，如图7-8所示。

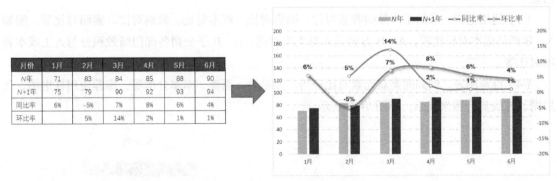

月份	1月	2月	3月	4月	5月	6月
N年	71	83	84	85	88	90
N+1年	75	79	90	92	93	94
同比率	6%	-5%	7%	8%	6%	4%
环比率		5%	14%	2%	1%	1%

图 7-8

从图表中可以直观地得出结论：3月数据环比和同比都增长，而且环比增长最大，为14%，同比增长7%，也处于较高水平；2月数据同比下降5%，下降最多。

名师支招

有时候图形稍微复杂，在下结论的时候，应抓住主要矛盾，也就是问题突出点来分析，例如本例就是抓住最高环比率（14%）和最低同比率（-5%）这两个点来下结论。

3. 对比

对比常用于将两组或多组数据进行比较，可以用一个简单的示意图来表示，如图7-9所示。

对比

年份	月份	A类	B类	C类	D类	E类	合计
N+1年	1月	75	80	82	90	95	422
N+1年	2月	79	84	78	85	84	410
N+1年	3月	90	79	75	82	85	411
N+1年	4月	92	80	72	80	89	413
N+1年	5月	93	81	73	81	90	418
N+1年	6月	94	82	74	82	91	423

图 7-9

（1）分析。分析内容：对比是两组或多组数据之间进行对比，分析差异和差异率。例如取 A、B 类 1～6 月数据对比分析它们之间的差异和差异率，其结果如表 7-14 所示。

表 7-14

月份	1 月	2 月	3 月	4 月	5 月	6 月
A 类	75	79	90	92	93	94
B 类	80	84	79	80	81	82
差异	5	5	−11	−12	−12	−12
差异率	7%	6%	−12%	−13%	−13%	−13%

当然，也可以取不同月份的 A～E 类数据进行对比，这里就不再制作表格了。

（2）优点：通过对特定的对象进行对比找出差异，发现问题，便于分析人员有针对性地分析问题。

（3）适用范围：常用于产品间收益对比、销售对比、成本对比、采购对比、索赔对比等，例如 A、B 产品成本对标比较，A、B 方案投入与支出对比，A、B 子公司各部门绩效积分与人工成本各项对比等。

（4）推荐图表。例如同类双元素对比分析，如量量、额额、率率分析等，推荐使用柱形图、条形图、柱线复合图来表示，如图 7-10 所示。

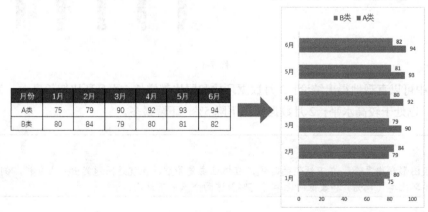

图 7-10

也可以将其中一组数据设为负数，用变形的条形图来表示，如图 7-11 所示。

月份	1月	2月	3月	4月	5月	6月
A类	75	79	90	92	93	94
B类	-80	-84	-79	-80	-81	-82

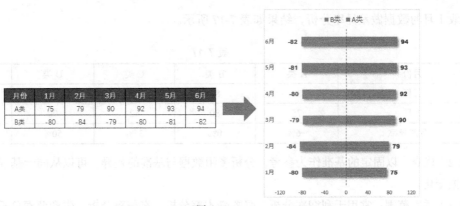

图 7-11

从图表中可以直观地得出结论：A 类 1~6 月数据存在持续上升趋势，而 B 类 1~6 月数据一直保持在相对稳定的水平。

柱形图、柱线复合图就不再举例，可参照同比、环比相应的图形自行绘制。

4. 基比

基比常用于将指定数据与目标数据进行对比分析，如与去年年底数据对比分析、以特定的对象作为基础进行对比分析等，可以用一个简单的示意图来表示，如图 7-12 所示。

基比

年份	月份	A类	B类	C类	D类	E类	合计
基准		80	80	60	60	80	360
N+1年	1月	75	80	82	90	95	422
N+1年	2月	79	84	78	85	84	410
N+1年	3月	90	79	75	82	85	411
N+1年	4月	92	80	72	80	89	413
N+1年	5月	93	81	73	81	90	418
N+1年	6月	94	82	74	82	91	423

图 7-12

（1）分析。分析内容：基比是将两组或两组以上的数据，以某一个特定的对象作为基准，分析它们与基准之间的差异和差异率。例如 1 月的数据，可以与目标进行对比分析，结果如表 7-15 所示。

表 7-15

月份	A 类	B 类	C 类	D 类	E 类
目标	80	80	60	60	80
1 月	75	80	82	90	95

取 1 月的数据做差异分析，结果如表 7-16 所示。

表 7-16

月份	A 类	B 类	C 类	D 类	E 类
目标	80	80	60	60	80
1 月	75	80	82	90	95
1 月差异	−5	0	22	30	15

取 1 月的数据做差异率分析，结果如表 7-17 所示。

表 7-17

月份	A 类	B 类	C 类	D 类	E 类
目标	80	80	60	60	80
1 月	75	80	82	90	95
1 月差异率	−6%	0%	37%	50%	19%

（2）优点：以固定的基准作为参考，分析多组数据与基准的差异，可以从同一基准的角度来观察数据变化。

（3）适用范围：常用于利润率分析、采购降本率分析、索赔率分析、生产节奏分析、人事费用率分析等，例如企业材料成本占比与去年 12 月对比、各部门 KPI 与目标对比、各类零件成本与目标对比、人事费用率与目标对比等。

（4）推荐图表。基比一般用于双元素或三元素分析，例如量率、额率、价率分析，或者量量率分析、额额率分析等，推荐使用柱线复合图、条线复合图、子弹图等。例如 1 月数据与目标的比较可使用变形的柱形图来表示，如图 7-13 所示。

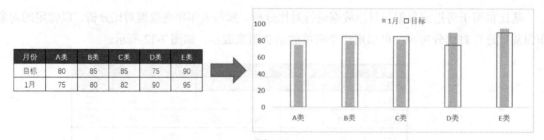

图 7-13

从图表中可以直观地得出结论：D、E 类在 1 月完成了目标。

也可以用 1 月数据做差异分析，同样可用柱形图表示，如图 7-14 所示。

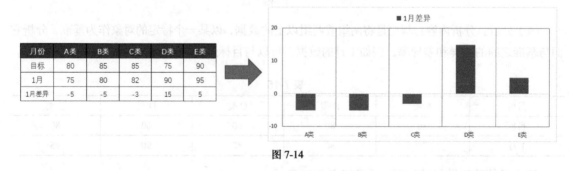

图 7-14

从图表中可以直观地得出结论：D、E 类在 1 月完成了目标，其中 D 类超出目标较多。

5. 均比

均比常用于将指定数据与平均值进行对比分析，可以是 A～E 类的值与 A～E 类的平均值比较，也可以是 A 类的 1 月值与其 1～12 月的平均值比较。均比可以用一个简单的示意图来表示，如图 7-15 所示。

均比

月份	A类	B类	C类	D类	E类
1月	75	80	82	90	95
平均	84.4	84.4	84.4	84.4	84.4

图 7-15

（1）分析。分析内容：将一组数据与该组数据的平均值做对比，以便找出低于平均值或高于平均值的数据，帮助发现问题。例如对于 1 月的数据，可以与当月各类平均值进行对比分析，结果如表 7-18 所示。

表 7-18

月份	A 类	B 类	C 类	D 类	E 类
1 月	75	80	82	90	95
平均	84.4	84.4	84.4	84.4	84.4

例如 A 类产品的月数据，可以与 1～6 月 A 类数据的平均值做对比，结果如表 7-19 所示。

表 7-19

月份	1 月	2 月	3 月	4 月	5 月	6 月
A 类	75	79	90	92	93	94
平均	87	87	87	87	87	87

（2）优点：利用平均值快速分析数据是否"及格"，是一种简单而又行之有效的判断方法。

（3）适用范围：常用于利润率分析、采购降本率分析、索赔率分析、销售分析、人事费用率分析等，例如各科员销售完成率与平均完成率对比、同产品不同区域索赔率与平均索赔率对比、同类零件采购价格与平均价格对比等。

（4）推荐图表。均比通常用于相同的双元素分析，例如量量、额额、价价、差差、率率分析，推荐使用柱线复合图等。例如 A 类产品的月数据与 1～6 月 A 类数据的平均值的比较可使用柱线复合图来表示，如图 7-16 所示。

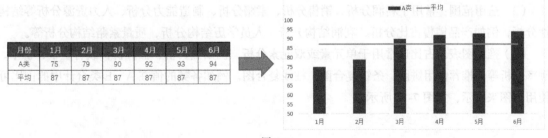

图 7-16

从图表中可以直观地得出结论：1、2 月数据均低于平均值，3～6 月数据都超过平均值，指标出现向好趋势。

6. 占比

占比常用于将指定数据与某类总量进行对比分析，例如将 1 月的量与 1～6 月的总量进行对比，或者将 B 类产品上半年的总量与 A～E 类产品上半年的总量进行对比。占比可以用一个简单的示意图来表示，如图 7-17 所示。

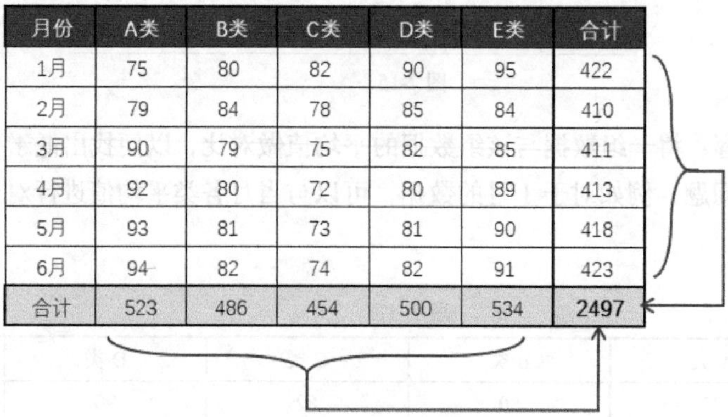

月份	A类	B类	C类	D类	E类	合计
1月	75	80	82	90	95	422
2月	79	84	78	85	84	410
3月	90	79	75	82	85	411
4月	92	80	72	80	89	413
5月	93	81	73	81	90	418
6月	94	82	74	82	91	423
合计	523	486	454	500	534	2497

占比

图 7-17

（1）分析。分析内容：通过计算单位数据占合计的比例，能快速分清主次，帮助决策。如各类的值分别占 A～E 类合计的比例，如表 7-20 所示。

表 7-20

项目	A类	B类	C类	D类	E类	合计
合计	523	486	454	500	534	2497
占比	21%	19%	18%	20%	21%	100%

如各月的值分别占 1～6 月合计的比例，如表 7-21 所示。

表 7-21

月份	1月	2月	3月	4月	5月	6月	合计
合计	422	410	411	413	418	423	2497
占比	17%	16%	16%	17%	17%	17%	100%

（2）优点：能从整体中看出个体的权重，便于找出重点，发现问题，帮助决策。

（3）适用范围：常用于利润分析、销售分析、索赔分析、制造能力分析、人力资源分析等结构性分析，例如产品销售占比分析、利润结构分析、人员学历结构分析、质量索赔结构分析等。

（4）推荐图表。占比通常用于单元素或双元素分析，例如量、价、额分析，或者量率、价率、额率分析等，推荐使用饼图、条饼复合图、柱线复合图。例如各类的值在 A～E 类合计中的占比可使用饼图来表示，如图 7-18 所示。

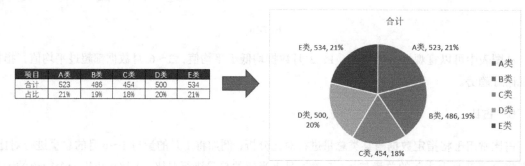

图 7-18

也可以使用柱线复合图来表示，如图7-19所示。

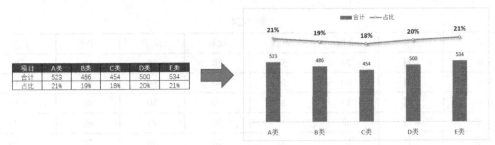

项目	A类	B类	C类	D类	E类
合计	523	486	454	500	534
占比	21%	19%	18%	20%	21%

图 7-19

从图表中可以直观地得出结论：C类占比略低，占总量的18%；A、B、D、E类占比相对比较平均，均在20%左右。

【案例1——某电子公司产品利润结构分析】

某电子公司要对产品进行利润结构分析，找到利润较高的产品，以此确定战略产品和战略客户，现有数据如表7-22所示。

表 7-22

项目	空调	冰箱	电视机	洗衣机	电饭煲
利润	32	106	168	55	8

为了更加清晰地看清数据之间的关系，将产品按利润降序排列并计算占比，结果如表7-23所示。

表 7-23

项目	电视机	冰箱	洗衣机	空调	电饭煲
利润	168	106	55	32	8
占比	46%	29%	15%	9%	2%

为表7-23绘制饼图，如图7-20所示。

图 7-20

从图表中可以直观地得出结论：电视机利润最高，是公司的战略产品。

名师支招

如果还要继续分析，那就看电视机的利润来源，看利润贡献最多的是哪个型号，为什么销量好，最大的客户是谁等，同时还可以分析利润第二的冰箱的利润结构，找到最能盈利的型号。

练习题：现有某高铁车上食品的销售额数据，如表 7-24 所示，找出问题并进行改善。

表 7-24

年份	月份	盒饭	啤酒	饮料	瓜子	花生	八宝粥
N 年	1 月	70	50	30	10	10	80
N 年	2 月	60	50	40	80	40	10
N 年	3 月	20	10	90	10	90	30
N 年	4 月	80	70	50	70	60	70
N 年	5 月	60	60	20	50	70	50
N 年	6 月	80	70	60	50	70	50
N+1 年	1 月	60	60	40	40	20	50
N+1 年	2 月	60	10	60	60	20	40
N+1 年	3 月	90	70	50	90	50	90
N+1 年	4 月	30	80	60	90	80	30
N+1 年	5 月	90	55	50	90	50	90
N+1 年	6 月	30	80	60	90	80	30

思考一下：利用比较法分析以上数据，可以采用哪种方法？如何进行分析？

7.2.2　排序法：数据排序与比较

排序法，顾名思义，即将数据排序后再分析的方法，其定义及特点如表 7-25 所示。

表 7-25

方法	定义	什么情况下选用	通常结合什么使用
排序法	对分析的元素（量、额、价、差、率）数据进行排序，如自定义排序规则，确定评估对象的表现在总体的名次、占位等，可从优至劣或由劣到优排序，通常结合比较法（同比、环比、占比等）进行分析，找出重点问题	分析个体影响程度时使用	与比较法进行搭配使用，例如占比、同比、环比等

排序的顺序通常有升序和降序两种，图 7-21 所示为降序排列。

排序法数据的来源根据要分析的元素——量、价、额、差、率而定，有时候需要结合比较法计算比率。

（1）分析。分析内容：通过对量、价、额、差、率的分析，直接对数据排序，也经常会与比较法配合使用，例如量率、额率、差率分析等。

例如，某原始数据如表 7-26 所示，简单排序后的结果如表 7-27 所示。

图 7-21

表 7-26

类别	数据	类别	数据
A	25	E	20
B	65	F	20
C	85	G	18
D	100	H	75

表 7-27

类别	数据	类别	数据
D	100	A	25
C	85	E	20
H	75	F	20
B	65	G	18

可以看出 D 类的数量最高，其次是 C 类。

也可以对原始数据进行量率结合分析，即量与占比结合分析，结果如表 7-28 所示。

表 7-28

类别	数据	占比
D	100	25%
C	85	21%
H	75	18%
B	65	16%
A	25	6%
E	20	5%
F	20	5%
G	18	4%

在排序的基础上，还可以看到 D 类占比为 25%，C 类占比为 21%。

还可以对原始数据进行量率率分析，结果如表 7-29 所示。

表 7-29

类别	数据	占比	累计占比
D	100	25%	25%
C	85	21%	45%
H	75	18%	64%
B	65	16%	80%
A	25	6%	86%
E	20	5%	91%
F	20	5%	96%
G	18	4%	100%

可以看出前 4 项累计占比为 80%，如果这是问题发生率，说明这 4 项问题占了所有问题的大部分，解决了它们就解决了大部分问题；如果这是盈利率，说明这 4 项产品的盈利占了所有盈利的大部分，应向它们倾斜资源，使之成为战略性产品。这就是第 6 章讲解过的"二八定律"。

（2）优点：快捷，使用菜单操作就可以完成；与比较法搭配，能快速发现问题，找出主要原因，尤其是对类别较多的数据的分析，排序法比占比分析法更直观。

（3）适用范围：常用于质量分析、成本分析、财务预算分析、利润贡献分析、销售分析、库存分析、采购分析等，例如产品失效模式原因分析、产品成本结构分析、库存结构分析、采购资金重要度分析、利润贡献度分析、销售额贡献度分析等。

（4）推荐图表。排序法通常用于单元素或多元素分析，例如量、额、量率、额率、价率分析，或者量率率、额率率分析等，推荐使用柱形图、条形图、柱线复合图、条线复合图、打靶图等进行表示。

例如对单元素进行分析，可以使用柱形图，如图 7-22 所示。

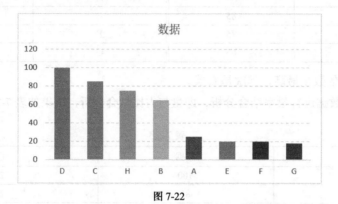

图 7-22

也可以使用条形图进行单元素分析，如图 7-23 所示。

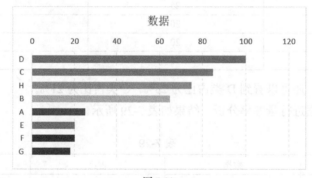

图 7-23

双元素分析时，可以使用柱线复合图，如图 7-24 所示。

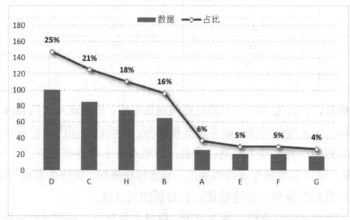

图 7-24

也可以使用打靶图进行双元素分析，如图 7-25 所示。

还可以使用帕累托图进行双元素分析，如图 7-26 所示。

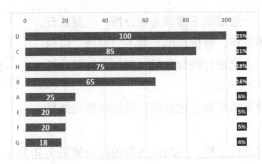

图 7-25

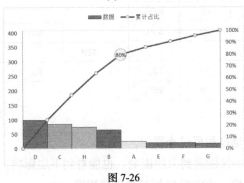

图 7-26

7.2.3 结构法：数据拆分与分类

结构法即按数据属性拆分或合并的方法，其定义及特点如表 7-30 所示。

表 7-30

方法	定义	什么情况下选用	通常结合什么使用
结构法	根据数据结构、特征、属性、自定义等方式对数据分类，在分析过程中采用龟裂、合拢的分析模式，找出重点问题	需要对数据进行归类时，采取龟裂和合拢对比分析	对比、基比等方法

结构法的分析逻辑通常有龟裂和合拢两种，如图 7-27 所示。

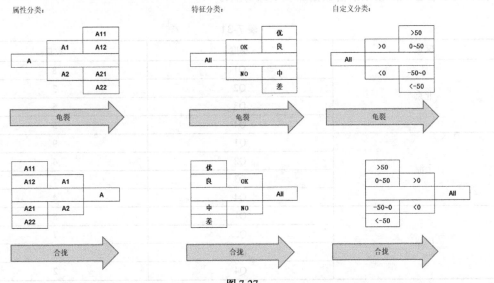

图 7-27

（1）分析。分析内容：一般情况下做单元素分析，主要是五大元素中的量、价、额、率分析，分析出单元素不同层次、级别的影响程度；通常与基比、占比进行联合分析。例如进行量分析时，结构龟裂的结果如图 7-28 所示。

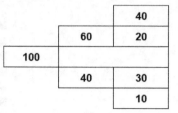

图 7-28

进行量率分析时，如常见的量和占比分析，结构龟裂的结果如图 7-29 所示。

如果要对量和基比同时进行分析，则结构龟裂的结果如图 7-30 所示。

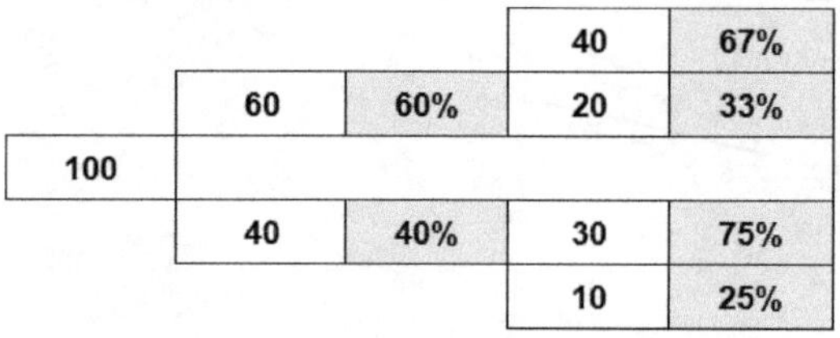

图 7-29 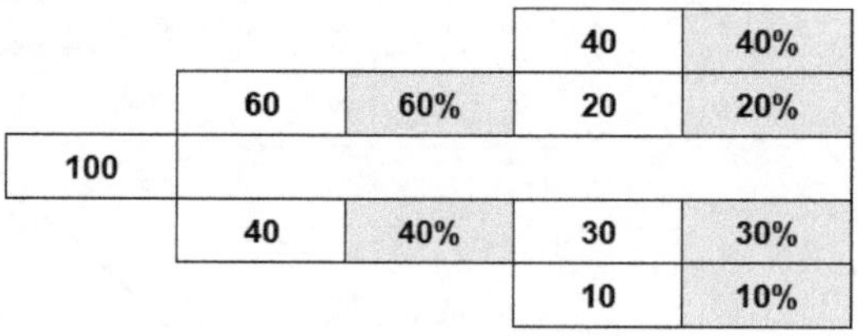　　　　　　　　　　　图 7-30

合拢分析与此类似，只是过程反过来而已。

（2）优点：在分析中，不仅能看到上层影响，也能看到下层影响，同时结合占比或基比分析，不仅能看到量、价、额的影响，也能看到相对的影响程度。

（3）适用范围：常用于质量分析、成本分析、财务预算分析、利润贡献分析、销售分析、库存分析、采购分析等，例如产品失效模式原因分析、产品成本结构分析、库存结构分析、采购资金重要度分析、利润贡献度分析、销售额贡献度分析等。

（4）推荐图表。结构法一般用于单元素分析，例如量、额、率分析，只不过需要对分析元素的下级或上级进行联动分析，有时候需要对影响率同步分析，这里推荐用旭日图、环状图、双层饼图等来表示。

【案例 2——分区域各季度销售情况分析】

某公司在各区域的基础销售数据如表 7-31 所示。

表 7-31

区域	季度	数量
北京	Q1	8
	Q2	3
	Q3	5
	Q4	5
上海	Q1	9
	Q2	4
	Q3	5
	Q4	4
广州	Q1	8
	Q2	7
	Q3	2
	Q4	2

将数据进行合拢整理并分析，结果如表 7-32 所示。

表 7-32

区域	数量合计	占比（%）	季度	数量	比例（%）
北京	21	34	Q1	8	13
			Q2	3	5
			Q3	5	8
			Q4	5	8
上海	22	35	Q1	9	15
			Q2	4	6
			Q3	5	8
			Q4	4	6
广州	19	31	Q1	8	13
			Q2	7	11
			Q3	2	3
			Q4	2	3

为上表绘制一个饼图，可以直观地看出各区域、各季度的销售数据及它们与总量的占比关系，如图 7-31 所示。

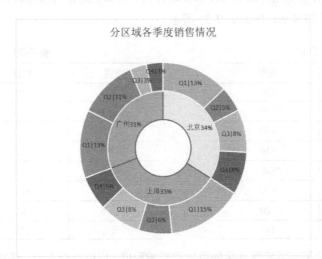

图 7-31

从表与图中可以得出以下结论。

◇ 用数据表也可以呈现分析结果，但是没有图表直观。

◇ 从图表可以直观感受到，北京、上海、广州 3 地的总销售数据基本相当。

◇ 1 季度 3 个区域销售数据都相对较好，2 季度广州地区销售数据较好。

在实际工作中，也可以将当前的数据与去年进行对比分析，请大家自己设计并分析。

7.2.4 阶梯法：数据的步进方式呈现

阶梯法是研究数据变化过程的方法，其定义及特点如表 7-33 所示。

表 7-33

方法	定义	什么情况下选用	通常结合什么使用
阶梯法	阶梯法又叫步进法，用于研究数据从 A 状态变动到 B 状态的过程。影响数据变化的原因是多种多样的，对每种原因的影响程度进行正负叠加，采用步进方式呈现	分析 A 到 B 的过程	与基比结合分析

影响有正有负，可以自定义影响原因的顺序，既可以正负混合呈现，也可以分开呈现，如图 7-32 所示。

类别	数据
A	100
原因1	+20
原因2	+50
原因3	-30
原因4	+20
原因5	+10
原因6	-20
B	150

类别	数据
A	100
原因3	-30
原因6	-20
原因5	+10
原因1	+20
原因4	+20
原因2	+50
B	150

图 7-32

（1）分析。分析内容：阶梯法一般情况下用于单元素分析，分析对象可以是量、价、额、率的差异分析，分析出单元素变化的影响程度和变动方向。阶梯法通常与基比联合使用。简单的量分析如表 7-34 所示，进阶的量率分析如表 7-35 所示。

表 7-34

类别	数据
A	100
原因 1	+20
原因 2	+50
原因 3	−30
原因 4	+20
原因 5	+10
原因 6	−20
B	150

表 7-35

类别	数据	变动率
A	100	
原因 1	+20	20%
原因 2	+50	50%
原因 3	−30	−30%
原因 4	+20	20%
原因 5	+10	10%
原因 6	−20	−20%
B	150	50%

（2）优点：方便分析影响数据变化的原因和影响程度，同时结合基比，还能分析影响率的大小。

（3）适用范围：常用于财务分析、销售分析、人力资源分析等，例如财务预算分析、成本与费用变动分析、利润结构影响分析、现金流变动分析、材料价格变动分析、人员变动情况分析等。

（4）推荐图表。阶梯法一般用于单元素分析，例如量、价、额、率分析，推荐使用瀑布图来表示。

【案例 3——财务利润预实分析】

某公司实际利润没有达到预计目标，需要分析原因。原始数据如表 7-36 所示。

表 7-36

项目	预计利润	销量减少	结构变化	动能上涨	降本差异	材料降价	累计利润
利润	2000	−50	−260	−356	168	266	1768

将上表绘制为图表，结果如图7-33所示。

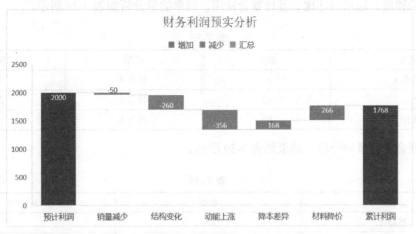

图 7-33

根据图表可以直观地得出以下结论。

◇ 用数据表也可以呈现分析结果，但是没有图表直观。

◇ 从图表可以直观地看到，动能上涨和销售的结构变化导致利润下降较多，合计影响为-616，材料降价给利润贡献了266。

◇ 因此对于销售而言，建议分析结构变化的原因，而动能上涨需要生产管理部门给出对策来降低成本。

分析人员也可以结合当前的数据，与去年进行对比分析。

7.2.5　漏斗法：数据收敛与发散

漏斗法也是研究数据变化过程的方法，不过漏斗法研究的多是不可逆的过程，其定义及特点如表7-37所示。

表 7-37

方法	定义	什么情况下选用	通常结合什么使用
漏斗法	漏斗法采用一种流程化的思维方式，研究不可逆的数据变化。事件影响数据变化，存在数据收敛或发散两种模式。它经常用于转换率、扩散面积分析等	分析分步转化或演变时	通常与环比、基比联合分析

通俗地描述，漏斗法用于研究数据是怎样一步步缩小或变大的，每个环节变化多少，根据这些分析结果来解决问题。

影响有正面的有负面的，可以自定义影响因素的顺序，如图7-34所示。

类别	数据
状态1	100
状态2	80
状态3	60
状态4	50
状态5	20
状态6	10

类别	数据
状态1	1
状态2	10
状态3	50
状态4	150
状态5	300
状态6	500

图 7-34

（1）分析。分析内容：漏斗法常用于单元素分析，较多情况下是量、率分析，分析出单元素不同流程的影响程度，通常与环比、基比联合使用。简单的量分析如表 7-38 所示。

表 7-38

类别	数据	类别	数据
状态 1	100	状态 4	50
状态 2	80	状态 5	20
状态 3	60	状态 6	10

与环比联合进行量率分析，结果如表 7-39 所示。

表 7-39

类别	数据	环比率
状态 1	100	
状态 2	80	80%
状态 3	60	75%
状态 4	50	83%
状态 5	20	40%
状态 6	10	50%

与基比联合进行量率分析，结果如表 7-40 所示。

表 7-40

类别	数据	基比率
状态 1	100	
状态 2	80	80%
状态 3	60	60%
状态 4	50	50%
状态 5	20	20%
状态 6	10	10%

倒漏斗的应用与此类似。

（2）优点：便于持续地跟踪流程各个节点的变化情况，同时结合基比和环比，还能分析各个节点影响率的大小，便于改善和提升。

（3）适用范围：常用于销售、电商、社会研究等领域，分析较多的是转换率、扩散率、普及率等，例如客户访问量转换率分析、浏览量与 App 下载分析、培训预约与达标率分析、细菌传播速度分析等。

（4）推荐图表。漏斗法一般用于单元素分析，例如量、率分析，推荐使用漏斗图来表示。

【案例 4——某网店订单数据分析】

某网店经营化妆品。由于化妆品属于易耗品，因此复购率非常重要，该网店的大部分利润都由回头客提供。不过现在店铺经营业绩不佳，需要分析原因。

网店数据源如表 7-41 所示，将其整理后列出环比率，如表 7-42 所示。

表 7-41

环节	数据
浏览商品	100
加购物车	80
生成订单	60
支付订单	58
交易完成	20
回头再来	2

表 7-42

环节	数据	环比率
浏览商品	100	
加购物车	80	80%
生成订单	60	75%
支付订单	58	97%
交易完成	20	34%
回头再来	2	10%

为了方便制作漏斗图来分析整个流程，在表格中加入了一些辅助数据，如表 7-43 所示。

表 7-43

环节	辅助-空白	数据	辅助-空白	辅助-标签	环比率
浏览商品	0	100	10	10	
加购物车	10	80	20	10	80%
生成订单	20	60	30	10	75%
支付订单	21	58	31	10	97%
交易完成	40	20	50	10	34%
回头再来	49	2	59	10	10%

辅助数据的添加方法可以参考 6.2.8 小节的内容，这里就不再赘述。根据上表制作出图表，结果如图 7-35 所示。

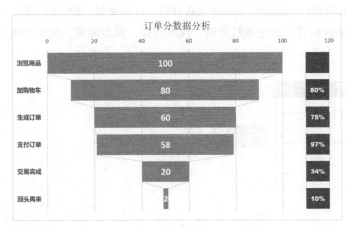

图 7-35

根据图表可以直观地得出以下结论。

◇ 加购物车、生成订单、支付订单比例都相对高，说明产品的广告和宣传还是很到位的，能吸引到客户。

◇ 交易完成率很低，表示存在大量退货；回头率非常低，表示产品本身的适用性给客户带来的价值不够。

◇ 对于浏览商品的 100 个客户，回头率很低。

分析出问题之后，再研究相应的解决方法就比较简单了。

7.2.6　关联法：数据因果与关联

关联法主要研究数据之间的规律和关联，其定义及特点如表 7-44 所示。

表 7-44

方法	定义	什么情况下选用	通常结合什么使用
关联法	关联分析是一种简单、实用的分析技术，目的是发现存在于大量数据集中的关联性或相关性，从而描述一个事物中某些属性同时出现的规律和模式，也可以说某些事件的发生引起另外一些事件的发生，A 的量变与 B 的量变的关系	需要找出 A 与 B 的关系和规律，做回归分析时	回归分析、对比分析

通俗地描述，关联法研究的是 A 与 B 到底相不相干，若相干，它们之间的关系是什么。大数据分析中的关联分析就是发现众多数据之间的关联性、相关性或因果结构，也就是找出 A 与 B、C、D、…、Z 的关系，而在 Excel 中一般是对数据进行两两分析，因此可以简化为研究 A 与 B 的关系。有时候，在同样环境下，对于看似不相干的两组数据，只要找出其中的规律，便可帮助决策，如图 7-36 所示。

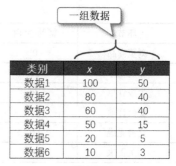

图 7-36

可以看到，x、y 是一对关联数据，每对数据准确确定一个坐标点，多对数据构成一个数组。x 的变化会影响 y，y 的变化也同样会影响 x。研究二者之间的关系，有可能会找到问题的根源。

（1）分析。分析内容：一般情况下做双元素分析，可以是量、价、额、差、率随意组合的分析，即量量、量价、量率分析等，通过回归分析，找出规律，发现问题，结果如图 7-37 所示。

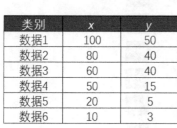

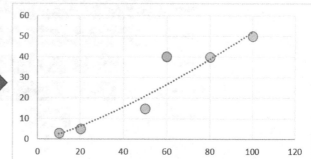

图 7-37

当然，也会存在数据之间离散度较大的情况，那么这样的两组数据就是不相干的。

（2）优点：找出 x、y 之间的规律，从而通过改变 x 来改变 y（或反之），以改善结果。

（3）适用范围：常用于销售分析、财务分析、质量分析，以及数据规律性研究分析等，例如价格与重量分析、利润率与产量分析、充气量与高度分析、温度与应力分析、年龄与发病率分析等。

（4）推荐图表。关联法一般用于双元素的关联分析，推荐使用散点图，结合回归分析寻找规律。

【案例 5——价格与重量关系分析】

一家大型公司常年采购某个系列的产品，这个系列产品的工艺属于同种工艺，重量差异不大，而且设备都是不变的。公司希望对采购价进行梳理，找出不合理的地方。具体要求是找出相对合理的标准价，计算差异率，对于偏差在 5% 以内的产品不做采购价调整，超过 5% 的需要进行调整。数据源如表 7-45 所示。

表 7-45

产品编号	重量（kg）	采购价
ZT001	18.0	¥210
ZT002	18.2	¥210
ZT003	19.0	¥225
ZT004	19.5	¥240
ZT005	19.6	¥270
ZT006	19.8	¥256
ZT007	20.2	¥278
ZT008	20.5	¥267
ZT009	20.7	¥258
ZT010	21.6	¥268
ZT011	22.3	¥280
ZT012	22.5	¥290

根据图表绘制出散点图，如图 7-38 所示。

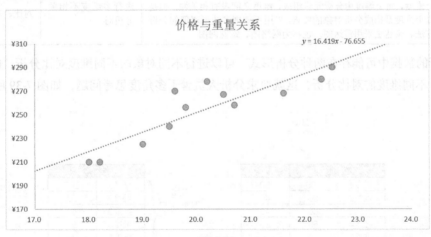

图 7-38

根据公式 $y=16.419x-76.655$ 计算出每类产品的标准价，然后用采购价减去标准价得出差异，并用差异除以标准价得出差异率，如表 7-46 所示。

表 7-46

产品编号	重量（kg）	采购价	标准价	差异	差异率
ZT001	18.0	¥210	¥219	−9	−4%
ZT002	18.2	¥210	¥222	−12	−5%
ZT003	19.0	¥225	¥235	−10	−4%
ZT004	19.5	¥240	¥244	−4	−1%
ZT005	19.6	¥260	¥245	15	6%
ZT006	19.8	¥256	¥248	8	3%

续表

产品编号	重量（kg）	采购价	标准价	差异	差异率
ZT007	20.2	¥278	¥255	23	9%
ZT008	20.5	¥267	¥260	7	3%
ZT009	20.7	¥258	¥263	−5	−2%
ZT010	21.6	¥268	¥278	−10	−4%
ZT011	22.3	¥280	¥289	−9	−3%
ZT012	22.5	¥290	¥293	−3	−1%

如果产品的采购价低于标准价，即说明采购成本是合理的，反之则可以认为成本过高。具体可以根据差异率进行分析，差异率越高则成本越高。从表中可以看出，产品 ZT005 与 ZT007 的差异率较高，因此应考虑降低这两类产品的采购成本。

7.2.7 雷达法：数据无关与协同

雷达法主要用于从多个角度（维度）研究数据，其定义及特点如表 7-47 所示。

表 7-47

方法	定义	什么情况下选用	通常结合什么使用
雷达法	对一个对象或几个对象进行对比分析，每个对象分别有 3 个或多个维度，每个维度由分析元素组成，维度之间没有相关性，但是每个维度是构成分析对象的要素，采用不规则多边形表现的分析方法。雷达法采用雷达图，也称为网络图、蜘蛛网图	进行多维度不相关分析时	对比、基比、同比

要分析的数据中可能存在两种分析形式，可以进行不同对象的不同维度对比分析，也可以对同一对象进行不同维度的对比分析，这就要求分析人员善于多角度思考问题，如图 7-39 所示。

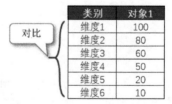

图 7-39

（1）分析。分析内容：雷达法用于分析不易看出规律的数据。雷达法本质上是对比分析，因此数据必须有可比性。例如单元素分析，如果分析的是率，则数据都应该是率；如果是多元素分析，最好把对应的数字进行无量纲转化，例如折合为百分比或分值，否则可能会因为数量级差过大，导致图形难看。

两组数据间多维度的对比分析如图 7-40 所示。

单组数据多维度的对比分析如图 7-41 所示。

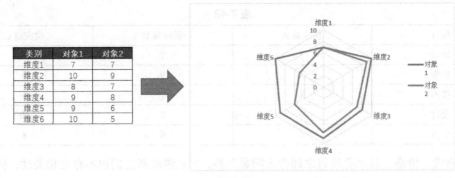

图 7-40

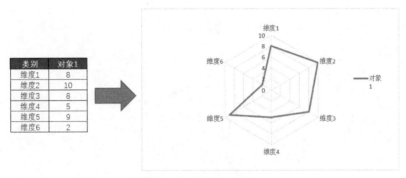

图 7-41

在很难看出数据中的规律时，通常就用雷达图来进行分析。

（2）优点：通过对分析对象的多个不相关的维度进行对比，可以方便、快捷地发现问题或优化决策。

（3）适用范围：常用于人力资源分析、财务风险分析、供应商分析、企业能力分析等，例如个人多项能力对比分析（如最强大脑的能力雷达图）、财务运营风险指标分析、供应商选择判断分析、企业经营状态指标分析等。

（4）推荐图表。雷达法一般用于多元素的无关联分析，推荐使用雷达图、填充雷达图，如图 7-42 所示。

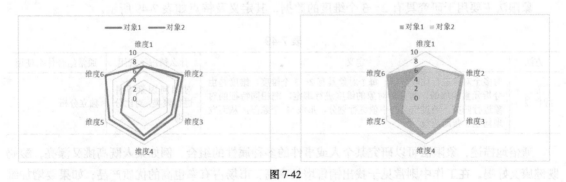

图 7-42

【案例 6——如何选择供应商】

某厂要采购新产品，在调研了多家供应商后，得到数据如表 7-48 所示。

表 7-48

项目	供应商 A	供应商 B	供应商 C
质量	7	7	7
价格	10	9	8
技术	8	7	6
交付	9	8	10
服务	9	6	8

由于质量、价格、技术等项目之间并无明显关系，3 家供应商之间也不存在相关性，因此这里用雷达图来分析，如图 7-43 所示。

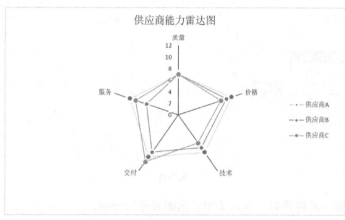

图 7-43

从图表中可以直观地看出：供应商 A 的雷达面积最大，因此推荐选 A。供应商 A 的价格、技术、服务都是最高分，质量分数与其他供应商相当，但其交付能力后续要提升，总体来说其综合素质最好，因此入选。

7.2.8　象限法：数据定位与象限

象限法主要用于研究具有 2～3 个维度的数据，其定义及特点如表 7-49 所示。

表 7-49

方法	定义	什么情况下选用	通常结合什么使用
象限法	对多个对象进行比较分析，每个对象具有 2～3 个维度，维度是由分析元素构成的，对分析对象的维度进行绑定，把相同特征的对象进行归类，通过定义的中值进行划分，形成 4 个象限，从而发现问题、帮助决策	对相同因素事件进行聚类，对比分析时	独立分析

通俗地描述，象限法可以研究某个人或事件的多种属性的组合，例如某人既高挑又漂亮，酸奶既健康又好喝。在工作中则常见于找出销售增长率高，市场占有率也高的优质产品；如果要增加维度，还可以是找出销售量大，价格又高，利润率还高的优质产品等。体现在数据分析中则如图 7-44 所示。

类别	维度1	维度2
对象1	80	60
对象2	30	40
对象3	60	40
对象4	30	80
对象5	20	60
对象6	40	35
对象7	70	80
对象8	70	30

对比

类别	维度1	维度2	维度3
对象1	80	60	50
对象2	30	40	40
对象3	60	40	40
对象4	30	80	15
对象5	20	60	20
对象6	40	35	15
对象7	70	80	40
对象8	70	30	15

对比

图 7-44

需要注意的是，每个维度之间虽然可能并不相关，但是它们数据的变化，会影响分析对象的定位。

（1）分析。分析内容：象限法一般用于分析具有 2～3 个维度的数据，一般情况下一个维度只有一个元素，例如量价率、量率分析等。通过单个独立的数据，很难发现分析对象的定位，但是通过象限的划分，就很容易进行定位。

当数据具有两个维度时，可以使用大小均等的点来代表分析对象，让对象散布在 4 个象限中，如图 7-45 所示。

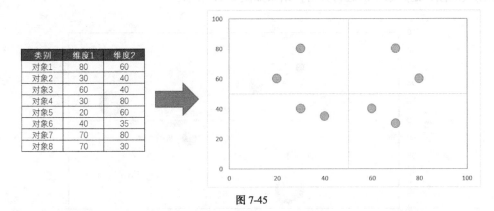

图 7-45

当数据具有 3 个维度时，其中一个维度可用点的大小来表示，如图 7-46 所示。

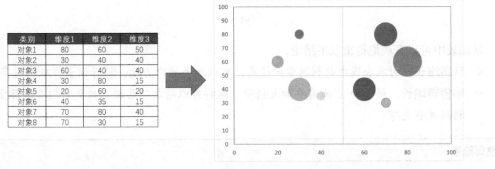

图 7-46

（2）优点：对多个对象的相同的 2～3 个维度进行"分区"，便于通过对比发现问题或优化决策。

（3）适用范围：常用于销售分析、竞争分析、人力资源分析等，例如产品增长率与市占率分析、能力与收入分析、竞争对手量价分析、销售量价与利润率分析、成本与转化率分析等。

（4）推荐图表。象限法一般使用象限图来分析，象限图是由散点图、气泡图变形而来的。

【案例 7——销售量价与利润率分析】

公司要确定明年销售的计划，董事会决定要"双保"，既要保销售额，又要保利润，因此要求销售部门对产品进行分析，确定明年的销售计划，并提出改善点。数据源如表 7-50 所示。

表 7-50

类别	价格	销量	利润率
衬衣	420	60	15%
T恤	350	20	2%
裤子	280	40	8%
帽子	80	80	5%
鞋子	30	60	3%
围巾	100	10	16%
内衣	160	70	8%
手套	60	30	4%

借用气泡图，划分象限后进行分析，结果如图 7-47 所示。

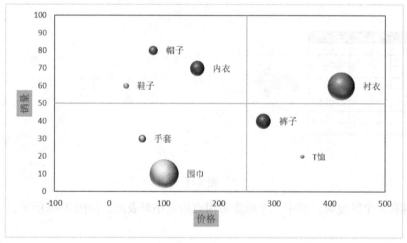

图 7-47

从图表中可以直观地得出以下结论。

◇ **利润增长**：衬衣和围巾的利润率比较高，可以加大推广力度，提升销量，从而提高利润。

◇ **销售额增长**：裤子和 T 恤需要加大销量，这样可以增加销售额，只要它们有边际贡献，对利润就有支撑。

名师经验

　　图 7-47 包含的信息不止于此，不同的人有不同的观察角度，也可能会得出不同的结论，大家可以自行尝试分析。

7.2.9　趋势法：数据趋势与预测

趋势法本质上是一种根据现有数据预测未来的方法，其定义及特点如表 7-51 所示。

表 7-51

方法	定义	什么情况下选用	通常结合什么使用
趋势法	趋势法根据变量的数据，结合时间序列推导变动趋势，是一种以现有变量值推测未来值的预测方法。趋势法通常用于预测对象的发展规律是呈渐进式的变化，而不是跳跃式的变化，并且能够找到一个合适函数曲线反映预测对象的变化趋势。实际预测中最常采用的是一些比较简单的函数模型，如线性模型、指数模型、多项式模型等	具有大量数据，想预知未来走势时	回归分析、对比

使用趋势法需要一连串连续的原始数据，这样才能分析出趋势，并根据趋势预测未来，如图 7-48 所示。

节点	节点1	节点2	节点3	节点4	节点5	节点6	节点7	节点8	节点9
数值	10	15	25	40	55	80	120	160	220

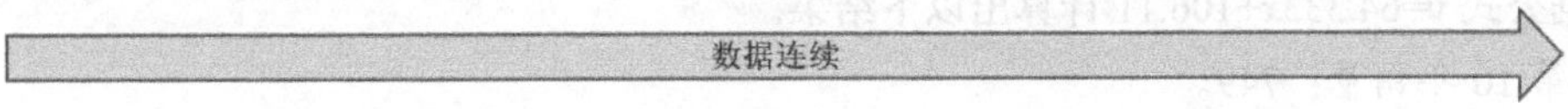

数据连续

图 7-48

（1）分析。分析内容：趋势法一般常用于相同元素趋势分析或对比趋势分析，例如量、价、额分析等，或者多元素分析，例如量量、价价、额额、率率分析等。分析时应添加趋势线，选择趋势线选项（指数、线性、对数、幂、多项式等），显示公式，得到函数模型，然后根据函数来预测未来，如图 7-49 所示。

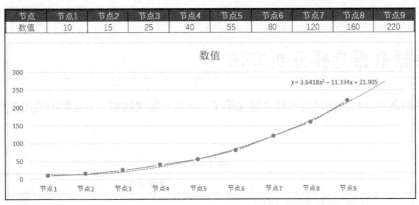

图 7-49

（2）优点：便于通过对多个现有值的分析来预测未来走势，当然预测结果不一定百分百准确，但该结果一般是大概率事件。

（3）适用范围：常用于销售分析、财务分析、生产分析、质量分析等，例如销售量预测分析、订单需求预测分析、安全库存分析、利润预测分析、质量索赔分析等。

（4）推荐图表。趋势法一般推荐使用折线图加上趋势线来表示。

【案例 8——预测未来 3 年销量】

现有两个产品 9 年的销量数据，要推测它们未来 3 年的销量，也就是第 10、11、12 年的销量。先根据销量数据绘制出图表并进行回归分析。回归分析可以选线性、指数、对数、多项式回归，或者几项都选，然后进行预测，本例用的是线性回归，如图 7-50 所示。

年份	第1年	第2年	第3年	第4年	第5年	第6年	第7年	第8年	第9年
销售量	160	220	280	400	480	500	510	600	700

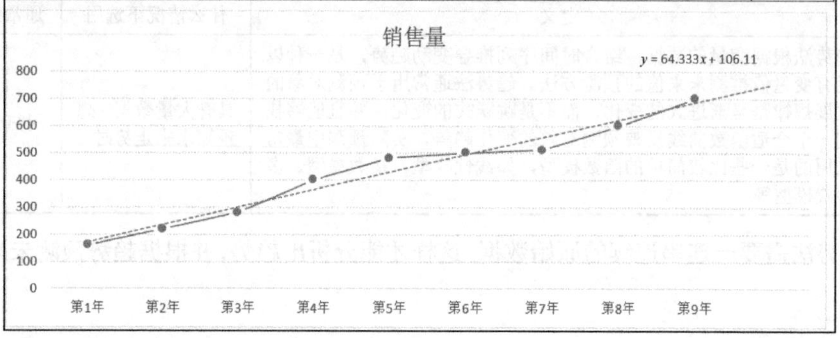

图 7-50

根据公式 $y=64.333x+106.11$ 计算出以下结果。

◇ 第 10 年销量：749。

◇ 第 11 年销量：814。

◇ 第 12 年销量：878。

名师支招

线性函数模型计算的结果与 TREND、FORECAST 函数预测的是一样的，因此也可以使用 TREND、FORECAST 函数来分析。

7.3 | 根据数据选择分析方法

9 种常用的数据分析方法到这里就讲解完毕了，下面一起来回顾一下它们的使用要点，如表 7-52 所示。

表 7-52

方法	使用要点
比较法	通过比较找出现存的问题
排序法	按影响程度排序
结构法	需要对数据进行归类，采取龟裂和合拢对比分析
阶梯法	分析 A 到 B 的演变过程，可以逆分析
漏斗法	分析 A 到 B 的演变过程，定向不可逆分析，可以做倒漏斗分析
关联法	分析 A 与 B 的关联关系
雷达法	多维度（维度间不相关）少对象比较，以发现问题、帮助决策
象限法	多对象少维度（2～3 个维度）比较，进行合拢分析
趋势法	要求有大量数据，以预知未来走势

这 9 种分析方法并不是一成不变的，分析人员应灵活加以组合运用，尝试从多个角度来分析数据，找出问题并提出改进方法。

7.4 | 两道思考题

（1）现有一组数据，如表 7-53 所示。

表 7-53

类别	数值	类别	数值
数据 1	50	数据 6	50
数据 2	55	数据 7	70
数据 3	50	数据 8	60
数据 4	60	数据 9	55
数据 5	65		

请问在学过的方法中，应该选择哪些合适的方法来分析？

提示如下。

① 是不是可以想到预测第 10 个数据是什么？——趋势法

② 是不是可以想到求平均值并与平均值比较？——均比

③ 是不是可以想到，如果是每月的数据，就与去年同期的数据比较？——同比

④ 是不是可以想到，数据 1~9 持续变化的过程？——阶梯法

请读者列举出更多的思路与方法。

（2）现有一组数据，如表 7-54 所示。

表 7-54

类别	数值 1	数值 2
数据 1	70	60
数据 2	35	40
数据 3	60	40
数据 4	75	80
数据 5	65	60
数据 6	40	35
数据 7	70	80
数据 8	70	80
数据 9	55	60

请问在学过的方法中，应该选择哪些合适的方法来分析？

提示如下。

① 是不是可以想到两组数据的对比？——对比（差异、差异率）

② 是不是可以想到两组数据的关系？——关联法

③ 是不是可以想到两组数据的定位和聚类？——象限法

④ 是不是可以想到两组数据的趋势情况可以进行对比？——趋势法+对比法

请读者列举出更多的思路与方法。

第8章
利用工具进行高级数据分析

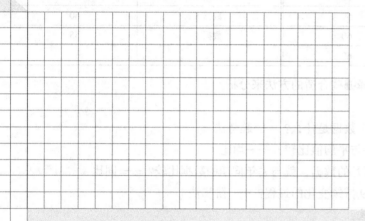

要 点 导 航

企业在生产经营过程中，经常需要在诸多条件的限制下找到最优决策，例如最佳订货量、最佳库存量区间、最佳扩张速度等，而我们采用简单的数据分析是没有办法实现的。这类问题由于限制条件多，函数复杂，因此求解比较困难，影响了企业的决策。

此外，影响企业经营的还有多种因素，需要在其中找出强相关因素，然后进行相关性分析和决策，例如分析商品售价与当地经济发展水平、商品生产成本等因素的关系。

还有，企业在生产过程中，往往会出现质量问题、设备故障等相关问题。那么，诸如此类的问题有办法预防和避免吗？例如，轴承在加工过程中出现了毛刺，原因是材料偏软导致"粘刀"，那么通过什么方式进行预测呢？

类似这些复杂的分析，其实使用 Excel 中的高级分析工具来操作是非常便捷的，并且可以很快得到准确的答案，帮助企业更好地改善经营模式、降低损失、提高收益。Excel 中的常用高级分析工具主要包括图 8-1 所示的几种。

图 8-1

当然，Excel 中还有很多其他的分析工具，但本章只对常用的进行讲解，并用实战案例加以诠释，希望能帮助大家理解，并拓展大家的分析思维。

8.1 | 加载并打开分析工具

很多用户在打开 Excel 的时候，发现自己的功能区中并没有规划求解、回归分析之类的分析工具。其实这些工具默认是不显示的，需要用户手动操作，将其显示出来。

在 Excel 主界面中单击"文件"选项卡，如图 8-2 所示；然后单击窗口左下方的"选项"按钮，如图 8-3 所示。

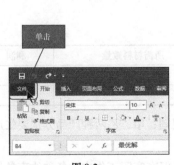

图 8-2

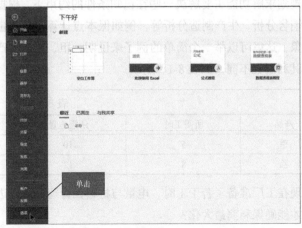

图 8-3

在弹出的对话框中单击"加载项"选项，再单击"转到"按钮，如图 8-4 所示。在弹出的对话框中勾选"分析工具库"和"规划求解加载项"复选框，然后单击"确定"按钮，如图 8-5 所示。

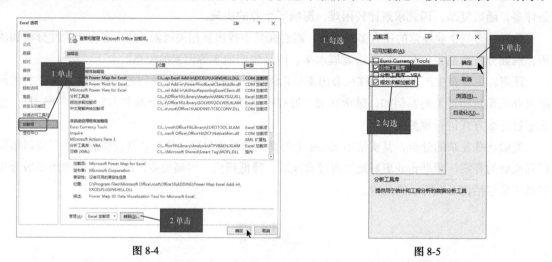

图 8-4　　　　　　　　　　　　　　　　　　图 8-5

切换到"数据"选项卡，即可在最右边看到新增加的"规划求解"与"数据分析"功能按钮，如图 8-6 所示。

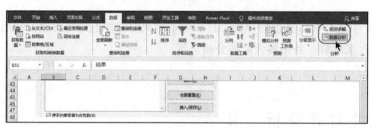

图 8-6

8.2 | 规划求解

规划求解功能主要解决一些在已知条件的约束下，根据自变量求因变量的问题，常用于财务分析、销售分析、生产制造分析等，例如保本点计算、销售量与利润推导、产能计算等。这种解释比较抽象，这里可以举一个简单的例子来说明。甲、乙两种产品，所需工时、电量、材料数量均不相同，其利润也不同，如表 8-1 所示。

表 8-1

产品	所需工时	所需电量	所需材料数量	利润
甲	5	10	23	350
乙	8	12	21	330

现在工厂准备了若干工时、电量与材料，管理人员要进行规划：甲、乙两种产品分别要生产多少，才能确保利润最大化？

这样的问题，一般来说具备中学数学知识的人就可以解决。但在实际工作中，各种约束条件可能不会像这个例子中那么少，可能会多达几十上百个，计算起来非常繁复，这时就体现出 Excel 规划求解功能的便捷性了。

8.2.1 单变量求解

单变量是指等式两边均有一个变量，如：

$$y=ax+b$$

$$y=ax^2+bx+c$$

x、y 都可以作为可变量，只要锁定其中一个作为目标，另外一个则为变量。单变量求解的操作非常简单，这里以一个简单的例子来进行说明。假设已知公式：

$$y=100x+5$$

制作一个表格，其中 D13 单元格中输入"100"，D14 单元格中输入"5"，D15 单元格中输入"0"，D16 单元格中则输入公式"= D13*D15+D14"，这个时候根据公式计算，当 $x=0$ 的时候，$y=5$，如图 8-7 所示。

图 8-7

现在想要求当 x 等于何值时，y 等于 2020。单击"数据"选项卡下的"模拟分析"按钮，在弹出的下拉列表中选择"单变量求解"选项，如图 8-8 所示。

图 8-8

在弹出的对话框中将"目标单元格"设置为 y 变量的值所在的 D16 单元格，将"目标值"设置为"2020"，将"可变单元格"设置为 x 变量的值所在的 D15 单元格，然后单击"确定"按钮开始求解，如图 8-9 所示。

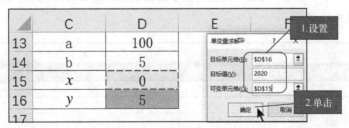

图 8-9

名师经验

目标单元格必须是带公式的单元格，因为它表明了其他几个参数与因变量的关系。如果目标单元格没有公式，则 Excel 会报错。

求出解"20.15"以后，Excel 会将其显示在 D15 单元格中，此时可以单击"确定"按钮，退出求解状态，如图 8-10 所示。

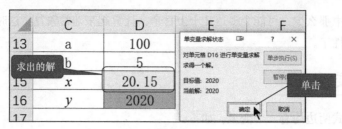

图 8-10

【案例1——帽子销量必须达到多少才能确保目标利润】

现有衬衣、西裤、袜子、帽子等服装产品若干，其中帽子的销量未定，其具体统计情况如表 8-2 所示。

表 8-2

	C	D	E	F	G	H	I
47	产品	销量	单价	销售金额	单件成本	总成本	利润
48	衬衣	40	200	8000	180	7200	800
49	西裤	30	150	4500	130	3900	600
50	袜子	50	50	2500	40	2000	500
51	帽子		60	0	50	0	0
52	合计	120	460	15000	400	13100	1900

其中销量、单价、单件成本是已知的确定数据（帽子销量除外），根据以下数据间计算关系在 F、H、I 对应的单元格中录入公式，计算关系如下：

销售金额＝销量×单价

总成本＝销量×单件成本

利润＝销售金额－总成本

现在希望总利润能达到 2000，那么帽子的销量应该为多少？

按照前面讲解的方法，调出"单变量求解"对话框，将"目标单元格"设置为 I52 单元格，"目标值"设置为"2000"，"可变单元格"设置为帽子的销量所在的 D51 单元格，然后单击"确定"按钮开始求解，如图 8-11 所示。

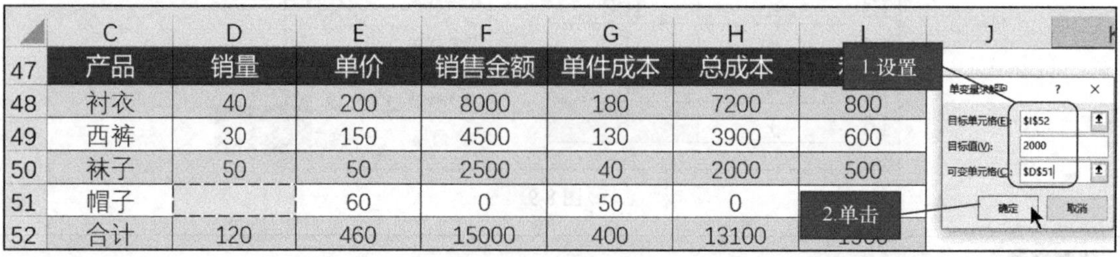

	C	D	E	F	G	H	I	J
47	产品	销量	单价	销售金额	单件成本	总成本	利润	
48	衬衣	40	200	8000	180	7200	800	
49	西裤	30	150	4500	130	3900	600	
50	袜子	50	50	2500	40	2000	500	
51	帽子		60	0	50	0		
52	合计	120	460	15000	400	13100		

图 8-11

很快就得到解"10"，Excel 将其显示在 D51 单元格中，单击"确定"按钮退出求解状态即可，如图 8-12 所示。

图 8-12

名师经验

有些小伙伴认为单变量规划求解非常简单，没有必要这么操作，而且理解起来也较难，觉得案例 1 中只需要先计算利润缺口（2000-1900=100），再计算帽子的利润（60-50=10），最后计算销量（100÷10=10）就可以了。的确，如果实际数据只是这么简单，可以这样计算。但是，如果数据比较多，而且存在需要临时调整方案的情况，把帽子的销量锁定，而把西裤或衬衣的数量作为变量，应该怎样快速计算呢？我们可以应用单变量求解的方式，那就很方便和快捷了。

8.2.2 多变量求解

如果等式的其中一边有多个变量，如：

$$z=ax+by$$

对这样的等式求解就叫作多变量求解。其中 a、b、x、y、z 都可以作为可变量，用户可以以这 5 个量中的任意一个作为目标，在设定具体目标值、求最大值或最小值的条件下进行求解。此外，还可以对各个变量添加约束条件，求出符合这些条件的解。多变量求解的操作非常简单，这里以一个简单的例子进行说明。假设已知公式：

$$z=100x+5y$$

这里把 a、b 作为常量，求当 x、y 为何值时，z 的值最小？此外还有附加约束条件：$x \geq 10$，$x+y \geq 50$，x、y 均为整数。根据条件制作出一个表格，在 z 值所在的 D90 单元格中输入公式"=D86*D88+D87*D89"，如图 8-13 所示。在约束条件 D92 单元格中输入公式"=D88+D89"，D86、D87 单元格中分别输入"100"和"5"，D88、D89 单元格中可填入随意整数，如图 8-14 所示。

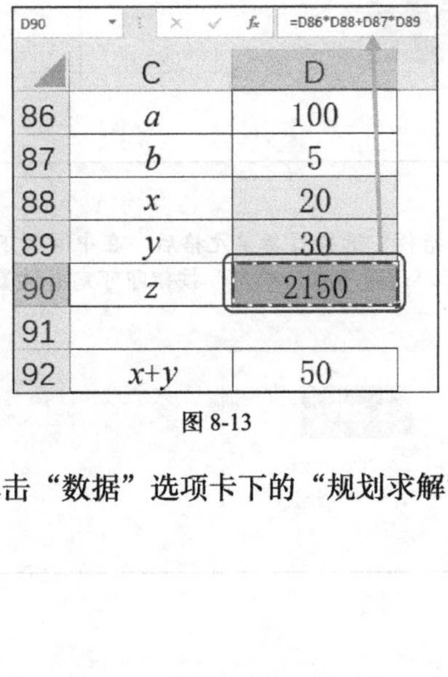

图 8-13

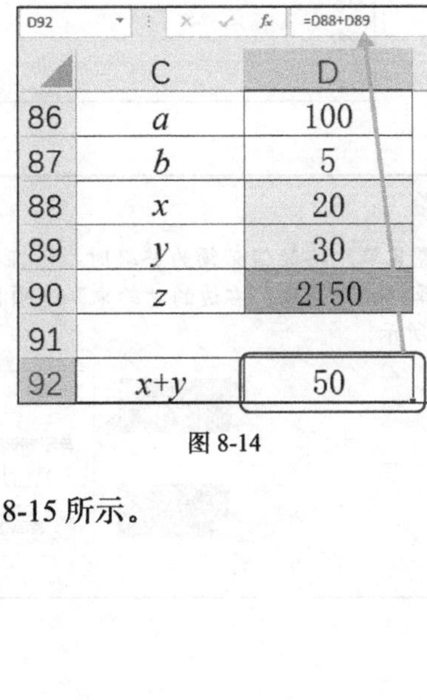

图 8-14

单击"数据"选项卡下的"规划求解"按钮，如图 8-15 所示。

图 8-15

在弹出的对话框中将"设置目标"设置为 z 值所在的 D90 单元格,"通过更改可变单元格"为变量 x、y 的值所在的单元格,即 D88 和 D89 单元格,单击"添加"按钮设置 4 个约束条件。例如要设置 x≥10,则单击"单元格引用"旁边的按钮,然后选择 D88 单元格,再单击中间的约束条件下拉按钮,选择">="选项,最后输入约束条件值"10",如图 8-16 所示。完成后单击"确定"按钮即可。

图 8-16

其他 3 个约束条件参照此方法进行设置。

勾选"使无约束变量为非负数"复选框,然后设置"选择求解方法"为"非线性 GRG",最后单击"求解"按钮,如图 8-17 所示。

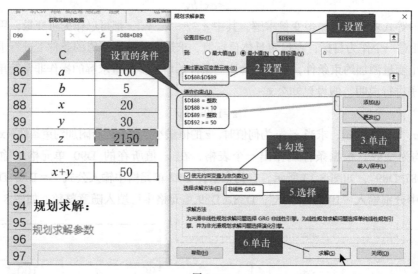

图 8-17

名师经验

设置某单元格数值必须为整数时,可在"添加约束"对话框中选择目标单元格后,在中间的下拉列表中选择"int"选项,右边的"约束"选项自动变为"整数",此时单击"确定"按钮即可完成设置,如图 8-18 所示。

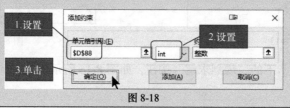

图 8-18

Excel 求解出 x 的值 "10"、y 的值 "40" 及 z 的最小值 "1200" 后,会自动将其显示在相应的单元格中,单击 "确定" 按钮即可退出规划求解状态,如图 8-19 所示。

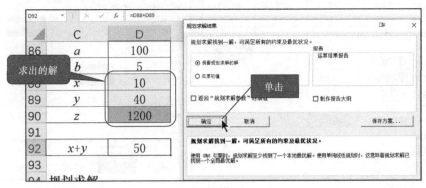

图 8-19

【案例 2——规划求解计算保本点】

某厂生产 3 种产品,它们的销售价格、变动成本、固定成本都已经确定,要求在 P001 产品最少销售 300,P002 产品最少销售 50,且成本额控制在 14000~15000 的情况下,算出保本点(保本点即销售总额等于总成本时的销售量值)。根据以上条件,制作出的表格如表 8-3 所示。

表 8-3

	C	D	E	F	G	H	I	J	K
143	产品	变动成本	销售量	成本额		产品	销售量	销售价格	销售额
144	P001	10	500	5000		P001	500	20	10000
145	P002	15	400	6000		P002	400	22	8800
146	P003	20	320	6400		P003	320	25	8000
147	合计			17400		合计	1220		26800
148									
149	变动成本	17400							
150	固定成本	10000							
151	总成本	27400							
152									
153	目标要求	600							

其中,成本额 = 变动成本 × 销售量,销售额 = 销售量 × 销售价格,总成本 = 变动成本 + 固定成本。按照前面讲解的方法调出 "规划求解参数" 对话框,将 "设置目标" 设置为 D153 单元格,选择 "目标值" 单选项并设置目标数值为 "0";将 "通过更改可变单元格" 设置为 E144:E146 单元格区域,即 P001~P003 产品的销售量所在的单元格,设置好各个约束条件后单击 "求解" 按钮,如图 8-20 所示。

很快 Excel 就求出在约束条件下 3 种产品的销售量,并自动将其显示在 E144:E146 单元格区域中,单击 "确定" 按钮即可退出规划求解状态,如图 8-21 所示。

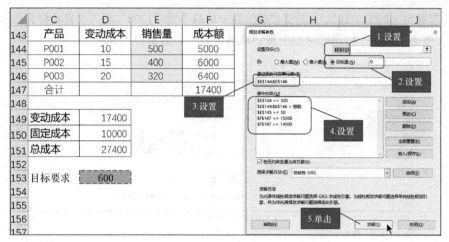

图 8-20

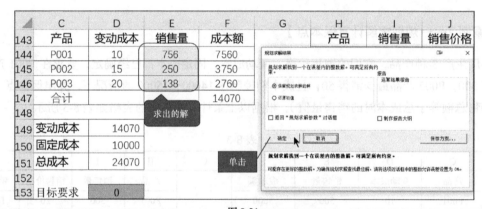

图 8-21

名师经验

有时候在给出的条件下可以求出多组解，也就是说解并不是唯一的，至于具体使用哪组解，用户可以根据实际环境情况来选择。例如上例中，假设成本额为 14100、14500 和 14900 时均能实现保本，而用户资金又相对紧张，则可以选择成本额为 14100 的解，以缓解资金压力。

思考与练习：读者可结合自己的工作岗位，设计一个规划求解的案例，并做相应的练习。

名师经验

想尽一切办法构思一个案例，只有自己设计、练习，印象才更深刻。书上的案例不可能与自己的实际情况完全吻合，大多数会存在一定差异。因此，要想把书本上的知识转化为自己的，那就必须用自己的实际案例，只有结合实际操作，才会对知识理解得更透彻，掌握得更牢固。学习在于动手和积累，笔者也是这样一步一步走过来的。

8.3 | 利用规划求解求出最优解

求最优解是生产经营中经常遇到的一个问题，常用于财务分析、销售分析、投资分析、采购分析、物流分析等，例如成本最低方案组合、产品销售组合与利润最大化分析、投资方案最优解、采购方案最优解、物流成本最优解等。

在数学上，求最优解有向量法、绘图法等方法，计算起来比较麻烦，而 Excel 的规划求解则是最方便的方法。前面已经讲解了规划求解的基本操作方法，这里再来看一个利用规划求解来求出最优解的例子。

【案例 3——求出最大利润的产量组合】

某厂备有耗材 30000 单位，现要生产 A、B、C 这 3 种产品，要求这 3 种产品的数量均不能超过 400，且都为正数，所消耗的材料总数不能超过备有的耗材量，在此条件下求出利润最大的产量组合。A、B、C 3 种产品的相关生产数据如表 8-4 所示。

表 8-4

	B	C	D	E	F	G
8	项目	产量	所需材料	材料合计	单位利润	合计利润
9	A 产品	10	50	500	10	100
10	B 产品	62	30	1860	15	930
11	C 产品	57	40	2280	12	684
12	合计			4640		1714
13						
14						
15	可用耗材	30000				

其中，3 种产品的产量数据是随意填写的，只是方便初始计算。约束条件如下：

材料合计 = 产量 × 所需材料

合计利润 = 产量 × 单位利润

材料总合计 ≤ 可用耗材，即 E12 ≤ C15

调出"规划求解参数"对话框，将"设置目标"设置为 G12 单元格，选择"最大值"单选项；将"通过更改可变单元格"设置为 C9:C11 单元格区域，设置好各个约束条件后单击"求解"按钮，如图 8-22 所示。

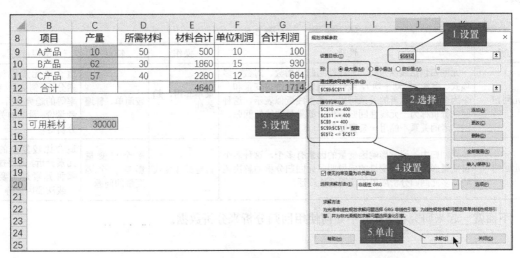

图 8-22

很快 Excel 就求出在约束条件下 3 种产品的产量，并自动将其显示在 C9:C11 单元格区域中，单击"确定"按钮即可退出规划求解状态，如图 8-23 所示。

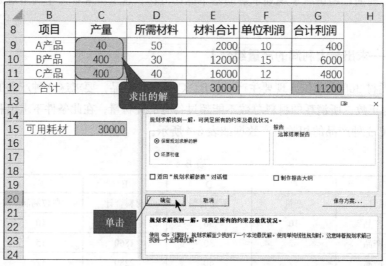

图 8-23

思考与练习：读者可结合自己的工作岗位，设计一个求最优解的案例，并做相应的练习。

8.4 │ 回归分析

回归分析指的是确定两种或两种以上变量间相互依赖的定量关系的一种统计分析方法。回归分析按照涉及的变量多少，可分为一元回归分析和多元回归分析；按照因变量的多少，可分为简单回归分析和多重回归分析；按照自变量和因变量之间的关系类型，可分为线性回归分析和非线性回归分析。这里以一元回归和多元回归作为主要的讲解对象，它们分别具有表 8-5 所示的一些性质。

表 8-5

方法	性质	操作	特点	应用范畴
一元回归	一元回归包括线性回归、非线性回归（指数、对数、多项式、乘幂、移动平均）。线性回归包括一个自变量和一个因变量，且二者的关系可用一条直线近似表示，这种回归分析称为一元线性回归分析。如果是非线性回归，则二者的关系不能用一条直线表示	菜单套用，趋势线	较简单、普遍	适合单元素和双元素分析，例如量、额、率等的趋势分析，或者价量、量率的关系分析等
多元回归	多元回归中，通常影响因变量的因素有多个，这种多个自变量影响一个因变量的问题即多元回归分析的解决范畴。多元回归分析应用的范围更加广泛	自定义计算式	多个自变量影响一个因变量的问题	适合比较复杂的多元素分析，需要找出哪种元素是主要因素或次要因素等

下面就一起来研究在 Excel 中如何使用回归分析来分析数据。

8.4.1 一元回归

在工作中，一元回归常被用于销售分析、财务分析、质量分析，以及数据规律性研究分析等方面，例如分析价格和重量的关系、利润率与产量的关系、充气量与高度的关系、温度与应力的关系、年龄与发病率的关系等。在 Excel 中，用一元回归来分析 y 与 x 的关系非常简单。例如，现有数据如表 8-6 所示。

表 8-6

类别	x	y
数据 1	100	50
数据 2	80	40
数据 3	60	40
数据 4	50	15
数据 5	20	5
数据 6	10	3

根据该表格可以绘制出散点图，并添加一条拟合度最好的散点分布趋势线（本案例为乘幂趋势线），如图 8-24 所示。

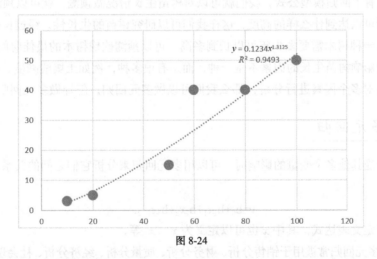

图 8-24

得到公式 $y = 0.1234x^{1.3125}$，该公式描述了 x 和 y 之间的关系，根据 x 可以求得 y，反之亦然。这就是一元回归的一个典型例子。

【案例 4——降水量与树苗生长高度关系分析】

笔者有一个朋友，在做环境保护方面的研究。他给了笔者一个案例，正好是用一元回归来分析某地区降水量与树苗生长高度之间的关系。他提供的数据是 3 年树苗生长的数据，每 8 个小时采集一次树木的高度和降水量数据，大概有 3000 多条记录，为了便于理解，本案例只提取了部分数据来做讲解，如表 8-7 所示。

为数据添加 5 条趋势线，分别是对数、乘幂、线性、指数与多项式，并列出它们的 R^2 的值，如图 8-25 所示。

表 8-7

降水量	生长高度
4.5	2.1
10.0	2.8
5.0	2.2
25.0	3.9
16.0	2.5
22.0	3.1
28.0	4.5
30.0	4.7
30.0	4.5
32.0	4.6

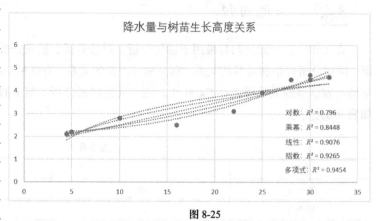

图 8-25

通过数据分析，我们可以看到，树苗的生长高度与降水量有一定的关系，也就是水分充足，树苗生长速度比较快。反过来说，如果雨水不充足，生长速度就比较慢。那么我们用哪个关系式来做回归分析比较好呢？

从本案例的回归结果来看，多项式的 R^2 值最大，说明多项式对降水量与树苗生长高度之间的关系拟合得最好，因此可以用多项式来对二者进行预测。

因此，一旦有了回归模型公式，我们就可以对树苗生长情况做预测，就可以预测树苗大概在什么时间和降水量可以达到什么样的高度，这样我们可以研究树苗的生长性。经过长时间的研究，我们就可以得出，一种树木需要多少年可以长到多高，可以预测砍伐树木的最佳时间。

当然，假设影响树苗生长的因素不是一种，而是有很多种，例如土壤酸碱度、施肥量、温度、光照等，就需要对多个因素进行分析，那么我们可以做多元回归。怎样做多元回归呢？

8.4.2　多元回归

当一个变量受其他多个变量的影响时，可以用多元回归来分析它们之间的关系，抽象为数学公式，即：

$$y=b_0+b_1x_1+b_2x_2+b_3x_1x_2\ldots$$

用户可以自定义表达式，其中 x 也可以定义为 x^2、x^3 等。

在工作中，多元回归常被用于销售分析、财务分析、质量分析、经济分析、社会现象分析等方面，例如经济增长速度与人口增长率、消费水平、人均 GDP 等关系的分析，质量失效与强度、硬度、应力大小等关系的分析，儿童身高与家人身高、运动量、肉类摄入量等关系的分析，利润与产品结构、销量数据关系的分析等。总之，其应用比较广泛，可以帮助用户发现问题，帮助分析和决策。

名师经验

定义回归公式时，可以对每个 x 与 y 进行整体的独立回归，也就是 x 本身与 y 进行回归，也可以对 x 与 x 之间的乘积（如 $x_1 \times x_2$）、平方（如 x_1^2、x_2^2）等关系进行回归。一般情况下，先根据每个 x 与 y 的相关性定义出数据模型公式，如果回归结果未达到预期效果或无法判断，再借助 x 变量乘积或 x 变量平方的关系，重新定义数据模型公式。当然，回归方式和形式由自己决定。

相对于一元回归来说，多元回归的操作就更加复杂一些，可按照以下步骤进行。

1. 整理所需数据

原始数据可能有很多个表格，也有很多不规范的数据，先要将这些数据根据自定义的数据模型进行整理，这里直接给出一个示例，如表 8-8 所示。

表 8-8

	D	E	F	G
37	x_1	x_2	x_1x_2	y
38	100	50	5000	120
39	80	40	3200	90
40	60	40	2400	80
41	50	15	750	60
42	20	5	100	30
43	10	3	30	10

其中，$x_1x_2 = x_1 \times x_2$，即 F 列数据等于 D 列数据乘以 E 列数据，如 F38=D38*E38。

2. 应用回归分析

单击"数据"选项卡上的"数据分析"按钮，在弹出的对话框中选择"回归"选项，并单击"确定"按钮，如图 8-26 所示。

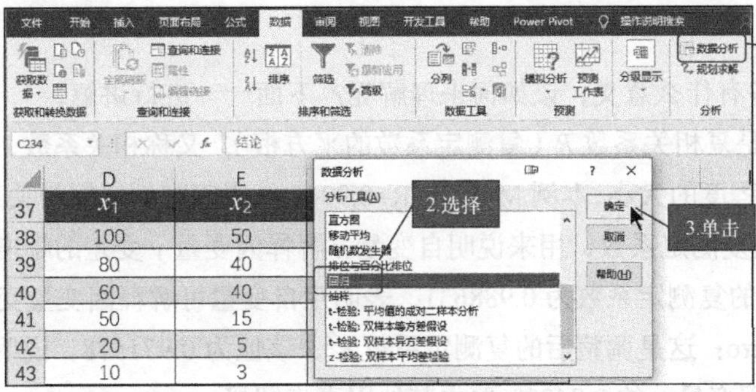

图 8-26

在弹出的对话框中设置"Y 值输入区域"为 G38:G43，"X 值输入区域"为 D38:F43，"置信度"为"95%"，并设置好"输出区域"（这里设置为本工作表的 K38 单元格），然后单击"确定"按钮，如图 8-27 所示。

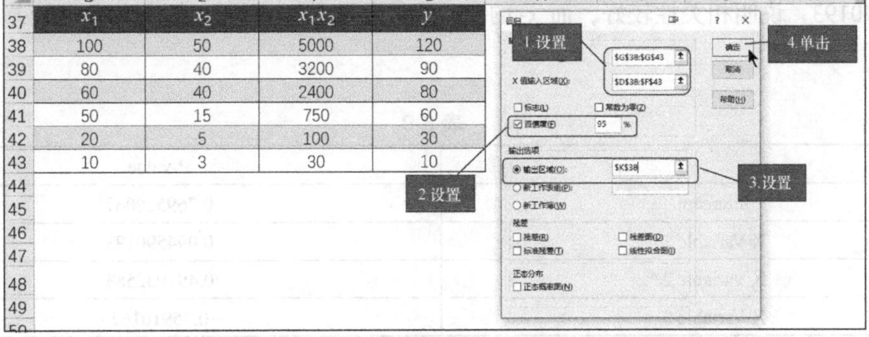

图 8-27

3. 得到分析结果

很快 Excel 就计算出了结果，并将其输出到指定的位置，如图 8-28 所示。

SUMMARY OUTPUT					
回归统计					
Multiple R	0.994299				
R Square	0.988631				
Adjusted R	0.971578				
标准误差	6.806398				
观测值	6				

方差分析

	df	SS	MS	F	ignificance F
回归分析	3	8057.346	2685.782	57.97438	0.017004
残差	2	92.65411	46.32705		
总计	5	8150			

	Coefficients	标准误差	t Stat	P-value	Lower 95%	Upper 95%	下限 95.0%	上限 95.0%
Intercept	2.678195	7.995421	0.334966	0.76952	-31.7233	37.07972	-31.7233	37.07972
X Variable	1.020078	0.338213	3.016081	0.09459	-0.43514	2.475292	-0.43514	2.475292
X Variable	0.485876	0.582441	0.834206	0.491933	-2.02017	2.991919	-2.02017	2.991919
X Variable	-0.00234	0.006661	-0.35093	0.759162	-0.031	0.026321	-0.031	0.026321

图 8-28

4. 解读结果

那么这些输出结果各有什么意义，该如何来理解呢？下面一一进行讲解。

（1）Multiple R：这是复相关系数 R（复测定系数的平方根），又称相关系数，用来衡量自变量 x 与因变量 y 之间的相关程度的大小。本例 Multiple R=0.994299 表明它们之间的关系为高度正相关。

（2）R Square：这是复测定系数，用来说明自变量 x 解释因变量 y 变差的程度，以测定因变量 y 的拟合效果。此案例中的复测定系数为 0.988631，表明用自变量可解释因变量变差的 98.8631%。

（3）Adjusted R Square：这是调整后的复测定系数 R^2，该值为 0.971578，说明自变量 x 能说明因变量 y 的 97.1578%，因变量 y 的 2.8422%要由其他因素来解释。

（4）标准误差：用于衡量拟合程度的大小，也用于计算与回归相关的其他统计量，此值越小，说明拟合程度越好，本案例的标准误差为 6.806398，值非常小，表明拟合程度好。

（5）P-value：用于衡量每个自变量 x 与因变量 y 的线性显著性，其值较大，说明这些项的自变量与因变量不存在相关性，因此这些项的回归系数不显著；反之则相关。本案例 x_1 的 P-value 为 0.094590193，说明相关性较好，而 x_2 的 P-value 为 0.491932583，说明相关性较差，如表 8-9 所示。

表 8-9

	P-value
Intercept	0.769520067
X Variable 1	0.094590193
X Variable 2	0.491932583
X Variable 3	0.75916162

（6）Significance F：用于衡量所有的自变量 x 在整体上对于因变量 y 的线性显著性。Significance F 值一般要小于 0.05，越小越显著。本案例中 Significance F 值为 0.017004344，整体显著性较好，如表 8-10 所示。

表 8-10

	df	SS	MS	F	Significance F
回归分析	3	8057.345894	2685.781965	57.97437552	0.017004344
残差	2	92.6541059	46.32705295		
总计	5	8150			

名师经验

Significance F 值小于 0.05 是人为设定的，如果比较严格，可以定成 0.01，但是也会带来其他问题。

其他的数据结果含义不再做介绍。一般来说，只要 P-value 和 Significance F 值符合要求，模型的预测能力就是可靠的。

5. 建立数据模型

要建立数据模型，其常量是基于 Coefficients 来确定的，Coefficients 的值如表 8-11 所示。

表 8-11

	Coefficients
Intercept	2.678195213
X Variable 1	1.020078063
X Variable 2	0.485876004
X Variable 3	−0.00233739

数据模型为：

$$y=b_0+b_1x_1+b_2x_2+b_3x_1x_2=2.6782+1.0201x_1+0.4859x_2-0.0023x_1x_2$$

名师经验

建立数据模型的过程中，如果某自变量的 P-value 值较大，说明其相关性不高，可以不写入公式中。以本案例为例，如果 X Variable 2 的 P-value 值为 10，那就可以把方程式修改为 $y=2.6782+1.0201x_1-0.0023x_1x_2$。

因此，当确定了数据模型，知道未来数据的 x_1 和 x_2 时，就可以预测出 y 值，这就是多元回归的一个典型应用。

【**案例 5——某地区人口增长率与总收入、消费、人均 GDP 关系分析**】

某个大集团准备在某地区进行投资，决策部门想要知道当地的人口增长率与总收入、消费、人均 GDP 之间的关系。原始数据及预测数据如表 8-12 所示。

表 8-12

年份	x_1 总收入 （亿元）	x_2 居民消费指数 （CPI）	x_3 人均 GDP （元）	y 人口增长率 （%）
2005	1500	18.80	1366	15.73
2006	1700	18.00	1519	15.04
2007	1870	3.10	1644	14.39
2008	2180	3.40	1893	12.98
2009	2690	6.40	2311	11.6
2010	3530	14.70	2998	11.45
2011	4810	24.10	4044	11.21
2012	5980	17.10	5046	10.55
2013	7010	8.30	5846	10.42
2014	7810	2.80	6420	10.06
2015	8300	−0.80	6796	9.14
2016	8850	−1.40	7159	8.18
2017	9800	0.40	7858	7.58
2018	10810	0.70	8622	6.95
2019	11910	−0.80	9398	6.45
2020	13520	1.20	10542	6.01
2021	15960	3.90	12336	5.87
2022	18410	1.80	14040	5.89
2023	21310	1.50	16024	5.38
2024	23540	1.70	17535	5.24
2025	27770	1.90	19264	5.45

先分别研究总收入、居民消费指数、人均 GDP 与人口增长率的关系，将它们绘制为图表（散点图），如图 8-29 所示。

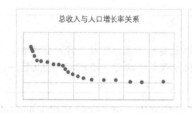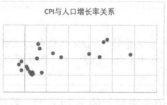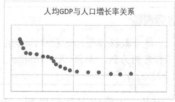

图 8-29

从图中可以看到，总收入、人均 GDP 与人口增长率呈现负相关的关系，而居民消费指数与人口增长率的关系不是很明显，需要进一步研究。分析人员将数据模型公式定义为：

$$y=b_0+b_1x_1+b_2x_2+b_3x_3$$

对数据进行回归分析，得到结果如表 8-13 所示。

表 8-13

SUMMARY OUTPUT

回归统计

Multiple R	0.960249288
R Square	0.922078694
Adjusted R Square	0.908327876
标准误差	1.025567769
观测值	21

方差分析

	df	SS	MS	F	Significance F
回归分析	3	211.5872113	70.52907045	67.05627625	1.25599E-09
残差	17	17.88041723	1.051789249		
总计	20	229.4676286			

	Coefficients	标准误差	t Stat	P-value	Lower 95%	Upper 95%	下限 95.0%	上限 95.0%
Intercept	14.47467769	0.774392122	18.69166444	9.01481E-13	12.84085313	16.108502	12.840853	16.108502
X Variable 1	0.001847035	0.000472226	3.911332259	0.001123728	0.000850724	0.0028433	0.0008507	0.0028433
X Variable 2	0.062457979	0.036734271	1.700264538	0.107301588	−0.01504456	0.1399605	−0.015045	0.1399605
X Variable 3	−0.00309127	0.000668716	−4.6226881	0.000243029	−0.00450213	−0.00168	−0.004502	−0.00168

分析人员得出以下结论。

Multiple R：相关系数为 0.960249288，说明高度正相关。

R Square：复测定系数为 0.922078694，表明自变量可解释因变量变差的 92.2078694%，也说明拟合效果好。

Significance F：值非常小，说明整体显著性较好。

标准误差：非常小，说明拟合程度非常高。

P-value：结果说明与 x_1 和 x_3 高度相关。

则数据模型公式为：

$$y = b_0 + b_1 x_1 + b_2 x_2 + b_3 x_3 = 14.4747 + 0.0018 x_1 + 0.06246 x_2 - 0.0031 x_3$$

这样，在得知公式中任何 3 个变量的值的情况下，都可以求出第 4 个变量的值，例如在得知某年总收入、居民消费指数、人均 GDP 的值之后，可以预测当年的人口增长率。

读者可结合自己的工作岗位，设计一个多元回归分析的案例来练习。

8.5 | 相关系数

在研究数据时，多个变量之间可能存在着一定的关系，也有可能毫无关系。多个变量之间的关系常用"相关系数"来衡量。研究多个变量之间的相关性，在很多领域都会涉及，例如研究某种商品的季节性需求量与其价格水平、职工收入水平等现象之间的关系，广告投入与销售额的关系，出错率与培训次数、工资水平之间的关系等。

在 Excel 中，计算相关系数非常方便，仅仅通过简单的操作即可完成。例如，现有数据如表 8-14 所示。

表 8-14

	C	D	E	F
8	x_1	x_2	x_3	x_4
9	70	90	98	90
10	60	87	89	85
11	95	70	78	72
12	90	73	75	75
13	92	85	82	80
14	69	95	96	90

单击"数据"选项卡上的"数据分析"按钮，在弹出的对话框中选择"相关系数"选项，并单击"确定"按钮，如图 8-30 所示。

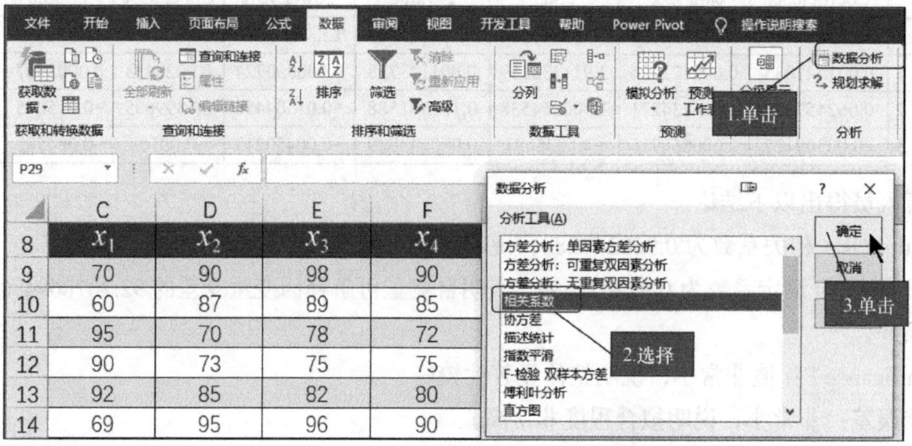

图 8-30

在弹出的对话框中设置"输入区域"为 C8:F14 单元格区域，"分组方式"为"逐列"，勾选"标志位于第一行"复选框（如果选择了 C9:F14 单元格区域，则无须勾选此复选框），再设置好"输出区域"（这里设置为在本表的 K9 单元格进行输出），然后单击"确定"按钮，如图 8-31 所示。

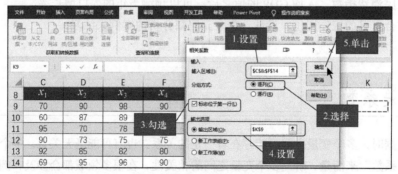

图 8-31

名师支招

逐列代表计算数据列与列之间的相关性，逐行则是计算行与行之间的相关性。

立刻可以得到分析结果，如表 8-15 所示。

表 8-15

	K	L	M	N	O
9		x_1	x_2	x_3	x_4
10	x_1	1			
11	x_2	−0.76256	1		
12	x_3	−0.80712	0.901974	1	
13	x_4	−0.84055	0.963564	0.965295	1

结果说明如下。

（1）x_1 与 x_2、x_3、x_4 负相关，也就是说，x_1 越大，x_2～x_4 越小；x_1 越小，x_2～x_4 越大。

（2）x_2 与 x_3、x_4 高度正相关，相关系数都高于 0.9。

（3）x_3 与 x_4 高度正相关，相关系数为 0.965295。

【案例 6——各科目考试成绩相关性分析】

某班级的考试成绩如表 8-16 所示。

表 8-16

学号	语文	英语	数学	综合
N001	70	78	90	98
N002	60	65	87	89
N003	95	90	70	78
N004	90	90	73	75
N005	92	88	85	82
N006	63	60	92	88
N007	95	92	72	76
N008	94	92	68	71
N009	90	92	65	60
N010	89	92	75	71

经过相关性分析，得到结果如表 8-17 所示。

表 8-17

	语文	英语	数学	综合
语文	1			
英语	0.953903	1		
数学	−0.81721	−0.8261	1	
综合	−0.71992	−0.71095	0.893562	1

从中可以得到以下结论。

（1）语文和英语正相关，相关系数为 0.953903，属于高度正相关。

（2）语文与数学、综合负相关，相关系数分别为 −0.81721 和 −0.71992。

（3）英语与数学、综合也是负相关，相关系数分别为 −0.8261 和 −0.71095。

（4）数学和综合正相关，相关系数为 0.893562。

说明该班的同学存在一定的偏科情况，老师可以根据结论对上课重点进行相应的调整。同理，老师也可以对每个学生的每次考试的分数进行分析，分析出每个学生的偏科情况和相关性，然后根据不同情况给予定向、定性指导，以便提高学生成绩。

读者可根据自己的岗位设计一个求相关系数的案例来进行练习。

8.6 │ 直方图

直方图又称频率分布图，是一种显示数据分布情况的柱形图，即显示不同数据出现的频率。通过这些高度不同的柱形，可以直观、快速地观察数据的分散程度和中心趋势，从而分析流程满足客户需求的程度。

【案例 7——统计指定区域内销售量出现的次数】

某厂统计出了 20 类产品的销售量，销售部门需要统计不同销售量出现的次数。销售量划分为 5 个层级区域，如图 8-32 所示。

这里对层级区域进行简单的解释，区域值 60 指销售量小于等于 60 的范围，区域值 70 指销售量大于 60 且小于等于 70 的范围，以此类推。其所指的范围如表 8-18 所示。

	C	D	E	F
26	产品号	销售量		区域
27	P001	80		60
28	P002	90		70
29	P003	50		80
30	P004	100		90
31	P005	80		100
32	P006	50		
33	P007	60		
34	P008	70		
35	P009	70		
36	P010	90		
37	P011	80		
38	P012	90		
39	P013	90		
40	P014	80		
41	P015	50		
42	P016	70		
43	P017	60		
44	P018	80		
45	P019	60		
46	P020	100		

图 8-32

表 8-18

区域	包括范围
60	$x \leqslant 60$
70	$60 < x \leqslant 70$
80	$70 < x \leqslant 80$
90	$80 < x \leqslant 90$
100	$90 < x \leqslant 100$

统计数据的出现频次，并绘制出相应的直方图，操作非常简单。单击"数据"选项卡上的"数据分析"按钮，在弹出的对话框中选择"直方图"选项，并单击"确定"按钮，如图 8-33 所示。

在弹出的对话框中设置"输入区域"为 D27:D46 单元格区域，"接收区域"为 F27:F31 单元格区域，再设置好"输出区域"（这里设置为在本表的 F37 单元格进行输出），勾选"柏拉图""累计百分率""图表输出"复选框，然后单击"确定"按钮，如图 8-34 所示。

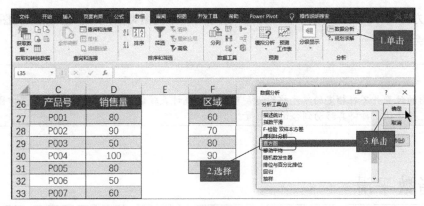

图 8-33

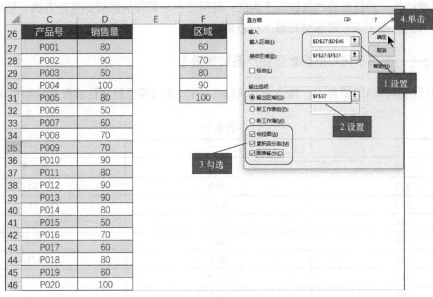

图 8-34

得到的统计结果及相应的直方图如图 8-35 所示。

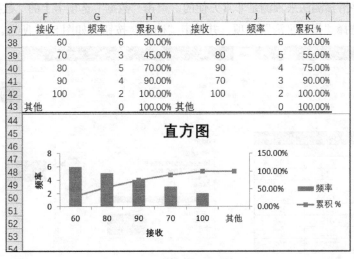

接收	频率	累积 %	接收	频率	累积 %
60	6	30.00%	60	6	30.00%
70	3	45.00%	80	5	55.00%
80	5	70.00%	90	4	75.00%
90	4	90.00%	70	3	90.00%
100	2	100.00%	100	2	100.00%
其他	0	100.00%	其他	0	100.00%

图 8-35

通过直方图的方式得出的累积百分比图，效果与帕累托图类似，只不过用帕累托图的效率会低些，但效果会更好些。

> **名师经验**
>
> 　　直方图的位置并不在指定的单元格附近，可能会离统计表较远，用户如果没有看见直方图，应将表格缩小后进行寻找，再将其移动到合适的位置。

8.7　指数平滑

指数平滑法是一种特殊的加权移动平均法，是预测中短期发展趋势的常用方法，是比较有效的销售额预测方法，在工商业等领域得到了广泛的应用。

【案例 8——使用不同阻尼系数预测产品销售量】

某厂统计出某产品的销售量，如表 8-19 所示。销售部门需要预测往后数年的销售量。

表 8-19

	C	D
111	年份	销售量
112	2012	90
113	2013	98
114	2014	105
115	2015	116
116	2016	121
117	2017	124
118	2018	126
119	2019	130
120	2020	138

如果用指数平滑预测法来预测是非常方便的。单击"数据"选项卡上的"数据分析"按钮，在弹出的对话框中选择"指数平滑"选项，并单击"确定"按钮，如图 8-36 所示。

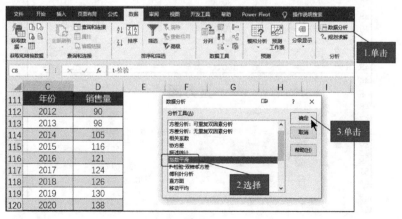

图 8-36

　　在弹出的对话框中设置"输入区域"为 D112:D120 单元格区域,"阻尼系数"为"0.2",再设置好输出区域(这里设置为在本表的 G111 单元格进行输出),勾选"标志""图表输出""标准误差"复选框,然后单击"确定"按钮,如图 8-37 所示。

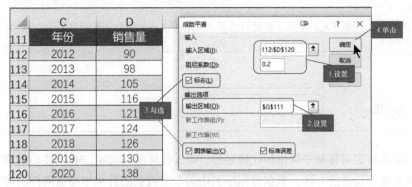

图 8-37

　　很快就可以得到结果,如果用户选中最后两个单元格并往下拉,即可得到下一个结果,如图 8-38 所示。

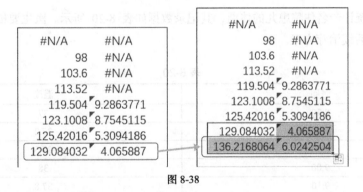

图 8-38

　　这里设置了不同的阻尼系数进行预测,分别是 0.2、0.5、0.8,可以从图表中观察它们的区别,如图 8-39 所示。

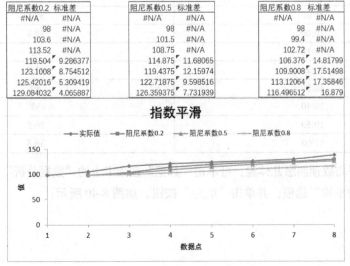

图 8-39

从图表中可以得出结论：阻尼系数越大，曲线越平，标准差越大，拟合程度越低。因此一般选择用较小的阻尼系数进行预测分析。

名师支招

如果数据平稳、波动不大，阻尼系数建议设置为 0.1～0.3；如果数据有明显的变化倾向，阻尼系数建议设置为 0.4～0.9。

8.8 移动平均

会炒股的读者肯定对移动平均指标比较熟悉，如 5 日移动平均线、30 日移动平均线等。所谓移动平均，指采用逐项递进的办法，根据数据序列中若干项数据的算术平均值所得到的一系列数据。根据移动平均数来预测就是移动平均预测。

【案例 9——患儿体温检测结果分析】

某医院儿科统计一名住院患儿的体温，其记录数据如表 8-20 所示。医生要根据此记录数据得出结论，以决定后续治疗方案。

表 8-20

时间	温度
8:30	37
8:40	37.2
8:50	37.5
9:00	38
9:10	37.8
9:20	38
9:30	39.5
9:40	40
9:50	39.5
10:00	39.8
10:10	40
10:20	41.5
10:30	40
10:40	38
10:50	36.5
11:00	36.5

如要用移动平均数预测患儿体温，可单击“数据”选项卡上的“数据分析”按钮，在弹出的对话框中选择“移动平均”选项，并单击“确定”按钮，如图 8-40 所示。

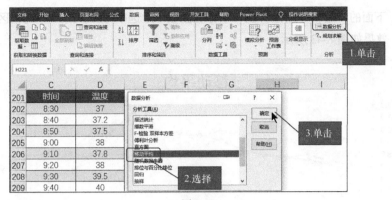

图 8-40

在弹出的对话框中设置"输入区域"为 D202:D217 单元格区域，再设置好"输出区域"（这里设置为在本表的 I202 单元格进行输出），勾选"图表输出"与"标准误差"复选框，然后单击"确定"按钮，如图 8-41 所示。

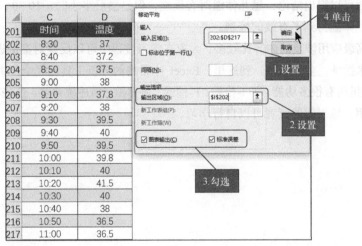

图 8-41

很快就可以得到结果，如图 8-42 所示。

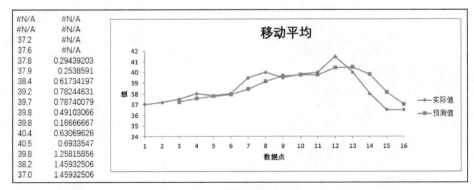

图 8-42

自动生成的图表的水平轴标签显示的是自然数格式，不是时间格式，我们要对其进行修改。首先在图表区任何位置单击鼠标右键，在弹出的快捷菜单中选择"选择数据"命令，然后单击"水平

(分类)轴标签"下面的"编辑"按钮，在"轴标签区域"里选中 C202:C217 单元格区域，最后单击"确定"按钮，效果如图 8-43 所示。

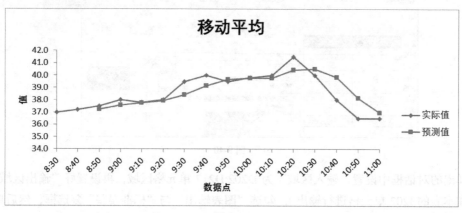

图 8-43

医生根据图表可以得出结论：患儿体温时有反复，但是最后半小时（10:30～11:00）平均温度整体上由高到低，体温得到了有效的控制。

分析工具的高级应用涉及的内容比较多，大家在学习过程中可以反复对案例进行练习，同时需要自己构建案例来操练，多加理解。到这里，Excel 中常用的分析工具已经全部讲解完毕。当然，Excel 的分析工具里还有很多功能，如 t-检验、F-检验、协方差、描述统计等，这些功能不是很常用，但有时候却很有用，感兴趣的读者可以自行学习。

第9章

商务数据的分析案例与模型

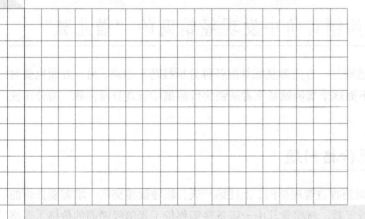

前面的章节主要讲解了通过 Excel 对数据进行处理与分析的方法，从本章开始则进入实战的环节，笔者将使用在工作中记录下的真实案例进行讲解。

商务活动是人类社会最重要的经济活动之一。商务活动必然会产生大量的数据，这些数据具有着非常高的价值。优秀的分析师可以从数据中找出企业的问题，并提出相应的改进方法，为企业减少损失，增加收益。

商务数据通常是指营销数据和行业数据，例如产品的销售量、销售价、销售额，以及行业各企业数据、行业环境数据等。

接下来，我们用实际的案例来说明分析商务数据的作用。

9.1 发现问题：从备件销售价中发现经销商的"猫儿腻"

如何在商务数据中发现异常问题呢？一方面要熟练掌握各种分析技巧和思路，另一方面也要对所涉及的商务范畴有一定的了解。下面这个案例就是笔者从销售价数据中发现异常问题，为公司挽回大量损失的一段"往事"。

9.1.1 上任第 1 天发现价格问题

2018 年 7 月，笔者从销售部门调到收益管理部门。上任第一天，领导就转交来一堆需要分析的数据资料。笔者顺手打开几个文件看了看，就感觉其中一张备件销售价（卖给经销商的价格）表格有一点问题。

通常情况下，备件的采购价应该低于销售价，如果出现价格倒挂现象则要警惕。价格倒挂就是销售价低于采购价，会直接导致经济损失。要发现价格倒挂，分析方法非常简单，直接比对采购和销售的价格就可以了。对比时，可以对采购价从高到低进行排序。

一般来说，在大企业、大集团中，有时候因为部门间沟通不畅，销售价和采购价没有得到同步的调整，当采购价上涨（工艺原因、商务原因、材料涨价原因等），而销售部门又没有及时得知消息时，的确会出现短暂的价格倒挂现象。但是笔者当时所在的公司只是一个中大型公司，按理说不应该出现这种现象，所以价格倒挂就引起了笔者的注意。

9.1.2 通过排序发现两家可疑的经销商

笔者从当时的工作记录中截取了部分数据，如表 9-1 所示。

表 9-1

序号	月份	零件号	零件名称	经销商	销售价格	销售数量	销售金额	采购价	盈亏	盈亏额
1	1 月	C130701	轴承	422	24	5000	120000	35	-11	-55000
2	1 月	C130701	轴承	422	24	5000	120000	35	-11	-55000
3	1 月	C130701	轴承	422	24	150	3600	35	-11	-1650
4	1 月	C130701	轴承	422	24	90	2160	35	-11	-990
5	1 月	C130702	轴承	422	50	300	15000	40	10	3000

续表

序号	月份	零件号	零件名称	经销商	销售价格	销售数量	销售金额	采购价	盈亏	盈亏额
6	1月	C130702	轴承	422	50	180	9000	40	10	1800
-	2月	C130701	轴承	422	24	5000	120000	35	-11	-55000
-	2月	C130701	轴承	422	24	4000	96000	35	-11	-44000
-	2月	C130701	轴承	422	24	120	2880	35	-11	-1320
-	2月	C130701	轴承	422	24	60	1440	35	-11	-660
11001	3月	C130701	轴承	422	24	5000	120000	35	-11	-55000
11002	3月	C130701	轴承	422	24	5000	120000	35	-11	-55000
11003	3月	C130702	轴承	422	24	160	3840	35	-11	-1760
11004	3月	C130701	轴承	422	24	80	1920	35	-11	-880

　　笔者对亏损数据进行整理，然后以亏损金额进行排序，发现零件 C130701 的亏损额最大，通过对比经销商代码，发现该零件销量主要集中在两家，即"恒强"和"万乐"，如图 9-1 所示。

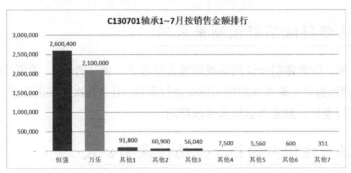

图 9-1

　　而且这两家的采购量也很蹊跷，因为它们很有规律，不像其他商家的采购量都是几十件、几百件，数据不相等，也无规律，如图 9-2 所示。

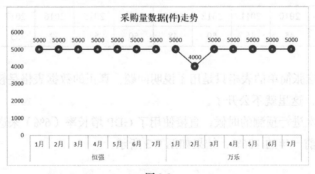

图 9-2

　　笔者询问了相关的同事，得知在一般情况下，备件很少被集中订购，通常经销商的需求是比较零散的，因此可以说这两家公司大批量、有规律的采购行为一定存在着问题。

　　根据图表，笔者分析出恒强和万乐这两家经销商应该知道了公司的采购价与销售价出现了倒挂，于是集中下单再倒卖，从中赚取差价。

9.1.3 为公司挽回 130 万元损失

笔者将分析数据报告给公司后，公司立刻冻结两家经销商的资格，并进行约谈。两家经销商为了长期的利益，承诺退回所有的差价收入，因此，这次分析为公司挽回损失 130 多万元/年。同时，笔者建议公司调整销售价，并制定了价格管理程序，实时监控价格倒挂的情况，杜绝这样的问题的出现。

9.2 | 预测未来：数据回归推导销售趋势预测模型

笔者在收益管理部门工作了一段时间以后，在数据分析方面就小有名气了，很多同事都来找笔者帮忙，其中做统计、规划工作的同事较多。

9.2.1 销售部门做不好预测来求助

快到年终的时候，销售部门一位同事找到笔者倾诉了一番"苦恼"，希望笔者能够帮忙让他过关。原来领导要求销售部对未来 5 年的销售情况进行预测，但是几次的预测结果领导都非常不满意。这位同事受销售部门委托，到笔者这里来寻求帮助。

9.2.2 根据一元回归的拟合度选择预测公式

笔者询问这位同事之前是怎样进行预测的，同事给出一张表格，表格包含了 2009～2020 年的销售额数据，如表 9-2 所示。

表 9-2

年份	2009	2010	2011	2012	2013	2014	2015	2016	2017	2018	2019	2020
销售额（亿元）	48	45	45	50	48	50	55	52	55	58	60	66

需要注意的是，这张简单的表格只是用于说明问题，真正的数据表格是较为复杂的，而且涉及一些需要保密的内容，这里就不公开了。

销售部门在第 1 次进行预测的时候，直接使用了 GDP 增长率（6%）来进行简单的计算，即未来每一年的销售额是前一年的 106%，结果如图 9-3 所示。

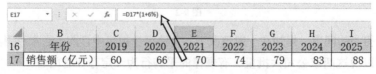

图 9-3

领导对于这个预测结果非常不满意，他告诉销售部门的同事，相对于预测结果，他更看重预测方法背后的逻辑，他认为这种以 GDP 增长率为依据的预测毫无逻辑可言。于是，销售部门开会商量，都认为用前几年的环比增长率来预测相对比较靠谱。由于前几年的环比增长率不同，于是他们求得了 2016～2020 年的平均环比增长率（104%），然后采用该平均环比增长率进行计算，结果如图 9-4 所示。

E24　　　　　　　　fx　=D24*104%

	B	C	D	E	F	G	H	I
23	年份	2019	2020	2021	2022	2023	2024	2025
24	销售额（亿元）	60	66	69	71	74	77	80

图 9-4

结果领导仍然不满意，指出 GDP 增长率、平均环比增长率虽然与销售额数据有一定的相关性，但增长率相关性不强（用历史增长数据与 GDP 核对过），这些预测方法（算出一个系数，用它直接乘以前一年的数据）没有技术含量，很难让他信服。销售部门的同事没有办法，希望笔者能帮忙做一些比较有水平的预测。

笔者采用了经典的"回归分析"进行预测。回归预测有多元回归和一元回归两种，这里采用一元回归。先选择 12 年的销售额数据（只选择销售额数据，不带年份），再单击"插入"选项卡上的"插入散点图（X、Y）或气泡图"按钮，在打开的下拉列表中选择"散点图"选项，将数据转化为散点图。然后选中散点图，单击图表右上角的"+"按钮，打开"图表元素"列表，单击"趋势线"复选框右侧的三角形按钮，在弹出的下拉列表中选择"更多选项"选项，在弹出的窗格中分别采用"线性""对数""多项式"3 种趋势线进行预测，结果如图 9-5 所示。

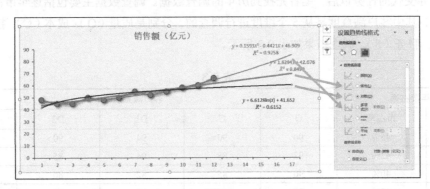

图 9-5

从结果来看，多项式的 R^2 值为 0.9258，在 3 种趋势线中是最高的，说明多项式与历史数据的拟合度是最好的，因此选用多项式模型公式 $y = 0.1593x^2 - 0.4421x + 46.909$ 进行计算，这里的 x 代表第几年，从 2009 年开始，2021 年刚好是第 13 年，因此将 13 带入模型公式中进行计算，以此类推，结果如图 9-6 所示。

E59　　　　　　　　fx　=0.1593*E58^2-0.4421*E58+46.909

	B	C	D	E	F	G	H	I
57	年份	2019	2020	2021	2022	2023	2024	2025
58	序号	11	12	13	14	15	16	17
59	销售额（亿元）	60	66	68	72	76	81	85

图 9-6

名师支招

　　如果能准确找出与销售额相关的多种因素，那么可以采用多元回归，这样预测结果会更精准。在实际工作中，销售额一般与各项经济发展指标等因素相关，当然不同的行业有不同的影响程度，需要具体问题具体分析。

　　销售部门的同事将预测过程与结果上交给领导后，终于得到了领导的首肯，这让整个部门的人都松了一口气。

9.3 优化决策：利用回归与相关性分析市占率与客户满意度的关系

　　公司历年来都要对产品做市场调查，但是调查结果出来并汇报给领导以后，这些数据就被束之高阁了。而领导认为从市场调查的结果中应该还可以分析出更多的有用信息，于是指定笔者对历年来的调查数据进行分析。

9.3.1 市占率呈下滑趋势却没有任何应对之策

　　接到领导交代的任务以后，笔者先找到历年的调查数据。调查数据主要包括逐年市占率和客户满意度两项，其中客户满意度是从 5 个维度进行调查的，分别是质量（Q）、成本（C）、技术（D1）、交付（D2）、服务（S）。调查结果如表 9-3 所示。

表 9-3

逐年市占率		客户满意度				
年份	市占率	Q	C	D1	D2	S
2012	45%	90	90	94	90	95
2013	42%	92	88	94	85	92
2014	40%	90	85	82	80	91
2015	42%	88	85	85	82	85
2016	38%	70	88	86	86	80
2017	36%	92	86	85	88	75
2018	30%	75	90	83	80	76
2019	32%	72	86	85	78	76
2020	32%	81	85	79	81	72

　　笔者根据市占率做了一张简单的图表，可以看出市占率整体呈现出逐年下滑趋势，情况不容乐观，如图 9-7 所示。

　　市占率下滑是一个很明显的趋势，但是这背后是什么原因，又能用什么方法提升市占率呢？下面提供答案。

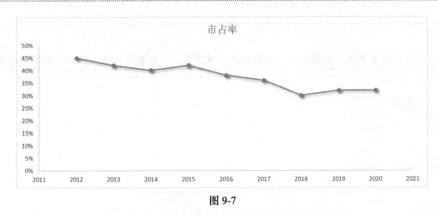

图 9-7

9.3.2　用回归分析市占率与客户满意度的关系

市占率下滑，与客户的满意度有一定关系，笔者计划从客户满意度的维度进行分析，找出与市占率下滑相关的原因，提出改善方法，以便快速挽回市占率。

这里仍然使用经典的回归分析。单击"数据"选项卡上的"数据分析"按钮，在弹出的对话框中选择"回归"选项并单击"确定"按钮，如图 9-8 所示。

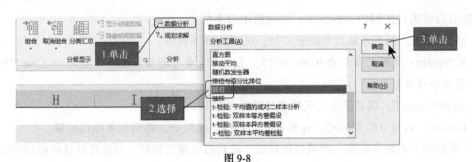

图 9-8

将"Y 值输入区域"设置为 E27:E35 单元格区域，将"X 值输入区域"设置为 F27:J35 单元格区域，然后设置"置信度"为"95%"，并选择一个单元格作为"输出区域"的起点，最后单击"确定"按钮，如图 9-9 所示。

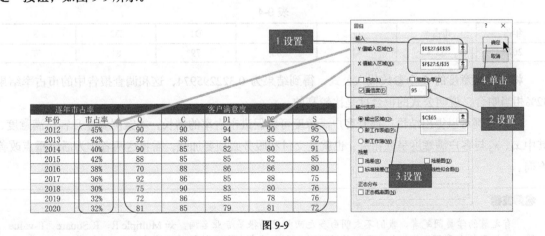

图 9-9

分析结果如图 9-10 所示。

名师经验

　　输出结果的区域要确保无其他数据，否则数据会被覆盖。一旦覆盖，无法撤回，后果不堪设想。

SUMMARY OUTPUT

回归统计	
Multiple R	0.98060735
R Square	0.96159077
Adjusted R	0.89757537
标准误差	0.01686751
观测值	9

方差分析

	df	SS	MS	F	gnificance F
回归分析	5	0.02136868	0.00427374	15.0212434	0.0246809
残差	3	0.00085354	0.00028451		
总计	8	0.02222222			

	Coefficient:	标准误差	t Stat	P-value	Lower 95%	Upper 95%	下限 95.0%	上限 95.0%
Intercept	0.32514178	0.30877882	1.05299249	0.36966527	-0.6575302	1.30781379	-0.6575302	1.3078138
X Variable	-0.0008757	0.0010548	-0.8302219	0.46730847	-0.0042326	0.00248113	-0.0042326	0.0024811
X Variable	-0.0101167	0.00434657	-2.327507	0.10238028	-0.0239494	0.00371605	-0.0239494	0.0037161
X Variable	0.00072859	0.00238917	0.30495688	0.78033196	-0.0068748	0.00833198	-0.0068748	0.008332
X Variable	0.00603848	0.0022287	2.7094250	0.07320032	-0.0010542	0.01313118	-0.0010542	0.0131312
X Variable	0.00529623	0.00122067	4.33878302	0.02259318	0.00141151	0.00918095	0.00141151	0.009181

图 9-10

　　根据前面讲解过的回归分析方法，可以得出以下结论。

◇ Multiple R：相关系数为 0.98060735，说明高度正相关。

◇ R Square：复测定系数为 0.96159077，表明自变量可解释因变量变差的 96.159077%，也说明拟合程度好。

◇ Significance F：值非常小，说明整体显著性较好。

◇ P-value：x_4 为 0.07320032，x_5 为 0.02259318，值较小，说明相关性比较强。

　　可以看到相关系数非常高，R^2 值也比较高，说明拟合度比较好，因此可以直接得出回归数据模型公式：

$$y=0.325-0.00088x_1-0.010x_2+0.00073x_3+0.006x_4+0.0053x_5$$

公式得出后，可以用它进行检验，这里单独列出 2020 年的数据验算结果，如表 9-4 所示。

表 9-4

年份	市占率	Q	C	D1	D2	S
2020	32%	81	85	79	81	72

　　将客户满意度的 5 个参数代入公式，得到结果为 0.322295974，这和调查报告中的市占率结果 32% 相当吻合，说明公式的拟合度是比较高的。

　　从本案例可以得出结论：提升客户满意度可以促进市占率的增长，本案例要提升客户满意度，其中 x_4、x_5 与客户满意度呈强相关，也就是交付和服务必须要加强，需将这两者作为后续重点改善方向。

名师支招

　　有之前的学员问笔者，我们不太明白多元回归里的很多专业名词，如 Multiple R、R Square、P-value 等，我们要怎么看哪些指标与结果相关性强呢？今天笔者支个小妙招，既简单又实用。

　　第一步，看 R Square 的值是否接近 1，越接近就越好。

> 第二步，根据回归结果，把 y 与 x 的方程写出。
> 第三步，看 y 与 x 的关系。例如本案例，y 是市占率，是个正值。再看 x，其中 x_3、x_4、x_5 的系数都是正数，说明 x_3、x_4、x_5 越大越好。然后看 x_4 和 x_5 的系数，分别是 0.006 和 0.0053，值都远大于 x_3 的系数 0.00073，说明 x_4 和 x_5 与 y 的相关性比较强。
> 但是，是不是别的指标就不重要呢？我们继续往后看。

我们做数据分析，如果只是做预测，那么只做回归分析就可以了。但是，如果回归质量不好，显然是不行的。那么，我们还要从数据相关性的角度来论证。毕竟，我们是在做决策，而不是单纯的回归。

9.3.3 用相关系数分析如何从客户满意度着手提升市占率

客户满意度有 5 个维度，那么具体提升哪几个维度的效果比较好呢？这就要进行相关性分析。单击"数据"选项卡上的"数据分析"按钮，在弹出的对话框中选择"相关系数"选项并单击"确定"按钮，如图 9-11 所示。

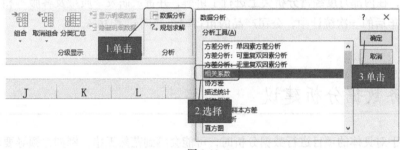

图 9-11

将"输入区域"设置为市占率和客户满意度的所有单元格，包括表头在内，即 E26:J35 单元格区域，并勾选"标志位于第一行"复选框，然后设置"输出区域"为 C113 单元格，最后单击"确定"按钮，如图 9-12 所示。

逐年市占率		客户满意度				
年份	市占率	Q	C	D1	D2	S
2012	45%	90	90	94	90	95
2013	42%	92	88	94	85	92
2014	40%	90	85	82	80	91
2015	42%	88	85	85	82	90
2016	38%	70	88	86	86	80
2017	36%	92	86	85	88	75
2018	30%	75	90	83	80	76
2019	32%	72	86	85	78	76
2020	32%	81	85	79	81	72

图 9-12

分析结果如图 9-13 所示。

根据前面讲解过的相关系数分析方法，可以得出以下结论。

市占率与服务（S）高度正相关，与研发（D1）、质量（Q）、交付（D2）正相关，与成本（C）虽然是正相关，但是相关性略低于服务。因此，要提升市占率，应设法提升服务水平、研发能力、质量管理水平、产品交付水平，而不是一味地降价。

	市占率	Q	C	D1	D2	S
市占率	1					
Q	0.64775914	1				
C	0.10354027	-0.1692127	1			
D1	0.70036886	0.37314537	0.58708018	1		
D2	0.60654392	0.43981476	0.42964142	0.65380841	1	
S	0.89303288	0.58010749	0.27008455	0.71353526	0.38188442	1

图 9-13

结合 9.3.2 小节和 9.3.3 小节的分析结果，可以得出这样的结论：要提升市占率，必须提升服务水平、研发能力、交付能力；而质量水平和价格水平都达到一个客户相对比较满意的水平了，因此可以维持现状。

9.3.4　半年后市占率得到了显著提高

笔者将这些结果写成一份翔实的报告，上交给了领导。领导看了以后比较满意，亲自动手将报告改写成 PPT，在内部月度经营分析会上进行了讲解，并责成研发、质量及客服等相关部门改进业务水平。在半年后的一次统计中，公司产品的市占率已经回到了 36%。

9.4　商务数据分析建议

有很多新手对具体的项目进行数据分析时，可能会感到茫然无措，例如，领导要求分析客户成长性的时候，应该具体分析哪些方面？或者要求分析产品竞争力的时候，又应该具体分析哪些方面呢？这里笔者根据多年的工作经验，对常见的分析项目提出具体的分析建议，当新手接到分析项目时，可以根据相应的建议进行分析，如表 9-5 所示。

表 9-5

方向	分析内容	具体建议
客户	客户成长性	历年品牌价值和市场占有率趋势分析
	客户占比	销量中客户占比分析，销量占客户采购量比例分析
	客户偏好	销量与客户偏好（颜色、品质、外观等）分析
	消费者心理	进店、询问、下单、支付、回头客等分析
	客户数据	分区域、分客户销售数据对比分析，产品结构分析
	客户满意度	产品质量、成本、交付、研发、服务与客户满意度相关性分析
对手	对手价格	通过竞争对手的产品基础数据，推算竞争对手的成本与利润
	对手量价	竞争对手产品价格与量的象限分析，确定本企业的位置
市场环境	市场占有率	行业数据分析，确定企业的市场坐标，便于决策
	行业增长率	行业增长率趋势分析，增长率与 GDP 等指标的相关性分析
	市场预测	对市场需求量进行回归分析
	销量相关性	销量与价格、业务员收入、GDP 相关性分析
产品	产品价格	分析价格与销量的关系，确定销售价格
	销量预测	根据历史销售数据进行回归分析

续表

方向	分析内容	具体建议
产品	产品竞争力	对产品的经济性、适用性、可靠性、安全性等进行相关性分析
	销量与利润	对产品销量与利润进行象限分析，找出明星产品
	产品的附加值与销量相关性	产品的外观、产品打折促销等与销量相关性分析
内控	广告费用收益	销量与广告费用相关性分析
	KPI达成	业绩达成率分析
	销售业绩与收入	收入与销售收入之间的关系等
	回款	分析客户的回款情况，从而预测销售风险
	库存	库存周转率分析
	销售绩效相关性	培训、员工收入、奖励等与销售业绩相关性分析

作业与思考

（1）看完了本章，你有何感想和思考？

（2）表9-5中的哪几项对你有帮助？

（3）你在工作中还可以做哪些商务数据分析？

第 10 章
财务数据的分析案例与模型

　　财务数据分析是用到 Excel 最多的领域之一，可以说绝大部分中小型公司和部分大型公司，在财务数据分析上都离不开 Excel。使用 Excel 对财务数据进行分析，不仅可以方便地厘清财务状况，还能及时发现财务问题，以及预测财务发展的趋势。本章讲解的也是笔者从工作中收集到的几个非常具有代表性的实际案例，分享给大家，相信能够为学习财务分析的读者带来一定的帮助和启发。

　　财务数据主要是指企业的经营收益数据，例如材料成本、设备折旧、动能消耗、工资、变动费用、固定费用、销售费用等。

　　财务数据分析是指总结和评价企业财务状况与经营成果，包括分析偿债能力数据、运营能力数据、盈利能力数据和发展能力数据。通过分析，可以判断企业财务状况是否良好，企业的经营管理是否健全，企业业务前景是否光明，同时，还可以通过分析找出企业经营管理的症结，提出解决问题的办法。

10.1 | 发现问题：巧用保本点管控企业收益率

　　企业在经营过程中会产生很多财务数据，如果企业经营出现了任何问题，一般来说都会反映到财务数据上。因此，分析企业的财务数据，往往能够帮助企业找到经营问题的症结。

　　保本点（breakeven point）很好理解，即在达到某个销售量或销售额时，企业既无盈利，也不亏损，正好保本。高于保本点，企业就有盈利；反之，就会发生亏损。通常，保本点又被称作盈亏临界点、盈亏平衡点等。保本点是投资或经营中一个很重要的界限，很显然保本点越低越好。基于保本点的盈亏平衡分析在企业投资和经营决策中应用得很广泛。

10.1.1 销售额在提升，但利润率在下滑

　　年终总结的时候，领导在会上发言，认为公司的经营出现了问题，具体表现在销售额逐年提升，但是利润率在下滑，2020 年竟然出现了负收益，如表 10-1 所示。

表 10-1

年份	2016 年	2017 年	2018 年	2019 年	2020 年
销售额（百万元）	350	420	550	620	730
利润额（百万元）	10.0	8.0	5.0	2.0	−2.0
利润率（%）	2.9%	1.9%	0.9%	0.3%	−0.3%

　　领导展示了更为直观的图表，从图表中可以看到销售额和利润率的对比，如图 10-1 所示。

图 10-1

按照图表中利润率的走势，如果不采取措施，公司在 2021 年肯定会出现更大的亏损。因此领导要求财务部门分析具体的原因，并给出相应的解决方法。

10.1.2　原来是只顾销售不顾结构

财务部门在接到任务以后，通过简单的分析就找到了原因。原来，销售部门在年初接到销售任务以后，就将任务分解为销售指标并安排给各个销售经理。而销售经理们为了尽快完成任务，自然会倾向于优先销售低价的产品。问题在于，公司的低价产品有一些是不得不生产的系列产品，这些产品均为微利产品，有时还会因为原材料价格的波动变成负利润产品。显而易见，这类产品即使销售得较多，公司的收益也不会高，甚至还会产生亏损。因此，虽然看起来公司销售额较往年增加不少，但是利润率却在下滑。

解决这个问题有两个思路，要么调整产品的销售结构，让销售部门将销售力度转向利润更大的产品；要么在不对销售结构进行较大调整的前提下，制定一个销售保本点，以确保公司至少不亏本。

10.1.3　制定一个合理的保本点确保公司盈利

考虑到市场占有率的问题，销售部门不会对销售结构进行大幅度调整，否则会引起客户的抱怨。由于暂时不适合做出较大的结构调整，因此财务部门决定从保本点方向进行分析研究。

财务部门向销售部门要来了下一年的销售预测数据，如表 10-2 所示。

表 10-2

产品	销售量	销售价（千元）	销售额（千元）
A	20000	50	1000000
B	15000	51	765000
C	20000	52	1040000
D	30000	53	1590000
-	40000	54	2160000
N	20000	55	1100000
合计			7655000

财务部门先确定了预测的总销售额为 7655000 千元，固定成本为 55000 千元。考虑到并不是每一个产品都是正收益，所以从边际贡献的角度来进行计算，也就是说每个产品要有一定的边际贡献。确定了产品的边际贡献率以后，就可以计算出它的边际贡献额，计算公式为：

单品边际贡献额＝销售额×单品边际贡献率

要计算多个产品的边际贡献额（加权边际贡献率），应用它们的边际贡献额总和除以销售额的总和，计算公式为：

加权边际贡献率＝边际贡献额总和÷销售额总和

由此可以计算出加权边际贡献率为 527400÷7655000＝7%，如表 10-3 所示。

表 10-3

产品	销售量	销售价	边际贡献率	销售额	边际贡献额
A	20000	50	4%	1000000	40000
B	15000	51	10%	765000	76500
C	20000	52	12%	1040000	124800
D	30000	53	7%	1590000	111300
-	40000	54	3%	2160000	64800
N	20000	55	10%	1100000	110000
合计	145000			7655000	527400
加权边际贡献率					7%

而多种产品的保本点销售额等于固定成本总额除以加权边际贡献率，计算公式为：

多种产品的保本点销售额＝固定成本总额÷加权边际贡献率

由此可以计算出明年的保本点销售额为 55000÷7%＝798303（千元）≈8（亿元）。

因此，财务部门得出结论：销售部门制订的销售计划中，其销售额 7.66 亿元没有达到保本点，明年的利润率还会是负数。因此销售额指标应大于 8 亿元，同时锁定销售结构，公司才可以保本。保险起见，财务部门还给出了保险系数 10%，销售额指标＝保本点销售额×（1+10%）＝8×（1+10%）＝8.8（亿元）。

财务部门表示，每个月都应将销售数据与预算进行对比，监测保本点的变动，如果没有发现保本点销售额不足 8.8 亿元的苗头，那么 2021 年公司将扭亏转盈。

为了向领导展示不锁定销售结构的弊端，财务部门假设所有的销售经理都去销售边际贡献率最低（3%）的产品，因为相对来说这是最好卖的产品。这样的话，保本点销售额会提升到 18.3 亿元（5500 万元÷3%＝18.3 亿元），这会给销售部门和公司都造成较大的经营困难。因此，财务部门表示，在实际执行中会每个月监控销售情况，以防销售结构变化太大，导致保本点产生变化。领导看了方案以后，感觉分析得有理有据，对此表示非常满意。

10.2 | 预测未来：利用回归分析模型预测投资风险

投资这个名词在金融和经济方面应用得相对比较多，它涉及财产的累积以求在未来得到收益。相较于投机而言，投资的时间段更长一些，更趋向于在未来一定时间段内获得某种比较持续、稳定的现金流收益，是未来收益的累积。

说到投资，大家通常都会想到两个词，即"回报"和"风险"。每一个投资者都希望自己投资的项目回报相对高而风险相对低。投资者最简单的思路就是预测项目多久能回本。这种思路在投资现成项目时特别有效，因为现成项目通常已经有不少的经营数据，投资者可以分析这些数据，并预测出未来的情况供自己参考；而新项目因为没有经营数据，反而较难预测。

10.2.1　朋友想接下一个 1700 万元的工厂

一家企业的领导因为要出国，急于出手自己的一家实体企业，要现金 1700 万元。这家企业的年销售额虽然不是很高，属于中小企业，但是利润额还不错，增长趋势也比较健康，如表 10-4 所示。

表 10-4

年份	2011 年	2012 年	2013 年	2014 年	2015 年	2016 年	2017 年	2018 年	2019 年	2020 年
销售额（千元）	1800	2400	2800	3500	4000	4500	5500	6000	7500	8500
利润额（千元）	90	144	224	420	320	405	605	780	900	1275

一位朋友看中了这家企业，有投资购买的意向。这位朋友找到笔者，希望笔者帮忙做个分析，看看风险有多大，多少年能收回成本。

10.2.2　用回归分析模型预测未来 10 年的销售额

笔者找到与该企业 2011~2020 年销售数据拟合得最好的二阶多项式，其拟合度高达 0.9941，如图 10-2 所示。

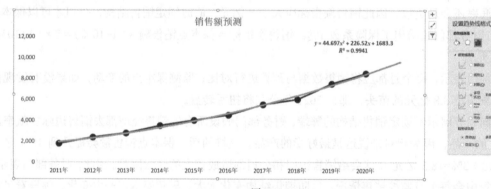

图 10-2

应用多项式 $y = 44.697x^2 + 226.52x + 1683.3$ 来预测 2021~2030 年的销售额，结果如表 10-5 所示。

表 10-5

年份	2021 年	2022 年	2023 年	2024 年	2025 年	2026 年	2027 年	2028 年	2029 年	2030 年
序号	11	12	13	14	15	16	17	18	19	20
预计销售额	9583	10838	12182	13615	15138	16750	18452	20242	22123	24093

10.2.3　根据销售额预测未来 10 年的利润额

预测出 2021~2030 年的销售额以后，笔者利用销售额和利润额的相关性做回归分析模型，预测 2021~2030 年的利润额。这里分别使用了多项式、线性和对数 3 种方式进行计算，分析结果如图 10-3 所示。

图中 3 条虚线分别对应多项式、线性和对数方式的趋势线。可以看到，多项式的预测结果最为乐观，线性结果次之，而对数结果最不乐观。按照图 10-3 中的 3 个公式分别对收益额进行计算，结果如表 10-6 所示。

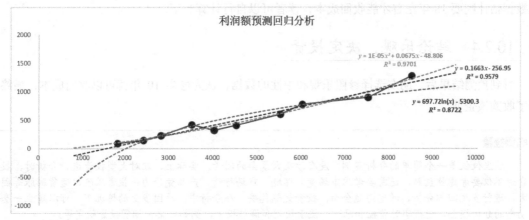

图 10-3

表 10-6

项目	2021 年	2022 年	2023 年	2024 年	2025 年	2026 年	2027 年	2028 年	2029 年	2030 年	合计
预计销售额	9583	10838	12182	13615	15138	16750	18452	20242	22123	24093	163016
乐观收益额	1516	1857	2257	2724	3265	3887	4601	5415	6339	7382	39244
中性收益额	1337	1545	1769	2007	2260	2529	2812	3109	3422	3750	24540
悲观收益额	1091	1177	1259	1336	1410	1481	1548	1613	1675	1734	14325

以 2021 年为例，从表中可见 2021 年的预计销售额数据为 9583，则：

乐观收益额=0.00001 × 9583 × 9583+0.0675 × 9583−48.806=1516

中性收益额=0.1663 × 9583−256.95=1337

悲观收益额=697.2 × ln(9583)−5300.3=1091

利用 Excel 的 PV 函数计算利润额的现值（假设按利率 6% 计算），以 2022 年为例，从表中可见 2022 年年数为 2，其乐观收益额为 1857，则：

乐观现值=PV(6%,2,,1875,1)*−1=1653

以此类推，把每个收益额折算为现值，结果如表 10-7 所示。

表 10-7

项目	2021 年	2022 年	2023 年	2024 年	2025 年	2026 年	2027 年	2028 年	2029 年	2030 年	合计
年数	1	2	3	4	5	6	7	8	9	10	11
乐观	1431	1653	1895	2158	2439	2741	3060	3398	3752	4122	26648
中性	1261	1375	1485	1590	1689	1783	1870	1951	2026	2094	17123
悲观	1030	1048	1057	1058	1054	1044	1030	1012	991	968	10292

从以上数据来看，投资 1700 万元，按乐观数据估计，7.5 年可以收回成本（2021～2028 年共计 18774 千元）；如果按中性数据估计，10 年可以收回成本（2021～2030 年共计 17123 千元）；而按悲观数据估计则要 18 年左右才能收回成本，读者可以自行计算一下。

10.2.4　结论乐观，决定投资

看到预测结果后，朋友选择参照乐观和中性的数据，认为最多 10 年就可以收回成本，最终选择了收购该企业。

> **名师经验**
>
> 　　这里仅仅是一个简单的分析案例，没有涉及太复杂的因素。实际上，在对大型投资进行分析时，投资者不仅要考虑收益额，还需要考虑市场竞争环境、市场行情、产品竞争力、投资风险、通货膨胀等因素，进行多元回归分析，考虑得越全面，投资就越稳妥。在分析中，原因多变的情况下，可以建立一套动态的分析模型，进行实时监控和跟踪，便于预测和调整投资，例如股票、期货投资研究等。

10.3 | 优化决策：通过项目净现值优化投资

无论对于企业，还是对于个人而言，将资金闲置都是相当不划算的，因为闲置的资金会持续贬值，资金存放在银行，其利息收益通常抵不过通货膨胀带来的损失。因此，在有了闲置的资金后，人们通常会考虑投资，以保证资金不贬值，在此基础上，能够获得更多的利润则更好。

投资方通常会面临多个投资项目，如何判断哪个项目最具可行性，就成了投资方最关心的问题。一般情况下，可以通过比较项目之间的净现值来衡量。

10.3.1　3 个投资项目，领导拿不准

今年 5 月，领导通知笔者去开会。会上领导宣布要进行投资，现在有 3 个投资项目 A、B、C，投资周期均为 5 年。领导让财务部门评估这 3 个投资项目的可行性。

随后领导给出了 3 个项目的详细数据，包括初始投资、贴现率及每年净现金流量等，如表 10-8 所示。

表 10-8

	B	C	D	E	F
17		项目	A 项目	B 项目	C 项目
18		初始投资（万元）	−12000	−10000	−30000
19		经营期（年）	5	5	5
20		贴现率	10%	10%	10%
21		第 1 年	3000	4000	7000
22	每年净现金流量	第 2 年	3000	3500	7500
23	（万元）	第 3 年	3000	3500	8000
24		第 4 年	3000	3000	9000
25		第 5 年	3000	3000	10000

10.3.2 通过净现值比较，结果一目了然

散会以后，笔者和财务部门的分析人员商量了一下，一致认为可以建立一个函数模型，分别计算 3 个项目的净现值，通过比较其结果就能快速得出结论。如果初始投资和净现金流量有变化，还可以自动计算，快速得出结果。

我们在投资项目的时候，要看投资项目的净现值。如果净现值大于 0，则对该项目的投资具有可行性；如果净现值小于 0，则对该项目的投资不具有可行性。净现值的计算公式如下：

净现值（NPV）=未来现金净流量现值－原始投资额现值

其中，未来现金净流量现值需要按预定的贴现率来进行贴现，而预定贴现率则是投资者所期望的最低投资报酬率。

使用 Excel 中的净现值函数 NPV 来计算，在 D43 单元格中输入公式"=NPV(D37,D38:D42)+D35"，以此类推，其结果如表 10-9 所示。

表 10-9

	B	C	D	E	F
34	项目		A 项目	B 项目	C 项目
35	初始投资（万元）		−12000	−10000	−30000
36	经营期（年）		5	5	5
37	贴现率		10%	10%	10%
38	每年净现金流量（万元）	第 1 年	3000	4000	7000
39		第 2 年	3000	3500	7500
40		第 3 年	3000	3500	8000
41		第 4 年	3000	3000	9000
42		第 5 年	3000	3000	10000
43	净现值		−628	3070	929

根据前面讲解过的原则"净现值为负不可行，净现值为正则可行"来判断，其结果一目了然，如表 10-10 所示。

表 10-10

项目	A 项目	B 项目	C 项目
净现值（万元）	−628	3070	929
结论	不可行	可行	可行

从 A、B、C 这 3 个投资项目净现值可行性的模型中可以看出，在 5 年的时间内，A 项目净现值为负数，该项目不具有可行性；B、C 项目净现值为正数，这两个项目具有可行性。单看数据结果，B 项目净现值较高，推荐对 B 项目进行投资。

10.3.3 结论清晰可靠，令人满意

财务部门将结果写成一篇简短清晰的报告提交给领导。报告中先讲解了净现值的作用及其计算方法，然后根据领导给出的数据给出了计算结果，最后根据结果提示 A 项目不可行，而 B 项目最

具可行性。这篇简短而清晰的报告最终获得了高度肯定。

10.4 财务数据分析建议

同样地，这里也为新手提供了一些实用的分析建议。在分析财务方面的数据时，如果需求方没有提出过于明确的要求，那么分析就主要从成本、费用、利润、财务指标等方面入手，详细建议如表 10-11 所示。

表 10-11

方向	分析内容	具体建议
成本	材料边际贡献分析	材料边际贡献变动分析，分析变动原因
	变动成本分析	变动成本占比异常分析，对比分析
	边际贡献分析	边际贡献异常分析，分产品、分类别分析，与销售价对比走势
	材料价格趋势分析	材料价格趋势分析与预测，材料价格与产品价格走势对比分析
	外购与自制成本分析	外购成本与自制成本的变动成本分析，做自制和外购判断
	成本与预算差异分析	成本预算与实际差异分析
	动能消耗与相关性分析	历年动能消耗与产品销量相关性分析
	模具寿命分析	模具尺寸、重量与寿命相关性分析
	标准成本与差异分析	产品标准成本与实际成本差异分析
费用	费用占比分析	费用异常分析、费用对比分析、费用与预算对比分析
	工资性费用相关性分析	工资性费用与利润、销售额相关性分析
	制造费用分配率分析	制造费用与分配率走势变动分析
利润	利润预算与实际分析	差异分析，完成率分析，6 比法
	产品结构与利润变动分析	产品类别对利润的贡献度分析，可以用象限法做量、利润的象限图
	保本点分析	变动分析或者相关性分析
	营业利润率分析	主营业务占比分析或趋势分析
财务指标	资产负债率分析	异动分析和趋势分析
	流动比率分析	异动分析和趋势分析
	速动比率分析	异动分析和趋势分析
	应收账款周转率分析	异动分析和趋势分析
	存货周转率分析	异动分析和趋势分析
	资本金利润率分析	异动分析和趋势分析
	销售利润率分析	异动分析和趋势分析
其他	盘点差异分析	盘盈盘亏异常分析
	库存资金结构分析	结构异常分析
	其他营收与利润分析	占比分析，趋势分析

作业与思考

（1）看完了本章，你有何感想和思考？

（2）表 10-11 中的哪几项对你有帮助？

（3）你在工作中还可以做哪些财务数据分析？

第 11 章
HR 数据的分析案例与模型

人力资源（HR）管理是现代公司管理中的一个重要部分。任何公司都离不开人力，优化人力资源配置，以及解决人力资源方面的问题是人力资源管理部门的主要工作。在人力资源管理过程中，同样会产生较多的数据，对这些数据进行分析，可以方便快捷地优化人力资源配置，找出并解决问题，避免在工作中凭直觉做出决策。

HR 数据主要是指企业的员工管理数据，例如考勤、薪酬、晋升、离职、能力表现等方面的数据。HR 数据是企业必不可少，而且非常重要的数据。如何通过 HR 数据发现企业管理问题，如何降低人力资源成本，也是企业领导和 HR 从业者多年在思考、摸索的问题。

11.1 发现问题：找出高薪还要离职的真正原因

HR 管理中常常会出现一些不易直接找到原因的问题，此时可通过分析数据找出异常之处，再有针对性地进行了解，最终找到问题的根源进行解决。

11.1.1 质量部门离职率出现异常

朋友老刘所在的公司是浙江沿海的一个合资企业，效益还不错，他在 HR 部门担任经理。最近领导总是接到质量部门员工的离职申请书，因此感觉质量部门员工离职率很高，于是找来身为 HR 部门经理的老刘分析原因。

领导知道自己公司的平均薪水在行业中还是不错的，应该排在前三，但是质量部门员工总是主动离职，一定有其原因。

领导：质量部门的整体收入还不错吧？怎么最近离职率这么高？

老刘：是的，质量部门员工的整体收入水平比我们人力资源部都高，也比行业内大部分企业高，按理说不应该有这么多人主动离职，会不会是管理上存在一定的问题？

领导：你先分析一下数据，看看到底什么原因。

11.1.2 新老两头翘，中间有断层

老刘接到任务后，先分析了质量部门员工与全公司员工平均薪酬的数据，结果如表 11-1 所示。

表 11-1

收入项目	2017 年	2018 年	2019 年	2020 年
部门平均	150000	180000	200000	220000
公司平均	130000	165000	180000	200000
差异率	15%	9%	11%	10%

经过对比分析后，老刘发现质量部门人均收入的确高于公司员工平均收入，于是他再从质量部门内部进行分析，结果如表 11-2 所示。

表 11-2

工龄	1~3 年	3~5 年	5~8 年	8 年以上	合计
人数（离职前）	17	4	8	30	59
工资总额	1598000	660000	1592000	7950000	11800000
平均收入	94000	165000	199000	265000	200000

将上表转化为更为直观的图表，可以看出工龄、平均收入与员工数量之间的关系，如图 11-1 所示。

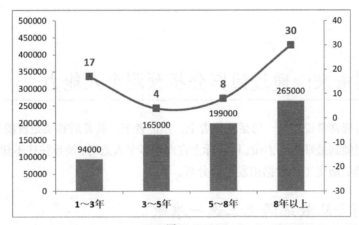

图 11-1

如果单纯地对比各工龄段的员工数量，可得到图 11-2 所示的分析结果。

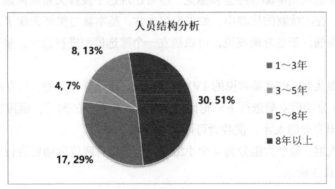

图 11-2

从两张图表中，可以清楚地得出以下结论。

（1）薪资方面，工龄 8 年以上的员工收入较高，1~3 年的员工收入较低（相对于公司员工平均收入而言）。

（2）人员结构方面，入职 1~3 年的新员工和 8 年的老员工数量较多，约占部门总数的 80%，即将近 80% 的人都集中在两端；而入职 3~8 年的员工数量较少，几乎出现了断层。

11.1.3　调查原因后开除"老油条"

从数据分析结果来看，3~8 年工龄的员工数量明显过少，而离职的员工也大多是这个工龄段的，这是一种不正常的状况。作为 HR 部门经理，老刘通过明察暗访终于调查出了原因：原来质量部门已经成为一个人浮于事、资历为王的"小圈子"，部分老资历的员工拉帮结派压榨资历浅的员工。新入职的员工有干劲，有热血，但 3～8 年工龄段的员工已经看清真相，因不堪忍受而纷纷离职。

老刘将这些情况写入了调查报告中，并在报告中建议领导来一次"大换血"，将质量部门的十来个干活少、拿钱多的员工调岗或开除，这样不仅可以让质量部门恢复到健康状态，还能节约一大笔工资支出；同时面向院校招收新人，为团队补充新鲜血液。

领导接到报告后欣然同意，因为领导很清楚，真正干活的是中间力量和新锐力量。于是很快这些干活少、拿钱多的员工就被开除了，这让质量部门整体风气为之一清，离职率也立竿见影地降了下来。

11.2 | 预测未来：通过回归分析预测个人能力

工作中我们可能常常说这么一句话：能者上，不能者下。其背后其实是资源最优配置的原则，即某项工作要让能做到最好的人去做。但实际上在面对多个人选时，领导往往不知道如何进行选择，此时就需要从人选的历史工作数据出发进行分析。

11.2.1 射击队教练遇上三选一难题

笔者有一位朋友是某市业余射击队教练，今年的射击比赛马上要开始了，他正在为运动员的选拔发愁。因为前几年选人基本都靠经验和感觉，经常出现选手发挥失常的问题，有的刚开始不错，后来发挥就不好了。在淘汰制的比赛中，如果发挥失常，基本就与奖杯无缘了。后来，笔者在一次聚会中得知朋友的烦恼，于是对朋友说，可以建立一个筛选模型进行预测，虽不能保证万无一失，但是胜算很大。

射击比赛采用淘汰制，也就是常说的 1V1 比赛模式，规则非常残酷，只有胜出者才可以进入下一轮。一旦胜出，5 分钟后立刻进行下一轮比赛，没有太多调整的时间，强度非常大，就是希望通过残酷的磨练挑选出专业的人才，优胜者可以进入省队集训。

比赛共分 8 个大组，每个大组分为 4 个小组，每个小组有两位运动员进行对战，最后只有一位运动员获胜，如表 11-3 所示。

表 11-3

1组		2组		3组		4组	
1	2	3	4	5	6	7	8
Winner		Winner		Winner		Winner	
Winner				Winner			
Winner							

每个大组最后有一位运动员获胜，8 个大组共有 8 位，这 8 位进入下一轮比赛，仍然采用淘汰制来比赛，最后的胜出者为冠军。

11.2.2 用回归分析预测运动员发挥水平

笔者的教练朋友带领的队伍里，有 3 个成绩相对较好的运动员，他们的选拔赛成绩如表 11-4 所示。

表 11-4

姓名	第1轮	第2轮	第3轮	第4轮	第5轮	第6轮	第7轮	第8轮	第9轮	第10轮	合计
马东	5	9	5	6	5	7	7	9	7	7	67
张龙	6	6	7	6	7	7	8	9	9	9	74
李健	6	9	9	6	8	7	6	9	8	9	77

教练朋友告诉笔者，如果简单地按 10 轮的总分最高进行选择，那么应该选择李健去参赛。但是李健的成绩不是很稳定，尤其在第 1、4、6、7 轮表现不是很出色，这让他在选择时感到非常犹豫，想让笔者帮忙分析一下。

笔者使用 Excel 对 3 位运动员的成绩进行了回归分析，分别采用多项式回归，结果如图 11-3 所示。

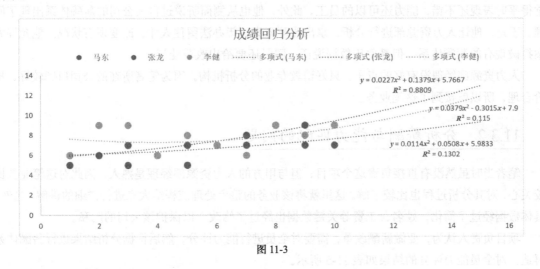

图 11-3

从图表中可以得出以下结论。

◇ 马东（$R^2 = 0.115$）：拟合度不是很好，说明成绩不稳定。

◇ 张龙（$R^2 = 0.8809$）：拟合度相对来说是最好的，而且趋势明显往上，呈现出好转的态势。可能是选拔赛刚开始时稍微紧张，导致初始成绩不佳，但后续稳定情绪后，分数就上去了，而且分数浮动不大，比较稳定。

◇ 李健（$R^2 = 0.1302$）：拟合度相对较低，成绩稳定性差，说明心理波动较大。

11.2.3 科学的选择带来最佳的效果

经过分析，教练朋友也觉得只看总分来选人不够科学，最后他决定派出张龙参加比赛。根据赛制规则，只要张龙初始发挥不太差，就能进入下一轮小组赛，成绩就应该提高并稳定下来。张龙最后果然不负众望，拿到了亚军的好成绩。

教练朋友希望以后每次赛前笔者都能帮忙做选拔分析，笔者说："用不上我，用这个模型就够了，以后把每个人的比赛成绩录入进去，结果自然就出来了，只需要看趋势线和 R^2 值就可以……"

11.3 │ 优化决策：通过相关性和回归分析设计薪酬调整方案

在 HR 管理中，薪酬管理是一个非常重要的部分。薪酬的高低不仅体现了员工的价值，合适的薪酬体系还能起到稳定公司架构，刺激员工奋斗的作用。反过来说，如果薪酬安排得不合理，则会对公司产生一定的损害，因此，及时发现薪酬体系中的问题并解决，是 HR 管理人员需要掌握的技能之一。

11.3.1　因员工离职率高而欲改革薪酬体系

笔者以前在一家数据分析机构任职时，遇到这么一个案例，如下所示。

一家公司的领导唯才是用，很注重人才。他发现近年来员工离职率偏高，而且离职的大都是他觉得平时表现还不错，能力还可以的员工。此外，他也从侧面听说过目前公司的薪酬体系出现了问题。于是，他让人力资源部进行分析，拿出改革方案，想办法留住人才，改变现有状况。他允许方案打破现有的薪酬体系，但是要用数据说话，同时还要给出改革建议。

人力资源部经理没有好的点子，只好请教专业的分析机构。因为笔者所在的公司口碑较好，报价合理，所以就接到了这笔业务。

11.3.2　分析薪酬与能力匹配的问题

笔者当时虽然没有直接负责这个项目，但与甲方的人力资源部经理是熟人，因此对这笔业务比较关心，对其分析过程也比较了解。这里就将该业务的整个处理流程给大家进行详细的讲解。当然，具体数据经过了简化，姓名、工资等关键数据也经过了修改，以保护该公司的隐私。

项目负责人认为，要做薪酬改革，需要对全员进行能力评分，然后根据分析结果进行薪酬体系再造。对全员能力评分的结果如表 11-5 所示。

表 11-5

姓名	学历	专业	性格	经历	勤奋	能力积分
韩丽	8	8	7	8	8	90
刘梅	8	6	8	8	6	75
王芳	6	8	6	7	6	65
李栋	6	5	5	6	6	50
吴敏	6	7	9	8	8	95
刘杰	6	5	6	6	6	60
张玉	7	9	8	7	7	70
杨帆	6	6	8	9	9	80
赵伟	7	6	5	6	5	55

然后进行能力相关性分析，分析各项能力之间的关系，这一步主要是为了验证各项能力设置得是否合理，其结果如表 11-6 所示。

表 11-6

	学历	专业	性格	经历	勤奋	能力积分
学历	1					
专业	0.2415229	1				
性格	0.1655665	0.4798574	1			
经历	0.1443376	0.3286879	0.8029551	1		
勤奋	0	0.5282214	0.7097187	0.7954951	1	
能力积分	0.2661453	0.5088399	0.8460434	0.8270474	0.7957262	1

从结果来看，能力积分与学历、专业、性格、经历、勤奋的相关数值分别是 0.2661453、0.5088399、0.8460434、0.8270474、0.7957262。因此，可以得出结论，员工的能力高低与员工的性格、经历、勤奋度具有很高的相关性，与学历相关性较小（学历高的员工不一定能力强）。因为领导比较看中员工的实际工作能力和勤奋度，所以这一结果与领导的想法非常吻合，得到了甲方的认可。

再分析能力与收入的相关性，具体的分析方法是使用 CORREL 函数来计算，具体的公式为"=CORREL(I54:I62,J54:J62)"；此外，还要计算每个员工的现状积分系数，具体计算方法为"现状收入 ÷ 能力积分"，其结果如表 11-7 所示。

表 11-7

	H	I	J	K
53	姓名	能力积分	现状收入	现状积分系数
54	韩丽	90	200000	2222
55	刘梅	75	170000	2267
56	王芳	65	142000	2185
57	李栋	50	102000	2040
58	吴敏	95	160000	1684
59	刘杰	60	98000	1633
60	张玉	70	152000	2171
61	杨帆	80	151000	1888
62	赵伟	55	85000	1545
63	相关系数		0.85222	

收入与能力积分相关性系数为 0.85222，应该说有一定的相关性，但是并不高，说明能力与收入的匹配存在着一些不合理的地方。

再将能力积分与现状收入的相关性绘制为散点图，结果如图 11-4 所示。

从图表来看，能力与收入的拟合度不高，进一步证明了公司的薪酬制度存在问题，部分能力强的员工收入不高，部分收入高的员工能力不强，这就是公司员工离职率高的原因所在。

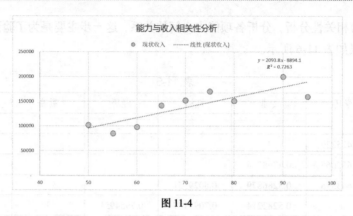

图 11-4

11.3.3　解决方案：工资总额不变，依据能力调薪

甲方的要求是在保证工资支出总额不变的情况下制定新的薪酬体系。项目负责人根据这个原则，计算出平均能力积分系数：总现状收入÷总能力积分=1260000÷640＝1969，然后乘以每个人的能力积分，就得到目标收入，其计算表格如表 11-8 所示。

表 11-8

姓名	能力积分	现状收入	平均能力系数	目标收入
韩丽	90	200000	1969	177200
刘梅	75	170000	1969	147700
王芳	65	142000	1969	128000
李栋	50	102000	1969	98400
吴敏	95	160000	1969	187000
刘杰	60	98000	1969	118100
张玉	70	152000	1969	137800
杨帆	80	151000	1969	157500
赵伟	55	85000	1969	108300
合计	640	1260000		
平均能力积分系数		1969		

将调整前后的收入进行对比，结果如图 11-5 所示。

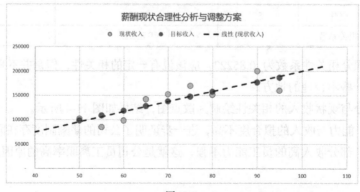

图 11-5

可以看到薪酬调整后员工的收入与能力拟合度就非常高了，说明这个方案充分考虑到了各个员工的能力，是目前较为合理的薪酬体系。

11.3.4　谨慎实施，效果显著

甲方整体接受并采纳了此方案，要求人力资源部提前做好工资降幅较大的员工的沟通工作，避免不必要的人员流失，对于牵涉到客户资源的员工，尤其要做好心理疏导工作；同时，在改革之前，需要征集相关部门的意见和建议，并要求相关部门复核、校对能力评分，保证公正公平，避免错判误判。3 个月后，公司执行了新的薪酬制度。执行半年后，员工离职率得到了很大程度的改善。

11.4 ｜ HR 数据分析建议

HR 新手可能会把工作重心放在人事管理、关系协调等方面，这是无可厚非的。但是要提升自己的能力，则需要具备一定高度的眼光，学会更多的技能。对此而言，学会 HR 数据分析无疑是有较大帮助的，因为掌握这个技能可以从一定高度上厘清 HR 数据，科学地管理 HR 事务。

11.4.1　HR 管理中常用的分析方向及分析建议

这里为 HR 管理人员提供了一些实用的分析建议。HR 数据分析主要从招聘、离职、薪酬、考勤等方面入手，详细建议如表 11-9 所示。

表 11-9

招聘	招聘入职率分析	应聘成功的人数与应聘总人数的关系分析
	招聘满意度分析	多维度分析满意度，类似客户满意度
	招聘成本分析	招聘渠道、费用等分析
离职	离职结构分析	离职司龄、退休、辞职、劝退等占比分析
	辞职相关性分析	离职相关性分析，与岗位级别、收入、升职等进行相关性分析
薪酬	薪酬结构分析	薪酬与岗位级别、工龄等分析
	薪酬合理性分析	能力与薪酬相关性分析
考勤	出勤率分析	个人出勤率、部门出勤率、公司出勤率分析等
	加班数据分析	加班强度与部门业绩指标相关性分析
培训	培训费用分析	培训项目消耗资金占比分析
	培训出勤率分析	培训出勤时长与课程兴趣分析
	培训效果分析	培训考试分数分析、培训老师课程内容满意度分析等
人力成本	直接人工成本分析	单位产品人工费占比分析、费率变动趋势分析
	间接人工成本分析	直接间接人员比例分析、间接人员费率变动趋势分析
	人力资源费用率	人工成本总额与销售收入总额之间的关系
	工资性费用分析	养老、医疗、公积金等占比分析，费率变动趋势分析
其他	能力评估分析	个人能力与学历、专业、经历、性格等相关性分析
	人员结构分析	性别、年龄、工龄、学历等结构分析

11.4.2　常用的 HR 数据分析公式

在进行 HR 数据分析时，常用到一些公式，例如招聘入职率公式、缺勤率公式及薪资计算公式等，以下公式仅供参考。

1. 招聘分析常用公式

招聘入职率＝应聘成功并入职的人数÷应聘的所有人数×100%

月平均人数＝(月初人数＋月底人数)÷2

月员工留存率＝月底留存的员工人数÷月初员工人数×100%

月员工损失率＝整月员工离职总人数÷月初员工人数×100%

月员工进出比率＝整月入职员工总人数÷整月离职员工总人数×100%

月员工离职率＝整月员工离职总人数÷月平均人数×100%

月员工新进率＝整月员工新进总人数÷月平均人数×100%

新晋员工比率＝已转正员工人数÷在职总人数　×100%

补充员工比率＝为离职缺口补充的人数÷在职总人数　×100%

异动率＝异动人数÷在职总人数　×100%

人事费用率＝(人均人工成本×总人数)÷同期销售收入总数　×100%

招聘达成率＝(报到人数＋待报到人数)÷(计划增补人数＋临时增补人数)×100%

人员编制管控率＝每月编制人数÷在职人数　×100%

人员流动率＝(员工进入率＋离职率)÷2　×100%

员工进入率＝报到人数÷期初人数　×100%

2. 考勤统计公式

个人出勤率＝出勤天数÷规定的月工作日×100%

人员出勤率＝当天出勤员工人数÷当天企业总人数×100%

人员缺勤率＝当天缺勤员工人数÷当天企业总人数×100%

加班强度比率＝当月加班时数÷当月总工作时数×100%

3. 工资计算与人力成本分析公式

月工资＝月工资额÷21.75 天×当月考勤天数

平时加班费＝月工资额÷21.75 天÷8 小时×1.5 倍×平时加班时数

假日加班费＝月工资额÷21.75 天÷8 小时×2 倍×假日加班时数

法定假日加班费＝月工资额÷21.75 天÷8 小时×3 倍×法定假日加班时数

月计件工资＝计件单价×当月所做件数

直接生产人员工资比率＝直接生产人员工资总额÷企业工资总额×100%

非生产人员工资比率＝非生产人员工资总额÷企业工资总额×100%

人力成本占企业总成本的比重＝一定时期内人工成本总额÷同期成本总额×100%

人均人工成本＝一定时期内人工成本总额÷同期同口径职工人数

人工成本利润率 = 一定时期内企业利润总额 ÷ 同期企业人工成本总额 × 100%

人力资源费用率 = 一定时期内人工成本总额 ÷ 同期销售收入总额 × 100%

4. 培训统计分析公式

培训出勤率 = 实际培训出席人数 ÷ 计划培训出席人数 × 100%

5. 成本效用评估公式

总成本效用 = 录用人数 ÷ 招聘总成本

招聘成本效用 = 应聘人数 ÷ 招聘期间的费用

选拔成本效用 = 被选中人数 ÷ 选拔期间的费用

人员录用效用 = 正式录用人数 ÷ 录用期间的费用

招聘收益成本比 = 所有新员工为组织创造的价值 ÷ 招聘总成本

6. 工作时间计算公式

年工作日 = 365 天 − 104 天(休息日) − 11 天(法定节假日)=250 天

季工作日 = 250 天 ÷ 4=62.5 天

月工作日 = 250 天 ÷ 12=20.83 天

工作小时数的计算：以月、季、年的工作日乘以每日的 8 小时

日工资 = 月工资收入 ÷ 月计薪天数

小时工资 = 月工资收入 ÷ (月计薪天数 × 8 小时)

月计薪天数=(365 天 − 104 天) ÷ 12 月=21.75 天

作业与思考

（1）看完了本章，你有何感想和思考？

（2）表 11-9 中的哪几项对你有帮助？

（3）你在工作中还可以做哪些 HR 数据分析？

第 12 章
生产数据的分析案例与模型

生产型的企业中常常出现各种问题，如生产效率低下、材料浪费严重、库存管理混乱等问题。其实，这些问题基本上都可以通过分析生产数据来找到根源并解决。作为企业管理人员，掌握常用的生产数据分析方法是非常有必要的。

生产数据主要包括产品投入和产出数据、设备数据、安全数据、库存数据、耗能数据等，做好生产数据分析，有利于提高生产效率，降低生产成本，提高公司收益。

12.1 | 发现问题：应用数据实时分析监控生产进度

实体企业是商业的支柱，实体企业中大部分是生产型企业。在生产型企业中，生产数据尤为重要，因为从生产数据里可以提前发现问题，并解决问题。

12.1.1 交付满足率总是出现问题

笔者几年前担任某公司的顾问，主要负责建模及编制分析系统等工作。当时，该公司的交付满足率经常出现问题，具体情况表现在：公司生产的产品种类不少，但其中一部分产品库存较多，而另外一部分产品库存却告急，生产部门总是在赶销售量，经常出现生产排查临时调整、客户插单等情况，生产调度员天天到处协调；也经常会有销售经理到生产现场催货，与车间主任协调紧急生产的情况；客户经理也有时夜间打电话给领导，让他亲自平衡生产计划。领导认为，既然部分产品告急，同时部分产品库存较多，闲置率高，为何不把这部分闲置产品的产能转移一些到库存告急的产品上去？这里边肯定有问题，那么到底问题出在哪里呢？为了搞清楚这个问题，领导要求生产部门厘清思路、全面整改，必须解决这"冰火两重天"的问题。于是，生产部门经理找笔者帮忙。

12.1.2 工人不愿承担换件损失

笔者找到当年 1～12 月的交付满足率数据，如表 12-1 所示。

表 12-1

项目	1月	2月	3月	4月	5月	6月	7月	8月	9月	10月	11月	12月
计划数量	16500	15400	11000	15400	16500	12000	14000	12100	15000	14000	16800	13200
实际数量	16353	15112	11000	14128	15894	11176	13728	10948	13835	12752	14400	11478
交付满足率	99%	98%	100%	92%	96%	93%	98%	90%	92%	91%	86%	87%

表格尚不够直观，将之绘制为图表，如图 12-1 所示。

从图中可以清晰地看到，交付满足率呈现出逐渐下降的趋势。经过调研发现，原来从当年 4 月起，公司为每条生产线增加了多种模具，以生产更多类型的产品。而很多车间工人不愿意更换模具，因为更换模具需要时间，会降低自己的产出量，而公司执行的是计件工资，也就是说，更换模具将导致工人收入下降。工人们倾向于不更换模具，一直生产某类产品，让自己不受损失。为了保证自己的收入，有时候工人还故意延时更换产品，一直生产。这种情况愈演愈烈，导致了部分产品的产量总是跟不上需求，而部分产品的库存又过于充足。

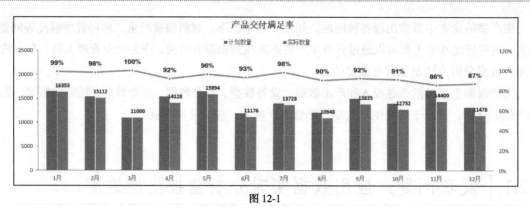

图 12-1

12.1.3　任务分解，层层统计，公开竞赛

笔者向生产部门提出了 16 个字的建议，即"任务分解，公平分配，层层统计，公开竞赛"，具体措施如下。

◇ **任务分解**：由销售部门制定生产任务，生产部门将任务层层分解，即部门分解到车间，车间分解到班组，班组分解到个人。

◇ **公平分配**：对于换模具的时间，按工序确定换模具的标准时间，保证从车间到个人，模具更换消耗的时间都大致相同，如果当月没有分配合理的，次月进行调整，基本做到公正公平。

◇ **层层统计**：对个人、班组及车间的完成率进行统计，制作成派工看板，作为领导监控与奖惩的依据。

◇ **公开竞赛**：将数据公开，在车间、班组与个人之间营造良性竞争的氛围。

实施之后，某周期内，车间派工看板如表 12-2 所示。

表 12-2

项目	1 车间	2 车间	3 车间	4 车间	5 车间
计划总量	1404	1368	1215	1386	1350
实际总量	1206	1386	1052	1350	1188
完成率	86%	101%	87%	97%	88%

将车间派工看板绘制为图表，如图 12-2 所示。

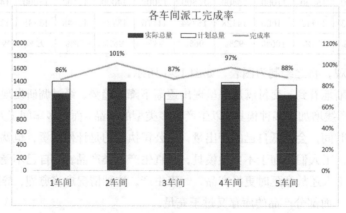

图 12-2

公司领导、生产部门经理可以通过车间派工看板看到各车间每月、每周、每天的完成情况。以上图为例，可以看到 1、3、5 车间完成率很低，管理者会责成各车间主任进行解决。

各车间也会统计车间内部，即各班组的完成率。例如某周期内，某车间 5 个班组的派工看板如表 12-3 所示。

表 12-3

项目	1 班组	2 班组	3 班组	4 班组	5 班组
计划总量	312	304	300	308	300
实际总量	300	304	300	260	264
完成率	96%	100%	100%	84%	88%

将班组派工看板绘制为图表，如图 12-3 所示。

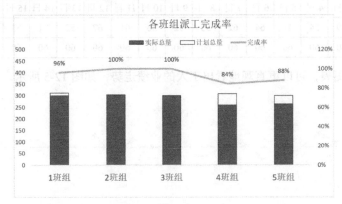

图 12-3

车间主任等管理者可以从看板中发现完成率较低的班组，以上图为例，可以看出 4、5 班组完成率很低。管理者将会调查原因并进行整改。

各班组内部还会统计各个工人的完成率。例如某周期内，某班组 5 个工人的派工看板如表 12-4 所示。

表 12-4

项目	张云	刘山	马林	李科	吴昊
完成率	100%	100%	96%	95%	93%
计划总量	75	77	78	76	75
实际总量	75	77	75	72	70
标签	75/75	77/77	75/78	72/76	70/75

将个人派工看板绘制为图表，如图 12-4 所示。

班组长等管理者可以从派工看板中发现完成率较低的工人，以上图为例，可以看出吴昊的完成率很低。管理者将会调查原因并进行整改，例如调出问题工人最近的业绩走势进行查看，如表 12-5 所示。

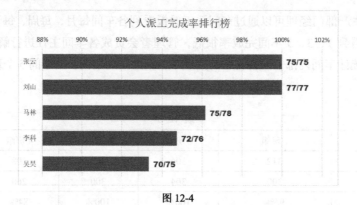

图 12-4

表 12-5

项目	1 日	2 日	3 日	4 日	5 日	6 日	7 日	8 日	9 日	10 日	11 日	12 日	13 日	14 日	15 日	16 日	17 日	18 日	19 日
当日	64	72	59	54	51	64	62	53	52	56	61	67	52	71	53	56	66	67	65
平均	60	60	60	60	60	60	60	60	60	60	60	60	60	60	60	60	60	60	60

将上表绘制为图表，可以更直观地看出工人的业绩走势，如图 12-5 所示。

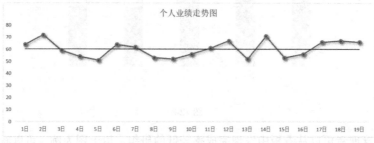

图 12-5

公司将派工看板制作成大屏供员工查看。每天中午午饭时间，很多工人都在查询自己的完成情况，同时工人们也会关注别的车间和班组的完成情况。公司还抽出一定奖励资金，每周对表现最佳的班组进行物质奖励，而且公司领导亲自颁发奖金，这样一来，形成了一种良好的比赛氛围，交付满足率也得到了明显的提升。

名师经验

通过数据分析发现管理问题，提升管理水平，是很多企业迫切需要采取的措施。

12.2 预测未来：应用回归分析模型计算安全库存

库存是很多公司都很重视的问题。因为库存不仅占用仓库，而且会积压资金。库存过多将导致成本上涨，资金流动率下降；库存过少则有可能引起断货危机，影响合同的履行及公司的声誉。如何把库存保持在一个合理的水平，既不多又不少，是一个非常考验管理者水平的问题。

12.2.1 领导要求减少库存缓解资金压力

这是笔者同事处理过的一个案例。沿海某厂销售的产品有多种，其销售需求存在较为稳定和不太稳定的情况。为了保障交付满足率，生产部门一般会库存一定数量的产品。一般是以某型号产品前 10 周的平均需求量作为第 11 周的安全库存量。

最近公司资金短缺，领导层发现库存资金压力非常大，为此，公司领导要求生产部门进行改善，在不影响交付满足率的前提下，尽量减少库存，缓解资金压力。生产部门经理找到笔者同事小王帮忙研究。

12.2.2 回归分析模型精确估算库存

这里以简化后的数据为例进行讲解。假设该厂有两种产品，补货提前天数为 10 天，紧急补货周期为 5 天，每周日锁定下一周客户订单。两种产品在前 10 周内的需求数据如表 12-6 所示。

表 12-6

物料号	第 1 周	第 2 周	第 3 周	第 4 周	第 5 周	第 6 周	第 7 周	第 8 周	第 9 周	第 10 周
P001	34000	35000	38000	36000	36000	35000	38000	38000	37000	36000
P002	16000	26000	19000	27000	23000	26000	23000	29000	28000	27000

生产部门将前 10 周平均需求量作为第 11 周的安全库存量，在具体计算上使用了 AVERAGE 函数，如表 12-7 所示。

表 12-7

	C	D	E	F	G	H	I	J	K	L	M	N
25	物料号	实际										安全库存
26		第 1 周	第 2 周	第 3 周	第 4 周	第 5 周	第 6 周	第 7 周	第 8 周	第 9 周	第 10 周	第 11 周
27	P001	34000	35000	38000	36000	36000	35000	38000	38000	37000	36000	36300
28	P002	16000	26000	19000	27000	23000	26000	23000	29000	28000	27000	24400

从表中可看出：P001 产品需求的散差比较小，需求量基本维持在 36000 左右，也就是需求较为稳定；而 P002 产品需求的散差比较大，最低需求量为 16000，最高需求量为 29000，差异率高达 45%，相对来说不是很稳定。因此小王对产品的实际需求进行了分类，分为稳定型和不稳定型，并通过回归预测第 11 周的销售需求量。

（1）散差较小的类型。

当需求实际数据的散差较小时，表示需求较稳定，采用 TREND 函数做需求预测，结果为 37533，如表 12-8 所示。

表 12-8

	C	D	E	F	G	H	I	J	K	L	M	N	O	P	Q
38					1	2	3	4	5	6	7	8	9	10	11
39	物料号	计量单位	提前天数（天）	紧急采购周期（天）	实际										预测
40					第 1 周	第 2 周	第 3 周	第 4 周	第 5 周	第 6 周	第 7 周	第 8 周	第 9 周	第 10 周	第 11 周
41	P001	件	10	5	34000	35000	38000	36000	36000	35000	38000	38000	37000	36000	37533

先要计算出每日最大离均差，然后再乘以提前补货天数 10，就可以得到安全库存数量。

计算周与周之间的最大离均差，需要用到最大（max）周需求和最小（min）周需求。

max（前 10 周）＝最大周需求＝38000

min（前 10 周）＝最小周需求＝34000

每日最大离均差＝（（max（前 10 周）－min（前 10 周））÷7＝（38000－34000）÷7＝571.4

因此，可以得到安全库存数量：

安全库存＝每日最大离均差×提前补货天数＝571.4×10=5714

虽然预测的第 11 周的需求数据是 37533，但我们还是按最大的需求 38000 来验算。即假设第 11 周实际需求为前 10 周出现过的最大需求值 38000，则到第 10 天刚好消耗完库存，具体计算过程如表 12-9 所示。

表 12-9

项目	期初	第 1 天	第 2 天	第 3 天	第 4 天	第 5 天	第 6 天	第 7 天	第 8 天	第 9 天	第 10 天	第 11 天
实际需求量		5429	5429	5429	5429	5429	5429	5429	5429	5429	5429	5429
最低采购量		4857	4857	4857	4857	4857	4857	4857	4857	4857	4857	
消耗库存		571	571	571	571	571	571	571	571	571	571	
库存结余	5714	5143	4571	4000	3428	2857	2285	1714	1143	571	0	−572

从表中可以看到，期初库存为 5714，第 1 天消耗库存 571，库存结余为 5143；第 2 天再消耗 571，库存结余为 4571，以此类推。第 10 天，库存刚好消耗完毕，因此即使按前 10 周最大值 38000 计算都是安全的。那么，用 TREND 函数预测出的 37533 来计算，就更没有问题了。

当然，可能存在超过 38000 的需求，此时可以启动 5 天紧急补货，也应该不会有问题。

因此可以得出结论：安全库存量 5714 是可行的；如果以原来的平均值计算库存量 36300，则多库存约 30000 件；假设库存产品有 100 种，则要多库存 3000000 件，可以想象一下资金压力该有多大。

名师支招

可以根据历史数据建立一个多维度的分析系统，自动统计和预测，这样就不需要每次都录入数据重复操作和计算。

（2）散差较大的类型。

当需求实际数据的散差较大时，表示需求不稳定，采用 TREND 函数计算安全库存，结果为 29533，如表 12-10 所示。

表 12-10

	C	D	E	F	G	H	I	J	K	L	M	N	O	P	Q
70					1	2	3	4	5	6	7	8	9	10	11
71	物料号	计量单位	提前天数（天）	紧急采购周期（天）	实际										预测
72					第 1 周	第 2 周	第 3 周	第 4 周	第 5 周	第 6 周	第 7 周	第 8 周	第 9 周	第 10 周	第 11 周
73	P002	件	10	5	16000	26000	19000	27000	23000	26000	23000	29000	28000	27000	29533

预测结果 29533 大于前 10 周最高需求量 29000，因此用预测结果 29533 来验算是比较合理的。

此外，鉴于其不稳定性，这里采用 5 天紧急补货周期来验算。

日平均需求量 = 预测周需求 ÷ 7 = 29533 ÷ 7 = 4219

安全库存 = 日平均需求量 × 紧急采购周期 = 4219 × 5 = 21095

按第 11 周需求量 29533、安全库存 21095 来验算，库存可以用 5 天，用完后第 6 天紧急补货到位，其过程如表 12-11 所示。

表 12-11

项目	期初	第 1 天	第 2 天	第 3 天	第 4 天	第 5 天	第 6 天	第 7 天	第 8 天	第 9 天	第 10 天	第 11 天
实际需求量		4219	4219	4219	4219	4219	4219	4219	4219	4219	4219	4219
消耗库存		4219	4219	4219	4219	4219	4219	4219	4219	4219	4219	
库存结余	21095	16876	12657	8438	4219	0	(4219)	(8438)	(12657)	(16876)	(21095)	(25314)

从表中可以看到，期初安全库存为 21095，第 1 天消耗 4219，库存结余为 16876，第 2 天消耗 4219，库存结余为 12657，以此类推，第 5 天刚好消耗完毕，即库存为 0。5 天也刚好是紧急采购周期，第 6 天刚好赶上紧急补货，因此不会存在断货风险。

在本案例中，按预测量 29533（高于近期最高）建立安全库存 21095，并按最短的 5 天紧急采购周期来验算都是安全的。如果实际需求小于 29533，那库存就更没有问题了。

因此可以得出结论：该产品按 21095 进行库存是安全的；如果以平均方式计算得到安全库存 24400，则多库存约 3000 件；如果有产品 100 种，则多库存 300000 件，资金压力同样非常大。

12.2.3 验证半年，领导终于放心

生产部门经理将结果上报给领导，最开始领导还不太相信，但同意先试运行半年，保险起见，建立的库存是小王计算的 1.2 倍。半年后再检验数据，发现小王计算的结果没有问题，为该公司节约库存资金 3000 万元/年。

> **名师经验**
>
> 在计算安全库存时需要考虑需求的稳定性，也就是散差大小，千万不要用错了模型，害苦了自己。同时，在实际应用中需要考虑用更长的历史数据作为参考。建立好模型后，实际工作中还要不断检验和修正模型，让模型更好地为工作服务。

12.3 | 优化决策：利用数据分析最优化物流成本

物流（logistics）是社会生产中不可缺少的一个环节，没有物流则商品无法流通。物流以仓储为中心，促进生产与市场保持同步。物流公司通常会有至少一个货物集散中心，并从该中心派车运送货物到各个目的地。由于货车载重不同，每天运送的货物重量不同，以及运送的目的地也有区别，这就需要物流公司精心规划，力求在尽量利用车辆载重的前提下，按照最优路线进行派送，以达到节约物流成本的目的。

12.3.1　3 车 7 点的状况

这是笔者学生做过的一个练习案例，比较具有代表性，这里用来讲解利用数据分析最优化物流成本的思路。

某市物流公司有 3 辆物流车，1 号车载重 3.0t，2 号车载重 4.5t，3 号车载重 6.0t，每辆货车每天最多跑 300km。公司每天需要往周边 7 个客户点派送货物，每天每个点的派送重量是不固定的。公司需要优化物流成本，具体诉求为每天使用最合适的货车走最短路程派送货物。公司货物集散中心（P）与周边 7 个客户点（A～G）的路程关系如图 12-6 所示。

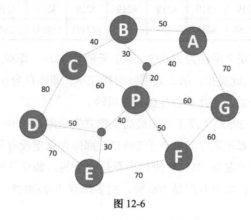

图 12-6

12.3.2　各点里程情况分析

为了少走弯路，安排配送的管理人员应先了解各点之间的最短距离，并研究如何最大化地节约派送路程。P 点与 A～G 点的最短距离如表 12-12 所示。

表 12-12

派送点	P	A	B	C	D	E	F	G
A	60							
B	50	50						
C	60	90	40					
D	90	150	120	80				
E	70	130	120	130	70			
F	50	110	100	110	140	70		
G	60	70	110	120	150	130	60	

假设货车要派送任意两个客户点的货物，如 A 点与 B 点。如果货车按照每次派送完毕返回货物集散中心（P）的模式计算，即路线为 "P→A→P→B→P"，则总路程为：

总路程 1 = PA × 2 + PB × 2

如果货车按照 "P→B→A→P" 的路线派送，则总路程为：

总路程 2 = PA + AB + PB

第二条路线相对第一条路线节约的路程为：

节约路程＝路程 1−路程 2＝PA×2＋PB×2−（PA＋AB＋PB）＝PA＋PB−AB

同理，"P→C→B→P"路线节约的路程为：

节约路程＝PB＋PC−BC

下面我们来计算一下实际的节约路程。

例如"P→B→A→P"路线节约的路程：

PBAP 节约的路程＝PA＋PB−AB＝60+50−50=60

同理可以计算"P→C→A→P"和"P→C→B→P"路线节约的路程：

PCAP 节约的路程＝PC＋PA−AC＝60+60−90=30

PCBP 节约的路程＝PC＋PB−BC＝60+50−40=70

那么"P→C→B→P"路线比"P→C→A→P"路线更优，可以多节约 40km。

以此类推，可以计算某客户点与任意客户点组合节约的路程，以及组合节约的最大路程，结果如表 12-13 所示。

表 12-13

P	A	B	C	D	E	F	G	max
A								
B	60							60
C	30	70						70
D	0	20	70					70
E	0	0	0	90				90
F	0	0	0	0	50			50
G	50	0	0	0	0	50		50

从上表可以看出，如果 A、B、C 3 点都需要送货，那么路线组合"P→C→B→A→P"更好，因为节约的路程＝60+70=130km。同理，假设不考虑车的承载能力和可行驶的里程数，那么只需要一辆车派送货物，最优的路线为"P→B→C→D→E→F→G→A→P"，全程可以节约 390km。

当然，结合实际情况，会有不同的物流组合方案。

名师支招

我们在选择客户点进行组合的时候，需参照最优原则，也就是选择节约里程最大点进行组合。确定一点后，就选与之组合能实现最大节约里程的点，然后按同样的方法一步步将每个点锁定。

12.3.3　3 种不同的派送方法

在实际工作中，很多公司并不会仔细考虑最优化路程，或者仅仅进行简单的优化，例如凭借经验估算可能派送哪几个点比较划算，根本没有采用数据来说话，这样既不科学，也不经济。其实优化做好了可以节约大量的资金，降低公司运营成本。下面假设某日派送需求情况如表 12-14 所示。

表 12-14

客户点	A	B	C	D	E	F	G	合计
派送重量	0.5	1.5	0.9	1.8	1.3	0.6	1.3	7.9
里程数	60	50	90	90	70	70	60	490

在具体的需求处理上，可能会出现以下 3 种不同的情况。

（1）根本没有分析数据，随便派送，送完为止。

管理人员随便安排，只要货车装满就开始派送，不管路径、时间成本、物流成本。由于不进行数据分析，管理人员不知道如何节约成本，即便凑巧节约了成本也意识不到，且大多数时候都是处于浪费的状态。

（2）简单处理，主要看里程数，只要里程不超，随意派车。

有的管理人员可能会进行简单的计算，即将路程凑一凑，凑得差不多了，随意派一辆载重够的货车进行派送。对于某日派送需求，可能就会按表 12-15 所示的方法进行处理。

表 12-15

客户点	A	B	C	D	E	F	G	合计
派送重量	0.5	1.5	0.9	1.8	1.3	0.6	1.3	7.9
里程数	60	50	90	90	70	70	60	490
合计里程	290				200			
派送重量	4.7				3.2			
派车	3 号（载重 6.0t）				2 号（载重 4.5t）			

在这里我们可以看出，A、B、C、D 4 点合计里程为 290km（小于 300km），没有超标，派送重量为 4.7t，派出 3 号车（可载重 6.0t）。E、F、G 3 点合计里程为 200km（小于 300km），没有超标，派送重量为 3.2t，派出 2 号车（可载重 4.5t）。

A、B、C、D 4 点路线规划为"P→A→B→C→D→P"，可以节约路程= 60+70+70=200km。其余的 E、F、G 3 点路线规划为"P→E→F→G→P"，可以节约路程=90+50+50=190km。

应该说此方案也不错，起码考虑了里程数，对降低成本有一定的指导意义。

（3）详细考虑载货量和里程，根据数据进行最优化。

善于分析数据的管理人员，则会同时考虑到货物重量、里程、节约的里程这 3 方面的问题。

先看派送货物总重为 7.9t，在 1、2、3 号车的组合里，只有 1、3 号和 2、3 号车组合满足运送条件，组合分别可载重 9t 和 10.5t。

先确定 A 点，然后找出与 A 点最优的组合 B 点，累计派送货物总重 2.0t（载重未超标），若此时返回 P 点，"P→A→B→P"的总里程数=60+50=110km（行驶里程未超标），可以节约路程 60km；再找出与 B 点最优的组合 C 点，累计派送货物总重 2.9t，在 1 号车限载范围内，"P→A→B→C→P"的总里程数=60+50+90=200km（行驶里程未超标），可以节约路程=60+70=130km。同时，我们再分析 D、E、F、G 4 点的货物总重 5t（小于 6t），"P→D→E→F→G→P"的总里程数=90+70+70+60=290km。结合重量和行驶里程数，可以派 1 号和 3 号车，1 号车最大节约路程 130km，3 号车最大节约路程=70+90+50+50=260km，合计可以节约 390km，属于最大节约路程，方案最优。结果如表 12-16 所示。

表 12-16

客户点	A	B	C	D	E	F	G	合计
路线	P-A-B-C-P			P-D-E-F-G-P				
派送重量	0.5	1.5	0.9	1.8	1.3	0.6	1.3	7.9
货物总重	2.9			5				

续表

客户点	A	B	C	D	E	F	G	合计
里程数	60	50	90	90	70	70	60	490
单车里程	200			290				
派车	1 号（载重 3.0t）			3 号（载重 6.0t）				

12.3.4　最终的结果

很明显，情况 3 的处理方法是最合理的。

与情况 1 相比，情况 3 节约了里程数，也就是降低了时间成本和燃油成本。

与情况 2 相比，也能节约燃油成本，因为 4.5t 的车自重比 3.0t 的车更重，同样的里程，4.5t 的车耗油量会比 3.0t 的车多。同时，情况 3 对货车载重的利用率更合理、更优。

这个例子只是一个书面案例，简化了很多影响因素，实际工作中的情况要比这个案例复杂很多，但这个例子充分说明了数据分析对物流企业的重要性：通过数据分析能够降低企业运营成本，能够让企业在激烈的竞争中获得更强的生存能力。

12.4 | 生产数据分析建议

在生产领域，其实还有很多能用到数据分析的地方，以上举的 3 个例子只是简略说明一些数据分析的应用思路。在具体的工作中，如果分析人员找不到分析的思路，不妨按照表 12-17 所示的建议进行尝试。

表 12-17

方向	分析内容	具体建议
安全	安全事故分析	安全事故相关性分析，指导安全生产
	安全事故周期性分析	季节性、周期性的安全事故，对问题进行总结、分析、改善
	批量事件分析	批量事故及其原因分析
库存	安全库存分析	对稳定性产品需求和非稳定性产品需求进行不同的库存测算
	库存结构分析	制品、成品的结构分析，与销售进行衔接
	呆货转换率分析	通过改制形式进行转换
生产	产能数据分析	理论产能（量纲）与实际产能分析，最高产能分析
	交付满足率分析	派工与完成率分析，做成监控台账、看板
	制成能力分析	分析投入产出比，也就是成品与投入的比例
	工时合理性分析	需要进行标准工时研究，确定工序、设备相关的标准
消耗	设备动能消耗分析	水、电、气的实际功率与额定功率分析
	辅助材料消耗分析	设备润滑物料消耗占比分析
	刀具消耗分析	刀具消耗与产量、产品类别的相关性分析
	模具消耗分析	模具寿命分析

续表

方向	分析内容	具体建议
设备	设备故障率分析	设备故障率原因分析
	设备性能评估	对同类设备性能进行评估和分析，指导设备采购
	设备投资分析	设备投入与成本回收分析，决定是采购设备还是租赁设备等

作业与思考

（1）看完了本章，你有何感想和思考？

（2）表 12-17 中的哪几项对你有帮助？

（3）你在工作中还可以做哪些生产数据分析？

第 13 章

质量数据的分析案例与模型

质量是产品的生命，没有质量保证的产品注定走不长远。在生产过程中，如何保证产品质量，如何合理设置质保期，以及如何平衡质保与成本之间的关系，是诸多企业都会面临的问题。通过质量数据分析，这些问题通常可以得到较好的解决。

质量数据是指某质量指标的质量特性值。狭义的质量数据主要是与所生产的产品质量相关的数据，例如不良品数、合格率、检查合理率、返修率、索赔率等。广义的质量数据指能反映各项工作质量的数据，例如质量成本损失、生产批量、库存积压、无效作业时间等。同时，随着管理精细化，很多企业也将员工工作质量纳入了质量管理范畴，例如作业完成率、报告完成率、报告通过率，这些均属于精益质量管理的研究范畴。

接下来，我们用实际的案例来说明质量数据分析的作用。

13.1 | 发现问题：火速降低产品的投诉率

产品质量永远遵循这样一个规律，即产品质量水平高，其投诉率就低，反之其投诉率就高，高到一定程度会影响产品的销售，进而影响厂商的生存。因此，如何快速有效地降低产品的投诉率是很多厂商不得不研究的问题。

13.1.1 产品连续遭到客户投诉

某汽车配件生产厂长期为各大汽车厂生产配件。最近，某个配件产品频繁出现质量问题，不是毛刺问题就是油漆问题，不是尺寸超长就是有较大色差，因此遭到客户投诉。

质量部长连续两个月被多家客户要求解决问题。部长遂安排小李做质量原因分析。小李曾经上过笔者的培训课程，对数据分析有一定的理解。小李整理了最近客户投诉的问题，结果如表 13-1 所示。

表 13-1

日期	客户	质量问题	数量
1 月 5 日	422	划伤	80
1 月 8 日	422	划伤	270
1 月 12 日	422	变形	25
1 月 18 日	422	毛刺	140
1 月 20 日	422	变形	60
1 月 22 日	422	材质	5
1 月 28 日	422	毛刺	350
2 月 5 日	422	毛刺	5
2 月 8 日	422	毛刺	150
2 月 10 日	422	杂质	5
2 月 15 日	422	材质	5
2 月 20 日	422	色差	175
2 月 24 日	422	毛刺	30

13.1.2 分析数据，抓住主要问题

可以看到，被投诉的质量问题有好几种。小李先确认了思路，即找到占比最大的几个问题进行优先解决，让投诉率快速下降。根据这个思路，小李将数据按问题进行了分类统计，结果如表 13-2 所示。

表 13-2

质量问题	不良数量	不良比例	累计比例	批次数
毛刺	675	52%	52%	5
划伤	350	27%	79%	2
色差	175	13%	92%	1
变形	85	7%	99%	2
材质	10	1%	100%	2
杂质	5	0%	100%	1
合计	1300			13

为了更加直观地分析结果，小李将表格制作成图表，如图 13-1 所示。

从图中可以看到，毛刺、划伤和色差问题占质量问题的 92%，如果能解决这 3 个问题，投诉率一定会大幅度下降。其中毛刺、划伤属于多批次问题，而色差是单批次的问题，寻找问题根源时，要注意这个区别。

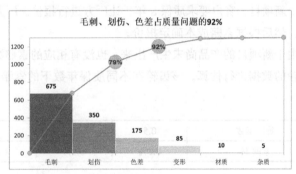

图 13-1

13.1.3 投诉率得到有效抑制

在经过实地调研以后，小李对这几个问题已经有了充分的了解，并给出了相应的解决方案，如下。

（1）毛刺产生的原因原来是一批原料的材质偏软，导致加工过程中材料粘刀，从而产生毛刺。因此对于原料来源的检验要加强力度，严格把关。

（2）增加过程抽检，同时成品入库时的检查建议加严，减少问题产品入库。

（3）出现划伤的原因是包装和运输过程中存在磕碰，导致零件划伤，因此应重新定制专用工装，防止磕碰。

（4）油漆色差仅出现在一个批次中，是烤漆过程中保温时间过短造成的，属于人为因素。后来对操作工人进行了教育批评，之后同样的问题就再也没有出现了。

（5）其他问题也进行了分析，并采取了相应的对策。

在实施了以上方案后，投诉率在一个月内迅速降低了，小李也得到了质量部长的嘉奖。

> **名师经验**
>
> 质量投诉问题是大问题，其产生原因是小问题。如果质量管控不到位，小问题就会演变成大问题。而查找问题的原因就是一次小小的数据分析。因此，小操作可以解决大问题。

13.2 │ 预测未来：应用回归分析预估质量索赔率

随着市场竞争的加剧和客户要求的提升，质保成为影响产品的客户满意度的重要指标。有些产品质保 3～5 年，还有些产品质保 8～10 年，更有甚者终身质保。对于耐用品而言，质保延长是经济大环境下的一个必然趋势。在大宗的交易中，客户会要求生产方提供一定年限的质保，而生产方需要经过核算，将质保成本计入产品售价中。这就牵涉到如何核算质保成本的问题。

13.2.1 客户要求质保 8 年

某零件厂生产不同型号的齿轮，有质保半年、1 年、2 年、3 年、5 年的产品的索赔数据。现在有一个新项目，客户要求质保 8 年，让厂方进行报价。厂方要求质量部对质保 8 年的产品索赔进行预测，然后根据索赔成本确定报价。

由于新项目的产品尚未生产出来，也没有相应的索赔数据，质量部使用较为接近新项目的某型号齿轮的数据进行估算。该齿轮在不同质保年数下的索赔率如表 13-3 所示。

表 13-3

质保年数	0.5	1	2	3	5	8
索赔率	0.2%	0.5%	1.2%	1.8%	4.5%	?

13.2.2 回归分析预测 8 年索赔率

要评估质保成本，先要评估相应的索赔率。质量部假设该产品在现有基础上不做技术提升或改善，且提供 8 年质保，使用回归分析预测索赔率，结果如图 13-2 所示。

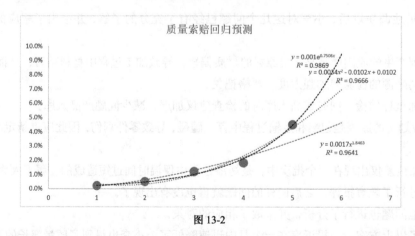

图 13-2

3 条曲线分别是指数曲线、多项式曲线及乘幂曲线。可以看到其中乘幂曲线的 R^2 值最大，说明乘幂曲线与已知索赔数据拟合得最好，如表 13-4 所示。

表 13-4

项目	回归形式	8 年索赔率	R^2
乐观	幂函数	7.5%	0.9869
中性	多项式	10.1%	0.9666
悲观	指数	39.1%	0.9641

13.2.3　按 7.5%的索赔率核算索赔成本

应该说从 R^2 来看，3 条曲线的拟合度都非常高，也非常接近。但是，乘幂曲线的 R^2 值最高，拟合度最好，因此采用乘幂曲线的预测数据，即 8 年索赔率为 7.5%，根据该索赔率来核算成本。

名师经验

如果需要做得更细，应该用每个月的数据进行回归分析，分析该齿轮第 8 年 1～12 月的索赔率，然后进行全年加权，得出整年索赔率。如果是总成零件，则需要对主要索赔的部件进行单独回归分析，然后进行加权。另外，质保产品的性能提升带来的成本投入也需要列入质保成本核算中。

13.3 │ 优化决策：利用回归和规划求解计算最优质量成本

在一般人的认识里，企业生产的产品质量越好，对企业就越有利。其实，这个认识不完全正确，因为产品质量与材料、技术、品控、工人水平等因素息息相关，要提高产品质量，就需要加大对诸多因素的投入成本。究竟投入多少成本，提升多少产品合格率最为划算呢？这就需要进行精确的分析。

13.3.1　质量成本的构成

要计算最优质量成本，必须先了解质量成本的构成要素，然后根据其构成要素进行分析。一般来说，质量成本的构成要素如图 13-3 所示。

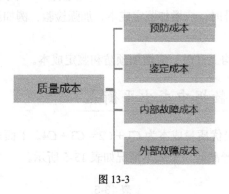

图 13-3

13.3.2　质量成本诸要素之间的逻辑关系

一般来讲，质量成本诸要素之间客观上存在着内在逻辑关系。例如，随着产品质量的提高，预防和鉴定成本增加，而内外部故障成本则减少。

如果预防和鉴定成本过少，将导致内外部故障成本剧增，利润急剧下降。从理论上讲，最佳质量水平应是内外部故障成本曲线与预防和鉴定成本曲线的交点，如图 13-4 所示。

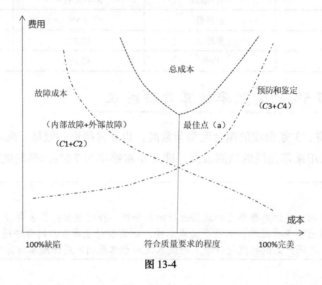

图 13-4

从图中可以看到，当投入成本（预防成本和鉴定成本）为 0 时，合格品率接近于 0；而逐步增加投入时，合格品率就迅速上升，故障成本则急剧下降，而总成本（预防和鉴定成本+故障成本）也迅速下降。在 a 点时，如要再降低不合格率，则预防和鉴定成本就开始迅速增加，总成本也随之逐渐上升。因此，合格品率为 a 时所对应的总成本即最适宜的质量成本。

假设内部故障成本为 $C1$，外部故障成本为 $C2$，预防成本为 $C3$，鉴定成本为 $C4$，则平衡点（最优质量成本）为：

$$C1 + C2 = C3 + C4$$

当增加预防和鉴定成本（$C3$ 和 $C4$）时，故障成本（$C1$ 和 $C2$）应降低。成本控制原则为：预防和鉴定成本＜故障成本，即 $C3 + C4 < C1 + C2$，否则不经济。由此得出以下结论。

（1）当内部故障成本上升时，应增加预防成本，采取预防措施，例如培训、产品设计改善、制造过程控制等。

（2）当外部故障成本上升时，应增加鉴定成本，加强检验，例如原料测验、采购产品检测、监控设备维修等。

（3）当内外部故障成本均上升时，应增加预防和鉴定成本。

13.3.3　从采集的数据中求出平衡点

前面已经得出结论，即最优质量成本为 $C1 + C2 = C3 + C4$。下面来看看如何从采集的数据中计算出最优质量成本。某样本产品的质量成本情况如表 13-5 所示。

表 13-5

项目	故障成本			预防和鉴定成本		
	内部（$C1$）	外部（$C2$）	合计	预防（$C3$）	鉴定（$C4$）	合计
采集点 1	100	50	150	15	20	35

续表

项目	故障成本			预防和鉴定成本		
	内部（C1）	外部（C2）	合计	预防（C3）	鉴定（C4）	合计
采集点2	55	40	95	25	25	50
采集点3	35	30	65	30	30	60
采集点4	15	10	25	45	40	85
采集点5	10	5	15	55	45	100

对故障成本（$C1+C2$）与预防和鉴定成本（$C3+C4$）的合计成本进行回归分析，如图13-5所示。

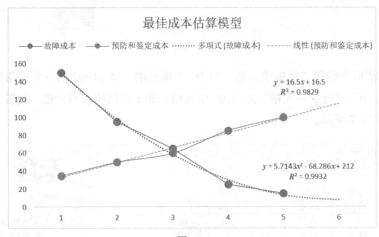

图 13-5

可以看出，故障成本（$C1+C2$）的公式为：$y1=16.5x+16.5$。预防和鉴定成本（$C3+C4$）的公式为：$y2=5.7143x^2-68.286x+212$。从 R^2 来看，拟合度非常好。因此，回归模型的数据公式可用。

名师经验

我们在做回归规范时，可以采用多种回归模式，例如指数曲线、多项式曲线及乘幂曲线等，选拟合度高的应用。

录入公式和计算结果，进行单变量求解或规划求解，目标是 $y1-y2=0$（$y1=y2$）。

自变量 x 先随便录入一个数，这样后续规划求解才能正常进行。当 x 为 3 时，结果如表 13-6 所示。

表 13-6

	C	D	E	F	G	H
109	x（自变量）	3.000				
110						
111						
112	项目	计算结果		公式		
113	$y1$	66.00		$y=16.5x+16.5$		
114	$y2$	58.57		$y=5.7143x^2-68.286x+212$		
115	$y1-y2$	7.43		目标值为0		

其中，要得到 y_1 的计算结果，须在 D113 单元格中输入公式"=16.5*D109+16.5"。

要得到 y_2 的计算结果，须在 D114 单元格中输入公式"=5.7143*D109^2−68.286*D109+212"。

要得到 y_1−y_2 的计算结果，则须在 D115 单元格中输入公式"=D113−D114"。

输入完毕后，下面就进行单变量求解，求出当 y_1−y_2 = 0 时的 x 值。单击"数据"选项卡，再选择"模拟分析"下拉列表中的"单变量求解"选项，如图 13-6 所示。

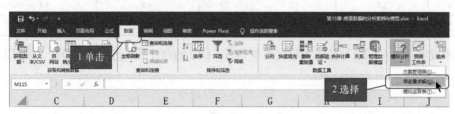

图 13-6

在弹出的对话框中设置"目标单元格"为 D115 单元格，即 y_1−y_2 的计算结果所在单元格；设置"目标值"为"0"，"可变单元格"为 D109 单元格，即 x 的值所在单元格，设置完毕后单击"确定"按钮，如图 13-7 所示。

	C	D	E	F	G	H	I
109	x（自变量）	3.000					
110							
111							
112	项目	计算结果		公式			
113	y_1	66.00		$y= 16.5x + 16.5$			
114	y_2	58.57		$y = 5.7143x^2 - 68.286x + 212$			
115	y_1−y_2	7.43		目标值为0			
116							

图 13-7

Excel 会自动求出解 x 为 2.855（见 D109 单元格），并计算出此时 y_1 和 y_2 的值均为 63.61，得到解后，单击"确定"按钮关闭对话框，如图 13-8 所示。

	C	D	E	F	G	H	I	J
109	x（自变量）	2.855						
110								
111								
112	项目	计算结果		公式				
113	y_1	63.61		$y= 16.5x + 16.5$				
114	y_2	63.61		$y = 5.7143x^2 - 68.286x + 212$				
115	y_1−y_2	0.00		目标值为0				
116								

图 13-8

因此，可以得出结论：预防和鉴定成本 y_1 和故障成本 y_2 均为 63.61 时最佳，即总成本在 y_1 + y_2 = 63.61 + 63.61 = 127.22 左右是质量成本控制理论上的最佳点。

名师经验

规划求解的解一般情况下是唯一的。但是，有时候会出现解不唯一的情况。此时要检验数据模型公式是否正确，然后多次求解，选择最优组合。

13.4 | 质量数据分析建议

　　质量检测的重要性是不言而喻的，但相对而言它却是大众了解得相对较少的一种工作，很多初入行者不明白该如何着手分析质量数据并解决质量问题。因此，这里笔者从多年的实践中总结出了一些关于质量数据分析的建议，如表 13-7 所示。

表 13-7

方向	分析内容	具体建议
预防成本	质量培训费分析	培训与质量索赔相关性分析
	质量奖励分析	质量奖励与索赔相关性分析
	质量改进成本分析	投入成本改善与效果对比分析
鉴定成本	检验费用分析	进货检验、工序检验、设备检验、材料检验、成品检验投入费用等与质量索赔分析
	质量鉴定奖励分析	检验人员激励政策与质量相关性分析
内部故障成本	废品损失分析	废品故障分类分析、占比分析、环比分析等
	返工返修损失分析	返工返修产品的费用分析
	质量事故分析	质量事故处理费用的占比分析，质量降级处理相关成本分析
外部故障成本	索赔分析	索赔费占比分析，索赔率变动分析，索赔率趋势分析等
	退换货损失分析	退换货消耗成本分析
	保修费用分析	保修费用占比分析
	诉讼费用分析	诉讼费用占比分析
其他	PPM 分析	PPM 是零部件百万分之不合格率；纳入不良数据分析
	MIS 分析	故障数、案件数与总量分析，分析 3MIS、6MIS、12MIS 等
	CPK 和 PPK 分析	制程能力指标和过程能力指标分析
	销售与质量索赔分析	销售额、索赔额、索赔率分析，找出权重较大的做改善

作业与思考

（1）看完了本章，你有何感想和思考？

（2）表 13-7 中的哪几项对你有帮助？

（3）你在工作中还可以做哪些质量数据分析？

第 14 章
经营管理数据的分析案例与模型

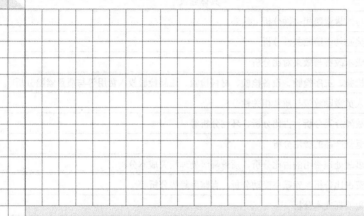

很多大中型企业都设立了经营规划部、商品规划部之类的部门，这些部门的功能基本都是站在一个较高的角度上对生产销售的大方向及各个具体环节进行干预，目的是让企业在合理合法的范围内尽可能地增效减负。这些部门的很多调研与决策结果其实都是通过对经营管理数据进行分析得出的。无论是经管人员还是数据分析人员，最好都具备一些分析经营管理数据的知识，至少能够在有这方面的需求时，知道如何来处理。当然，不光是企业经营需要分析数据，个人经营同样需要分析数据，以改善经营效果。

经营管理数据主要是指企业的经营战略数据、经营改善数据、经营指标数据，以及行业数据等。例如，企业的绩效管理数据、事业计划数据、企业发展数据、经营投资数据等。经营管理涵盖的行业众多，其中包括生产制造业、零售服务业、电商行业等，应该说只要有运营，就会有管理数据。

14.1 | 发现问题：多维度透析低收益原因并进行改善

很多时候，一个问题背后潜藏着多种原因，找到这些原因并解决就可以处理好问题。这就要求数据分析人员全面了解相关行业的知识，从多个维度去分析问题。

14.1.1 总成零件收益为负，总经理发话要解决

笔者公司签约服务的一个企业，前段时间面临着某类总成零件收益较差的问题，总经理找到笔者的公司进行分析。

这类总成零件下属的零部件大约有 10 种，这里将具体的数据简化后进行展示，如表 14-1 所示。

表 14-1

总成件号	总成本	价格	销售量	销售额	收益额	收益率
N0001	780	740	6800	5032000	−272000	−5.4%
N0002	750	710	9600	6816000	−384000	−5.6%
N0003	790	760	1200	912000	−36000	−3.9%
N0004	740	700	12000	8400000	−480000	−5.7%
N0005	750	760	1300	988000	13000	1.3%
N0006	760	740	3200	2368000	−64000	−2.7%
N0007	760	770	1800	1386000	18000	1.3%
N0008	780	730	9500	6935000	−475000	−6.8%
N0009	750	740	2200	1628000	−22000	−1.4%
N0010	780	750	4500	3375000	−135000	−4.0%
合计	7640	7400	52100	37840000	−1837000	−4.9%

此类总成零件的总收益率约为−5%，总经理要求分析其原因并找到解决方案，至少要把收益率提到 0%，也就是至少要不亏本。

14.1.2 从设计、采购与销售 3 个维度进行分析

一个产品收益率出现问题，原因可能非常多，生产和销售上的每个环节都有可能存在问题。这

里为了方便举例，选取了最具代表性的 3 个维度来进行分析，即设计、采购与销售。

1. 产品设计分析

在做整体分析之前，应该先分析成本，而分析成本之前应该先分析产品设计。因为设计定版了，成本就锁定了；成本锁定了，才可以判断是否需要调整销售价格，或与客户进行商务沟通。如果产品设计不合理，则需要调整设计，降低成本，提高竞争力。

根据产品的设计来看，同类总成件里边的零部件材料、重量，以及零部件特性要求差异不大，这里就用产品的重量作为分析条件，使用比较法中的基比分析，用最低的重量作为该类别的标准，结果如表 14-2 所示。

表 14-2

总成件号	总成本	重量（kg）	最低重量
N0001	780	74	71
N0002	750	71	71
N0003	790	73	71
N0004	740	74	71
N0005	750	71	71
N0006	760	71	71
N0007	760	71	71
N0008	780	74	71
N0009	750	71	71
N0010	780	75	71

将结果转化为直观的图表，可以更加清晰地看出哪些产品重量超标，如图 14-1 所示。

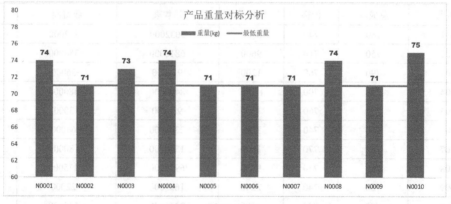

图 14-1

从图中可以看到，零件 N0001、N0003、N0004、N0008、N0010 重量超标。将结果反馈给设计部门，设计部门表示，零件 N0001 和 N0004 是因为商品特性要求，需要这样设计，而零件 N0003、N0008、N0010 则的确是因为设计疏漏导致超重，将进行整改，并以 71kg 作为标准。

2. 采购成本分析

采购成本也是重要的分析对象，原材料的采购中可能存在着一定的浪费，因此有一定的优化空间。这里先对 N0003、N0008、N0010 零件的重量进行修订（按 71kg 进行计算），然后分析采购成本的合理性。采购成本如表 14-3 所示，其中 N0003、N0008、N0010 零件的重量已更新。

表 14-3

总成件号	总成本	采购成本	重量（kg）	kg 价格	最低 kg 价
N0001	780	510	74	6.9	6.5
N0002	750	480	71	6.8	6.5
N0003	790	490	71	6.9	6.5
N0004	740	500	74	6.8	6.5
N0005	750	460	71	6.5	6.5
N0006	760	480	71	6.8	6.5
N0007	760	470	71	6.6	6.5
N0008	780	490	71	6.9	6.5
N0009	750	480	71	6.8	6.5
N0010	780	490	71	6.9	6.5

由于表格不够直观，这里将其制作成图表，如图 14-2 所示。

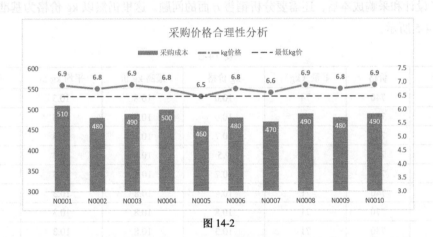

图 14-2

从图表来看，采购成本高低不齐，主要是 kg 价格有差异，因此应对采购价格进行梳理，以最低 kg 价（6.5）为标准，对超出标准的采购价格进行改善。

小小科普

kg 价在制造行业应用比较多，俗称"公斤价"。原材料通常说多少钱/吨，例如 5000 元/吨，其实也就是 5.0 元/kg，我们称其 kg 价为 5 元。有时候行业内人士也有把产品的价格用 kg 价来衡量的习惯。

将分析结果反馈给采购部以后，采购部对采购价格进行了改善，措施为：对总成产品的清单进行分类梳理，对异常的价格通过商务沟通、路线转移、招标等手段来降低成本，以 N0005 零件为标杆，每类产品价格都进行了改善。改善后的结果如表 14-4 所示（改善结果中含有降低产品重量带来的效果，即 N0003、N0008、N0010 零件均按照 71kg 来计算重量）。

表 14-4

总成件号	采购成本		总成本		改善效果
	改前	改后	改前	改后	
N0001	520	500	780	760	−20
N0002	480	460	750	730	−20
N0003	510	460	790	740	−50
N0004	520	500	740	720	−20
N0005	500	460	750	710	−40
N0006	520	470	760	710	−50
N0007	490	460	760	730	−30
N0008	500	460	780	740	−40
N0009	480	460	750	730	−20
N0010	500	460	780	740	−40

在这里我们可以清楚地看到，改善效果非常明显，成本降低 20～50 元，可以提升收益率约 4%。

3. 销售价格分析

降低了设计和采购成本后，还需要分析销售方面的问题。这里仍然以 kg 价格为基准进行分析，结果如表 14-5 所示。

表 14-5

总成件号	价格	重量（kg）	kg 价格	最高 kg 价	平均 kg 价	最低 kg 价
N0001	740	74	10.0	10.8	10.3	9.5
N0002	710	71	10.0	10.8	10.3	9.5
N0003	760	71	10.7	10.8	10.3	9.5
N0004	700	74	9.5	10.8	10.3	9.5
N0005	760	71	10.7	10.8	10.3	9.5
N0006	740	71	10.4	10.8	10.3	9.5
N0007	770	71	10.8	10.8	10.3	9.5
N0008	730	71	10.3	10.8	10.3	9.5
N0009	740	71	10.4	10.8	10.3	9.5
N0010	750	71	10.6	10.8	10.3	9.5

将上表制作成更为直观的图表，如图 14-3 所示。

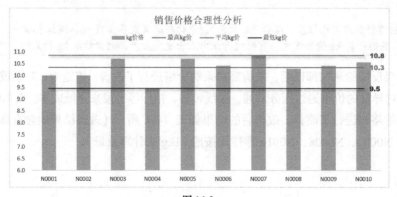

图 14-3

在图表中很容易发现，N0004 零件价格最低，其次就是 N0001、N0002、N0008 零件。因此，要求销售部与客户展开商务沟通，虽然涨价是件非常困难的事，但是要求销售价格不能低于平均 kg 价格。

销售部与客户沟通后反馈：客户通过多家比价，发现 N0001、N0002、N0008 零件的价格确实偏低，客户接受调整到平均价水平，但 N0004 零件要从 700 涨到 765，需要涨价 65，涨幅较大，客户要求分步实施，近期可先涨价 30，后续再调整。各零件价格调整情况如表 14-6 所示。

表 14-6

总成件号	原价格	调后价格	涨价值
N0001	740	765	25
N0002	710	734	24
N0003	760	760	
N0004	700	730	30
N0005	760	760	
N0006	740	740	
N0007	770	770	
N0008	730	734	4
N0009	740	740	
N0010	750	750	

14.1.3 收益由负变正，总经理表示认可

经过设计、采购、销售相关部门的努力，降低采购成本和调整商务价格以后，总成零件的收益得到了明显的改善，其明细的结果如表 14-7 所示。

表 14-7

总成件号	销售量	销售额	收益额	技术改善		采购改善		销售改善	
				成本单价	改善额	成本单价	改善额	价格	改善额
N0001	6800	5032000	−272000			20	136000	25	170000
N0002	9600	6816000	−384000			20	192000	24	230400
N0003	1200	912000	−36000	13	15600	37	44400		0
N0004	12000	8400000	−480000			20	240000	30	360000
N0005	1300	988000	13000			40	52000		0
N0006	3200	2368000	−64000			50	160000		0
N0007	1800	1386000	18000			30	54000		0
N0008	9500	6935000	−475000	20	190000	20	190000	4	38000
N0009	2200	1628000	−22000			20	44000		0
N0010	4500	3375000	−135000	26	117000	14	63000		0
合计	52100	37840000	−1837000		322600		1175400		798400
	收益改善率	−4.9%		+0.9%		+3.1%		+2.1%	

其中，技术改善提升收益 0.9%，采购改善提升收益 3.1%，销售改善提升收益 2.1%，整体收益提升 6.1%，收益率从−4.9%变为 1.2%。虽然改善后的收益率不是非常可观，但至少不再亏损，也

达到了总经理的要求，如图 14-4 所示。

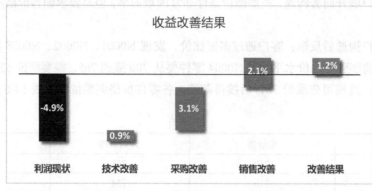

图 14-4

总经理对此结果感到很满意，表示认可，并希望对其他总成零件都进行一次数据分析，全面提高企业的收益水平。

14.2 | 预测未来：应用数据相关性和回归分析做投资计划

在企业经营中，投资是一个非常常见，也是非常重要的经营行为。一旦有了投资意向，投资方就要收集数据进行分析，并制作科学的、详细的投资计划，在获得董事会同意后实施。

14.2.1　某行业盈利与多方因素相关

有一家公司，从事某服务性行业。该行业与居民人均收入及企业投资水平有一定的相关性。该行业有两个特点，一个是回报较快，年初投资，当年就可以见到效果；另一个是需要每年都进行投资，否则会出现竞争对手抢占市场份额的现象。现在有过去 6 年的投资和收益数据，如表 14-8 所示。

表 14-8

2015～2020 年投资收益数据（单位：万元）			
年份	政府投资	企业投资	居民人均收入	利润
2015 年	5000	200	2.2	50
2016 年	6000	300	2.6	55
2017 年	8000	200	3.2	45
2018 年	12000	350	3.1	65
2019 年	15000	350	3.4	60
2020 年	20000	650	3.5	100

不过，从投资利润率来看，由于竞争逐渐变得激烈，利润率下降，如表 14-9 所示。

表 14-9

年份	政府投资	企业投资	利润	投资利润率
2015 年	5000	200	50	25%
2016 年	6000	300	55	18%
2017 年	8000	200	45	23%
2018 年	12000	350	65	19%
2019 年	15000	350	60	17%
2020 年	20000	650	100	15%

这家公司的政府投资将从 2 亿 5 千万元逐年增加到 5 亿元，如表 14-10 所示。而董事会则要求在未来 6 年进行投资，并给出了利润目标，如表 14-11 所示。

表 14-10

年份	政府投资
2021 年	25000
2022 年	27000
2023 年	30000
2024 年	35000
2025 年	45000
2026 年	50000

表 14-11

年份	利润目标
2021 年	120
2022 年	180
2023 年	350
2024 年	450
2025 年	550
2026 年	600

董事会要求财务部门给出投资计划书，计划书中不仅要给出预算金额，还要给出预算逻辑，董事会通过后方可实施。

14.2.2　多方因素的相关性分析与回归分析

在前述数据的基础上，应该先对多方因素之间的关系进行分析，得出相应的公式后，再推导出每年的投资金额。

1. 相关性分析

利用相关性分析来计算利润额与企业投资额和居民人均收入的关系强弱。根据表 14-8 的数据进行计算，这几方面的相关性如表 14-12 所示。

表 14-12

	政府投资	企业投资	居民人均收入	利润
政府投资	1			
企业投资	0.89603	1		
居民人均收入	0.85228	0.62560	1	
利润	0.86762	0.98943	0.55658	1

从表中可以得出结论：利润额与政府投资额和企业投资额的相关系数分别为 0.86762 和 0.98943，说明相关性较强，属于高度正相关；与居民人均收入的相关系数为 0.55658，说明具有一定的相关性。同时，也可以看到，居民人均收入与政府投资额的相关系数为 0.85228，说明相关性

比较高。

2. 求出回归方程

先利用现有的数据进行回归分析，得出相应的回归方程，然后再根据政府投资额、企业投资额、居民人均收入来计算未来的利润额。这里仍然以表 14-8 的数据进行数据回归统计，结果如表 14-13 所示。

表 14-13

SUMMARY OUTPUT

回归统计	
Multiple R	0.9937201
R Square	0.9874796
Adjusted R Square	0.9686989
标准误差	3.4826947
观测值	6

方差分析

	df	SS	MS	F	Significance F
回归分析	3	1913.2417	637.74723	52.57966	0.018722
残差	2	24.258325	12.129162		
总计	5	1937.5			

	Coefficients	标准误差	t Stat	P-value	Lower 95%	Upper 95%	下限 95.0%	上限 95.0%
Intercept	40.049527	17.440268	2.2963825	0.1485163	−34.9899	115.08894	−34.99	115.089
X Variable 1	0.0006504	0.0011224	0.5794159	0.6208773	−0.00418	0.0054798	−0.0042	0.00548
X Variable 2	0.1116824	0.0263466	4.2389616	0.0513991	−0.00168	0.2250428	−0.0017	0.22504
X Variable 3	−7.620545	7.3763034	−1.033112	0.4101145	−39.3582	24.117126	−39.358	24.1171

RESIDUAL OUTPUT

观测值	预测 Y	残差
1	51.342479	−1.342479
2	52.926745	2.0732545
3	50.339627	−0.339627
4	64.677339	0.3226612
5	81.478829	−1.478829
6	99.234981	0.7650194

分析结果如下。

Multiple R = 0.9937201，表明它们之间的关系为高度正相关。

R Square = 0.9874796，表明用自变量可解释因变量变差的 98.74796%，拟合程度较好。

Significance F 值一般要小于 0.05，越小越显著，这里的 Significance F 值为 0.018722，表示整体显著性较好。

根据 Coefficients 的 4 个值中得出回归方程：

$$y = 40.0495 + 0.00065x_1 + 0.1117x_2 - 7.6205x_3$$

其中，y是利润额，x_1是政府投资额，x_2是企业投资额，x_3是居民人均收入。

利润额的回归方程已经确定，方程中利润额是董事会的目标，已经确定。方程要计算企业投资额，那就必须要知道居民人均收入。从表14-12可以得知，居民人均收入与政府投资的相关系数为0.85228，说明相关性比较高。目前只能借用政府投资额进行回归分析，预测居民人均收入。

3. 预测居民人均收入

因为已经预知了政府投资计划，所以可以用它来预测居民人均收入。根据表14-8中的如下数据，可以得到图14-5所示的结果。

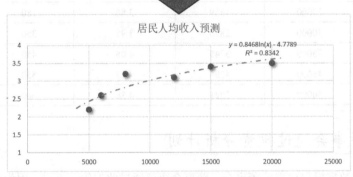

年份	政府投资	居民人均收入
2015年	5000	2.2
2016年	6000	2.6
2017年	8000	3.2
2018年	12000	3.1
2019年	15000	3.4
2020年	20000	3.5

图 14-5

可以得到方程：

$$y = 0.8468 \ln(x) - 4.7789$$

其中y为预测的居民人均收入，x为政府投资额。根据该方程预测2021～2026年的居民人均收入，结果如表14-14所示。

表 14-14

年份	政府投资	预测居民人均收入
2021 年	25000	3.80
2022 年	27000	3.86
2023 年	30000	3.95
2024 年	35000	4.08
2025 年	45000	4.29
2026 年	50000	4.38

名师经验

居民人均收入不只是与政府投资额这一个因素相关，分析人员可以多采集些相关数据进行更细致的分析，以求得更加准确的结果。（本案例只是讲解分析的原理，故简化了数据，以便于理解。）

4. 预测企业投资额

利用方程 $y = 40.0495 + 0.00065x_1 + 0.1117x_2 - 7.6205x_3$ 进行反算，可以预测出企业投资额，结果如表 14-15 所示。

表 14-15

	$x1$	$x2$	$x3$	y	
年份	政府投资	企业投资	居民人均收入	利润	投资利润率
2015 年	5000	150	2.20	50	33%
2016 年	6000	200	2.60	55	28%
2017 年	8000	200	3.20	50	25%
2018 年	12000	300	3.10	65	22%
2019 年	15000	500	3.40	80	16%
2020 年	20000	650	3.50	100	15%
2021 年	25000	829	3.80	120	14%
2022 年	27000	1359	3.86	180	13%
2023 年	30000	2870	3.95	350	12%
2024 年	35000	3745	4.08	450	12%
2025 年	45000	4596	4.29	550	12%
2025 年	50000	5021	4.38	600	12%

14.2.3　董事会通过投资分析计划

财务部门将该数据报告提交给董事会，董事会决议通过此报告。不过，因为利润率在下降，所以董事会决定加大前 3 年的投资力度，以获取更多利润；后 3 年投资与否及投资额度要根据投资环境和收益情况再定。

14.3 优化决策：利用数据简单对比支撑商务决策

数据分析不一定非要用多么高级的分析技巧，只要能够满足需求即可。分析时，不妨采用简单的分析方法，构思好分析逻辑，然后从不同的角度进行分析，在尽量减少工作量的情况下解决问题，两全其美。

14.3.1　大客户要求合并产品并重新定价

一家做总成零部件的公司长期向某大客户供货，销售两种平台的零部件。大客户现在提出要求，要将产品进行改型，其目的有两个：一方面要提升零部件品质；另一方面要把两个平台的产品进行综合，即把两个平台的产品统一为一个新的平台的产品，以此提高产品的标准化程度，降低综合成本。

现有平台 D580、D680 零部件在 1～6 月的销售数据如表 14-16 所示。

表 14-16

平台	1 月份	2 月份	3 月份	4 月份	5 月份	6 月份	合计量	占比
D580	1010	1400	1270	2030	1420	1990	9120	42%
D680	650	1300	1110	5980	1860	1890	12790	58%

新推出的 D600 平台零部件性能优于这两个老平台的零部件，但客户不愿意增加综合采购成本，并且客户给出 D600 的平台零部件的报价是在 D580 的价格基础上增加 400 元。

14.3.2　从双方立场进行价格分析

公司的收益部门对客户提出的价格进行了简单的数据分析，分别站在客户和公司的立场进行综合评估。

1. 从价格逻辑推导

站在客户的角度来看，不愿意增加综合采购成本，即维持采购金额不变。从这个角度来分析产品价格，结果如表 14-17 所示。

表 14-17

平台	合计量	占比	原价	采购额
D580	9120	42%	15240	138988800
D680	12790	58%	16530	211418700
合计	21910			350407500
推导 D600 价格（采购额不变）				15993

两种零件的合计采购金额约为 3.5 亿元，采购量是 21910 件，那么平均采购单价为 15993 元，也就是比 D580 零部件高 753 元。为了保持综合采购成本不上升，客户应该认可的 D600 零部件价格为 15993 元。但是，客户提出的只是在 D580 的价格基础上增加 400 元，显然是留有空间的，目的是想趁机降价。

2. 从收益逻辑推导

站在公司的角度，如果要维持收益不变，应该对 D600 零部件定一个什么样的价格才合适呢？经过分析，在利润不变的情况下，D600 零部件定价应为 16189 元，如表 14-18 所示。

表 14-18

平台	合计量	原价	利润率	收益额
D580	9120	15240	8.6%	11953037
D680	12790	16530	10.0%	21141870
合计	21910			33094907
销价利润率				9.4%
成本利润率				10.4%
成本				14660
推导 D600 价格（利润不变）				16189

其中，D580 零部件的收益额约为 1195 万元，D680 零部件的收益额约为 2114 万元，两者合计收益额约为 3309 万元。

销价利润率=33094907÷350407500＝9.4%

成本利润率=9.4%÷（1-9.4%）＝10.4%

而 D600 的成本为 14660 元，那么在保证利润不变的情况下价格应为：

销售价格=14660×（1＋10.4%）＝16189

即在 D580 的价格基础上增加 949 元。

小小科普

销价利润率=收益额÷销售总额（这里的销售总额等同于采购方的采购额）

成本利润率=销价利润率÷（1-销价利润率）

销售价=成本×（1＋成本利润率）

14.3.3　与客户协商新价格，确保双赢

拿着这样的数据与客户进行坦诚沟通，客户也觉得有一定的道理。最终与客户达成一致，D600 平台零部件的价格在 D580 零部件采购价的基础上增加 800 元，即 16040 元，理由是因为产品升级，性能提升，客户要在一定比例上为性能买单。此外，由于销售单价没有达到 16189 元，公司收益降低了，这部分损失可以通过降低成本来进行改善，如通过优化设计、采购降成本、制造降成本等方式来降低生产成本。另外，由于产品标准化、产品种类减少，相应的管理成本也会有所降低，对公司的收益应该也会有改善。

14.4 ｜ 经营数据分析建议

笔者在企业经营管理数据分析的工作中积累了大量的经验，这里向初学者分享一些实用的分析建议，让初学者在处理这方面的分析工作时有一定的方向可循。这些建议如表 14-19 所示。

表 14-19

方向	分析内容	具体建议
事业计划	事业计划数据分析	销售、利润、利润率、质量、人力资源等指标合理性分析，产品结构合理性分析等
	预算数据分析	预算达标与合理化调整分析
投资分析	固定资产投资分析	固定资产投资收益率分析
	产品投资分析	产品投入成本与收益的最优方案决策分析
绩效数据	公司绩效指标分析	目标与达成分析、指标趋势分析、指标合理性分析等
	部门绩效趋势分析	利润、销售、KPI 等数据当前分析、趋势分析等
管理优化	管理改善分析	降成本可行性分析
	管理费用分析	管理费用与业绩相关性分析、费用目标控制分析、管理人员费率分析等
	成本组合分析	人力成本、财务投入、产品投入的最佳组合分析
	资金分配合理性分析	投入的资金与产生的报酬、效果进行对比分析

方向	分析内容	具体建议
其他	政府相关性分析	政府投资、人均 GDP、价格指数等与产品相关性分析
	风险分析	市场进入和退出的风险分析、价格竞争风险分析等
	企业发展环境分析	环境、经济、投资、文化等与企业发展相关分析

作业与思考

（1）看完了本章，你有何感想和思考？

（2）表 14-19 中的哪几项对你有帮助？

（3）请认真思考一下，你在工作中还可以做哪些经营数据分析？

第 15 章

构建数据分析模型与可视化报告

　　数据分析模型代表一种确定分析维度和分析方法、定义数据计算逻辑和关联公式、组织相关数据进行数据计算的过程。简单来说，数据分析模型建立后，只需要修改其中的数据，其计算结果（数值、图表、分析结论）就会随之而自动改变。数据分析模型的效率非常高，也是当下很多职场人士所追求的数据分析的终极目标。

　　不同的业务逻辑和商业需求适配不同的数学公式或模型，而且一个好的数据模型需要通过多次的测试和优化迭代才能完成构建，这就使得数据建模的难度变得很高。但是，数据分析中的建模并没有想象中的那么高深莫测，人人都可以做出适合自己的模型。数据分析模型总归是为分析数据而服务，目的在于发现问题、预测未来、优化决策。

　　数据模型有大有小。小到只需要一个函数，例如用 IF 函数判断是否合理、用 VLOOKUP 函数查找一个值，这都是模型；大到需要进行诉求采集、规划设计、安全设置，以及实现过程中混合应用到函数、嵌套、透视表、控件、VBA 等，同时分析的结论和建议都自动生成，效果类似一个智能的小型软件。

　　数据可视化分析模型就是在数据分析模型的基础上，将数据间的关系用图表的形式进行呈现。数据可视化分析模型制作的报告可以直观地呈现出数据规律和效果，以便更快更好地发现问题、预测未来、优化决策。

15.1 │ 模型是效率之王

　　可能很多新入行的分析人员不太重视建立数据分析模型，认为自己能够分析清楚数据关系，得出结论并撰写成报告，就已经足够了。其实，很多时候建立数据模型，不仅方便分析，还能提高工作效率。下面就从两个案例来看建立模型的必要性。

【案例 1——修改表格数据，计算结果没变化】

　　老张是某公司的销售客户经理，客户要求他对 5 种产品进行报价。这 5 种产品是同类产品，相互之间存在配置和技术要求的差异，客户要求集合报价，也就是"打包式"报价。老张从财务部获取了这 5 种产品的成本和价格数据，其中销售价是目前预计的报价，如表 15-1 所示。

表 15-1

产品号	销售量	销售价	材料成本	制造费用	毛利率	总销售额	总毛利额
N001	1000	1200	500	320	32%	1200000	380000
N002	800	1180	530	320	28%	944000	264000
N003	1400	1150	600	310	21%	1610000	336000
N004	350	1080	590	295	18%	378000	68250
N005	800	1100	500	295	28%	880000	244000
合计	4350					5012000	1292250
加权平均销售价	1152	=总销售额/总销售量			25.8%	=总毛利额/总销售额	

　　从预计报价情况来看，收益还不错，加权平均销售价为 1152，加权毛利润率为 25.8%。但是，客户向领导发来目标采购价，并紧急追问领导能否达成目标价，如果能就可以将订单给公司。因此

领导自己想试算一下收益情况，结果领导把销售价修改为目标采购价后，发现其他数据没有发生任何变化，如表 15-2 所示。

表 15-2

产品号	销售量	销售价	材料成本	制造费用	毛利率%	总销售额	总毛利额
N001	1000	1000	500	320	32%	1200000	380000
N002	800	1000	530	320	28%	944000	264000
N003	1400	1000	600	310	21%	1610000	336000
N004	350	950	590	295	18%	378000	68250
N005	800	950	500	295	28%	880000	244000
合计	4350					5012000	1292250
加权平均销售价	1152		=总销售额/总销量		25.8%	=总毛利额/总销售额	

领导询问了老张才知道，原来老张做的表格文件中没有公式链接，全是数字，无法进行自动计算。领导让老张现场进行计算，老张询问了财务部关于利润的计算公式，足足花了 20 分钟才算好。（期间客户再次来电催问：能否达成目标？马上要开会确定供应商了。）

最后，领导把老张批了一顿，责备他没有站在用户（表格用户）的角度考虑问题，服务意识不强，缺乏效率意识，没有在表格中写入公式链接，不方便用户调整数据。领导要求老张以后建立的表格都要设置好数据模型才能提交，绝对不能再用这种纯数字表格。

这里假设一下，如果老张建立了数据模型，结果就完全不一样了，只需要粘贴或录入数据，加权价格和收益结果就自动出来了，这样领导几秒钟内就可以做出决策，如表 15-3 所示。

表 15-3

产品号	销售量	销售价	材料成本	制造费用	毛利率%	总销售额	总毛利额
N001	1000	1000	500	320	18%	1000000	180000
N002	800	1000	530	320	15%	800000	120000
N003	1400	1000	600	310	9%	1400000	126000
N004	350	950	590	295	7%	332500	22750
N005	800	950	500	295	16%	760000	124000
合计	4350					4292500	572750
加权平均销售价	987		=总销售额/总销量		13.3%	=总毛利额/总销售额	

总结：不管分析的数据简单还是复杂，一定要养成建立数据模型的意识，在本例中，本来几秒钟或十几秒就可以完成的，结果花了 20 分钟。

这种纯数字表格，每次数值变化都要重新计算其他相关数据，工作效率极低。有些人总是加班，就应该检讨一下自己有没有这样的情况。做数据分析，必须具备建立数据模型的意识，才能提高工作效率。

【案例 2——同样的数据不同的分析模型，结果天壤之别】

同样的数据，由不同水平的人来分析，结果也会大不相同。水平一般的人分析起来总是会有各种问题（主要体现在分析逻辑上），而水平高的人不仅分析周到，而且过程也令人信服。

1. 初级分析水平

老刘是采购部老价格员，平时不怎么研究价格及其合理性，也不会做太多的数据分析，只会简单处理。他常用的方法是差异法定价，即只要是新品，就参照原来类似的产品来定价，如表 15-4 所示。

表 15-4

状态	物料	重量（kg）	价格	参考零件	重量（kg）	现有价格
新产品	P0064	30.00	195.00	P0003	32.00	198.91
新产品	P0065	28.00	155.00	P0003	32.00	198.91
新产品	P0066	32.00	184.00	P0003	32.00	198.91
新产品	P0067	35.00	195.00	P0010	34.90	202.90
新产品	P0068	40.00	250.00	P0031	39.90	234.22
新产品	P0069	28.00	198.00	P0003	32.00	198.91
新产品	P0070	32.00	205.00	P0003	32.00	198.91
新产品	P0071	35.00	215.00	P0010	34.90	202.90
新产品	P0072	40.00	234.00	P0031	39.90	234.22

这样的定价方式也不能说有错，起码新产品的价格有个参照，不是随意决定的价格。但是，如果旧产品的价格本来就不合理的话，就会导致参照其制定的新产品价格继续不合理。这样的定价模式有个弊端，那就是对于一些价格高、利润高的产品，供应商会抢份额，而对于另外一些利润低、亏损的产品，供应商就不愿意接开发任务，导致经常出现交付率不良的问题。

2. 中级分析水平

小吴是懂数据分析的价格员，他善于研究数据之间的关系。通过成本测算和与供应商沟通，他筛选了部分价格相对合理的零件作为标杆零件，然后把标杆零件的价格与重量关系进行了关联分析，得出价格与重量的线性回归公式，如图 15-1 所示。

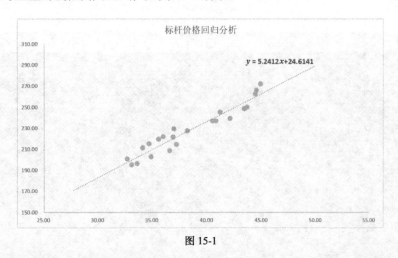

图 15-1

由得出的公式推导出新产品的价格，称为"模型价"或者"标准价"，如表 15-5 所示。

表 15-5

状态	物料	重量（kg）	价格	参考零件	重量（kg）	现有价格	模型价
新产品	P0064	30.00	190.00	P0003	32.00	198.91	181.80
新产品	P0065	28.00	170.00	P0003	32.00	198.91	171.32
新产品	P0066	32.00	192.00	P0003	32.00	198.91	192.28
新产品	P0067	35.00	205.00	P0010	34.90	202.90	208.00
新产品	P0068	40.00	234.00	P0031	39.90	234.22	234.20
新产品	P0069	28.00	175.00	P0003	32.00	198.91	171.32
新产品	P0070	32.00	195.00	P0003	32.00	198.91	192.28
新产品	P0071	35.00	205.00	P0010	34.90	202.90	208.00
新产品	P0072	40.00	234.00	P0031	39.90	234.22	234.20

定价过程中，小吴在参考现有类似零件定价的同时，把模型价作为修正价格的参考标准，对不合理的价格进行修正，逐渐实现了价格合理化，同时也筛选出现有价格中可以降成本的零件，提前为后续的降成本工作做好准备。

小吴的做法比老刘的做法更合理一些，因为他不仅参考了现有零件的价格来决定新产品价格，同时也兼顾了价格的合理性。但是，小吴的做法也存在不完美的地方，那就是在呈现过程中，给出的全是表格数据，不够直观，尤其是在报告、审批价格过程中，审批人不能直观、快速地理解和判断出价格的合理性。

3. 高级分析水平

小徐是懂数据分析和可视化建模的价格员，他在小吴的基础上走得更远。小吴虽然逐步修正了价格，但总的来说其表格还是不够直观，领导看到小吴报的定价往往也不能直接决定。小徐非常理解领导的需求，他先制作了一个采购定价可视化分析系统，使用小吴推导出的公式 $y = 5.2412x + 24.6141$ 绘制出一条基准线，即模型标杆价线，然后绘制出管理幅度上线和管理幅度下线（这里以管理幅度 5% 为例），作为合理的价格波动区域。该分析系统的数据来源是企业产品的价格，如图 15-2 所示。

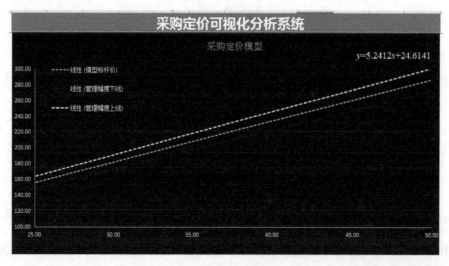

图 15-2

该分析系统的妙处就在于非常巧妙地借用了创建组，以及数据隐藏则不可见的功能，如图 15-3 所示。

物料	重量	现有价格	新品定价	模型标杆价	管理幅度上线	管理幅度下线	差异幅度	高益区	合理区	重灾区
P0001	30.10	188.62		182.32	191.44	173.21	3%	#N/A	188.62	#N/A
P0002	31.80	199.06		191.23	200.79	181.67	4%	#N/A	199.06	#N/A
P0003	32.00	198.91		192.28	201.89	182.67	3%	#N/A	198.91	#N/A
P0004	32.40	199.86		194.38	204.09	184.66	3%	#N/A	199.86	#N/A
P0005	32.70	200.83		195.95	205.75	186.15	2%	#N/A	200.83	#N/A
P0006	33.10	195.23		198.04	207.95	188.14	-1%	#N/A	195.23	#N/A
P0007	33.60	196.35		200.66	210.70	190.63	-2%	#N/A	196.35	#N/A
P0008	34.12	211.49		203.39	213.56	193.22	4%	#N/A	211.49	#N/A
P0009	34.70	215.10		206.43	216.75	196.11	4%	#N/A	215.1	#N/A
P0010	34.90	202.90		207.48	217.85	197.10	-2%	#N/A	202.9	#N/A
P0011	35.10	209.27		208.52	218.95	198.10	0%	#N/A	209.27	#N/A
P0012	35.60	211.57		211.14	221.70	200.59	0%	#N/A	211.57	#N/A
P0013	35.60	219.57		211.14	221.70	200.59	4%	#N/A	219.57	#N/A
P0014	35.98	209.25		213.14	223.79	202.48	-2%	#N/A	209.25	#N/A
P0015	36.00	221.93		213.24	223.90	202.58	4%	#N/A	221.93	#N/A
P0016	36.00	214.00		213.24	223.90	202.58	0%	#N/A	214	#N/A
P0017	36.60	208.88		216.38	227.20	205.56	-3%	#N/A	208.88	#N/A
P0018	36.70	219.22		216.91	227.75	206.06	1%	#N/A	219.22	#N/A

图 15-3

其中，D 列数据表示新产品的价格，I、J、K 列数据表示现有产品的价格现状，与模型标杆价对比进行分区，分为高益区、合理区、重灾区。

若价格>模型标杆价×1.05，则在高益区，属于可降价的范畴。

若价格<模型标杆价×0.95，则在重灾区，属于需要涨价的范畴。

若模型标杆价×0.95≤价格≤模型标杆价×1.05，则在合理区，价格维持现状。

如何应用可视化模型呢？

情况 1：只分析现有产品价格。

隐藏 D 列，只需要单击分组按钮"-"，把"-"变成"+"，同时展开 I、J、K 列，效果如图 15-4 所示。

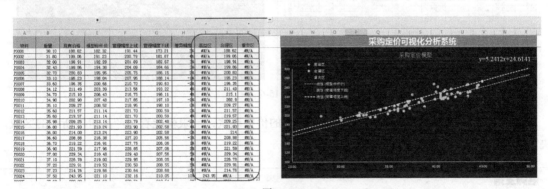

图 15-4

这里可以非常直观地看出现有产品价格的现状，哪些产品定价过高，哪些产品定价过低，一目了然。不仅如此，后续还可以对产品价格进行调整，使之逐渐向模型标杆价靠拢，最终都变得更加合理。

情况 2：只分析新产品价格。

展开 D 列，隐藏 I、J、K 列，效果如图 15-5 所示。

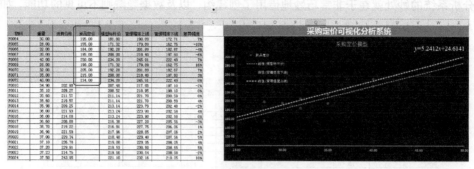

图 15-5

这里可以非常直观地看出新品定价的现状，一眼就能看出新品价格所在的区域，决策者很快就可以做出判断和决策。

把先前老刘的定价放入模型进行检验。可以看到老刘的定价中有一个价格偏高，会导致厂商不愿意生产；有一个价格偏低，利润偏少；其他价格基本压在了管理幅度上下线上，虽然偏差不算大，但还有精确化的空间。

情况 3：新产品和现有产品的价格都分析。

展开 D、I、J、K 列，效果如图 15-6 所示。

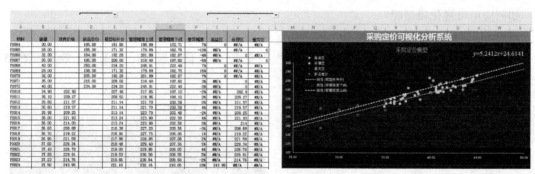

图 15-6

这里可以非常直观地看出新产品和现有产品的价格现状，一眼就能看出产品价格所在的区域，决策者很快就可以做出判断和决策。

名师支招

小徐制作的采购价格可视化分析系统的原理是什么呢？把价格按模型和管理幅度定义成 4 类——高益类、合理类、重灾类和新品类，分别把这 4 类放入 4 列中，然后把重量和每类价格进行关联，做成散点图，不同类不同颜色，最后，借用数据隐藏后图表不显示的功能，便于观察和分析。这个模型非常简单、实用。

小徐应用这套可视化分析系统定价，领导赞赏有加。领导一看这张图表，就能直观地了解到整个分析模型的理论体系，以及新产品定价的合理性。因此，定价和价格调整方案很快就通过了。最后，领导把小徐的做法在整个部门进行推广，要求老刘和小吴向小徐学习。

读者可以设身处地地想一下，假如自己是领导，在面对老刘、小吴与小徐这 3 位员工时，会觉得哪位员工的工作能力最强？答案肯定是小徐。这就是建模与可视化报告为工作带来的好处。

15.2 | 何时需要建模与可视化建模

了解了建模的重要性以后，大家可能会思考什么时候需要建模，什么时候要建可视化模型。因为不一定所有的分析工作都需要建模，建模是需要一定条件的，而且建模毕竟需要投入一定的工作成本，如果建模工作做得不好，做成的模型无法用，那还费力不讨好。

1. 什么时候需要建模

在需要定期或不定期变更数据，并要在数据改变后快速进行分析并得出结果的情况下就需要建模，例如进行例行分析（定期）或临时变更数据（不定期）后进行分析，也就是说，不管是定期还是不定期，只要希望数据变更后，计算结果自动更新的，都需要建模，如图 15-7 所示。

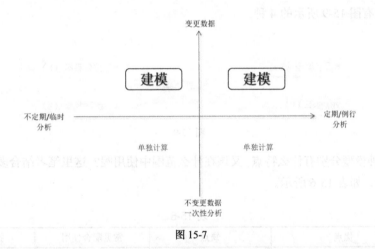

图 15-7

名师支招

（1）工作中建模应用非常广泛，利用函数做数据分析的时候，尽量保留公式；利用透视表做分析时，尽量把基础数据建表，便于后续新增、修改数据等，以便快速得出结果。

（2）利用公式链接的时候，同一工作簿的表与表之间的链接最好保留公式；不同工作簿之间的数据链接，运算量比较大的时候，尽量不保留公式，以免运算效率变低，甚至运算卡死。如果需要索引，也可以另行建立一张基础表，把数据放在基础表里，然后建立链接。如果数据运算量非常大，而且运算比较复杂时，建议使用 VBA 编程进行建模。

2. 什么时候需要可视化建模

在数据呈现不够直观，很难发现数据中的规律和问题，无法发现数据与数据之间的关联关系等情况下，就需要用可视化模型来帮助用户理解。一般来说，有 5 种情况需要可视化建模，如图 15-8 所示。

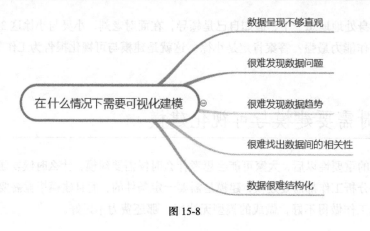

图 15-8

15.3 | 4 种建模类型如何选择

建模是一个比较大的概念，在数学、计算机制图等方面都有广泛的应用。不过，在数据分析中，建模的类型一般有图 15-9 所示的 4 种。

图 15-9

那么，这 4 种模型分别有什么特点，又该在什么范围中使用呢？这里笔者结合多年的建模经验，对此进行了总结，如表 15-6 所示。

表 15-6

模型	优点	缺点	常见配合使用	推荐使用情况
透视表	快捷，效率高	仅适合简单的统计，透视图无法做个性化图表	多与函数和图表配合，偶尔与控件配合	数据量较大，简单的统计和分析，例如求和、计算、占比等简单分析，图表要求不是很高的情况
控件	灵活，适合多维度	自定义名称或嵌套比较多，设计有一定难度	多与函数和图表配合，偶尔与透视表配合	数据分析维度较多，数据统计和计算的对象具有较高自由度的情况
VBA	效率高，适合较大量数据分析	编程设计具有一定难度	多与控件和图表配合	数据量较大，数据分析和计算要求比较高，而且计算对象具有较高自由度的情况
函数	灵活，易上手，最常用	数据量太大和嵌套太多时影响效率	多与图表配合	数据量不大，数据维度不多，数据计算逻辑相对不复杂，不需要可视化呈现的情况

其实，VBA 建模是一个较为高效的方法，适合绝大多数的情况。不过，很多人因为畏惧 VBA 编程而不去学习，却不知道错过了一个非常好用的工具，这其实是一件很可惜的事。VBA 语言并不复杂（至少不会比常见的编程语言复杂），花费一定精力学好它，就可以终身受益，"性价比"非常高，这里推荐大家都去学习。

15.4 ｜ 5C 法构建数据分析模型

前面已经讲解了在什么情况下需要构建模型，以及如何根据情况选择构建哪种模型。不过，具体到构建数据分析模型时，可能很多新手还是会茫然，不知道从何着手。这里笔者从实际工作中总结出了 5 个步骤，称为 5C 法。掌握了 5C 法，任何人都可以轻松地构建出模型。

所谓"5C"，就是 Conceive（构思）、Collect（采集）、Connect（链接）、Check（检验）和 seCure（安全），如图 15-10 所示。

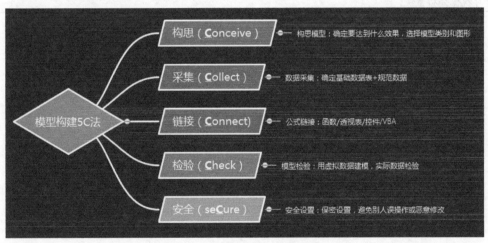

图 15-10

5C 法包含的这 5 个步骤，其具体含义及使用时的注意事项如表 15-7 所示。

表 15-7

5C	5 个步骤	注意事项
Conceive（构思）	构思模型：确定要达到什么效果，选择模型类别和图形	诉求确认：考虑模型诉求者、使用者、数据录入者三者之间的关系 图表构思：呈现图表的直观程度和模型类型（函数/透视表/控件/VBA）选择 设计理念：模型要具有创新性和适用性 确定框架：确定模型框架和数据源结构
Collect（采集）	数据采集：确定基础数据表，虚拟数据，规范格式	采集数据：通常采用 RANDBETWEEN 函数模拟数据，数据在正常值范围内随便取；也可以用实际数据 数据规范：数据显示规范化，数据录入规范化，利用数据验证控制和提示错误等

5C	5 个步骤	注意事项
Connect（链接）	公式链接：确定采用何种方式进行数据统计和图形呈现	公式链接：采用确定的统计和计算方式（函数/透视表/控件/VBA）进行数据链接 绘制图形：根据构思绘制可视化图表，美化图表 运行效率：尽量少用数组公式，确保运行效率 避免错误：避免#N/A、0、空白、边界值等错误
Check（检验）	模型检验：采用实际数据做模型检验	模型检验：用极端的数据进行验证，例如用 0、空白、最大最小值、边界值等进行测试
seCure（安全）	安全设置：保密设置，避免别人误操作或恶意修改	安全设置：确保数据安全，进行数据和结构保护

　　当然，上面讲解的 5 个步骤只是一种思路，具体的操作技能还需要读者在实践中去练习，并让操作技能在大量的练习中得到快速提高。

名师支招

　　如果要构建数据分析系统，其过程就稍微复杂些，可以参见《Excel 图表应用大全》高级卷的九步法构建可视化分析系统。

第 16 章
利用控件定制高级动态分析模型

第 15 章讲解了数据分析模型的一些基本知识和构建思路，其中提到了利用数据图表制作动态的分析模型。本章就专门讲解如何利用控件来定制高级动态分析模型。

控件是用户可与之交互的对象，用户通过交互输入或操作数据。例如常见的单选项、复选框、下拉列表等都是控件。当用户对控件做不同的操作时（例如在多个单选项控件中选择某一个，或选择下拉列表中的某个选项），就会导致不一样的结果。具体到 Excel 动态分析模型中来讲，例如用户选择"5 月销售情况"单选项，就会在表格或图表中自动呈现 5 月销售的相关数据及分析结果。这样图表使用者就能快捷直观地查看很多项目的数据分析结果。

这里再复习一下第 15 章中提到过的 5C 法。5C 法即构建模型的 5 个步骤：Conceive（构思）、Collect（采集）、Connect（链接）、Check（检验）和 seCure（安全）。下面就按照这 5 个步骤来看看如何利用控件来定制高级动态分析模型。

16.1 | 构思模型：用什么效果来呈现

现有 KPI 考核数据表格如表 16-1 所示。现在想要录入各部门的关键绩效指标（KPI）数据后，即可自动生成图表，并且选择不同的部门，图表会自动切换到对应部门的数据结果进行呈现。

表 16-1

关键绩效指标（KPI）数据												自动计算	手动录入	
部门	项目	目标/实际	1 月	2 月	3 月	4 月	5 月	6 月	7 月	8 月	9 月	10 月	11 月	12 月
销售	销售完成率	目标												
		实际												
		完成率												
采购	采购降本率	目标												
		实际												
		完成率												
质量	降赔改善率	目标												
		实际												
		完成率												
生产	交付满足率	目标												
		实际												
		完成率												
财务	营业利润率	目标												
		实际												
		完成率												

名师经验

这里仅仅选取了 5 个部门，每个部门假定一个 KPI 指标来进行示范讲解。在实际工作中，基础数据表格可能要比上表复杂很多。

分析人员会考虑：分析模型要达到什么效果？模型类别如何选择？图形如何呈现？一般来说，分析模型要便于使用，应使用户可以与模型进行简单的交互来查看不同的数据，因此使用控件来构建一个控件模型是较好的选择，例如，当用户选择"采购"单选项时，图表显示如图 16-1 所示；当用户选择"生产"单选项时，图表显示如图 16-2 所示。

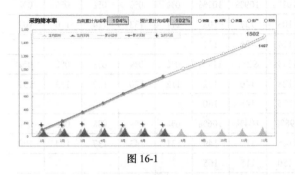

图 16-1

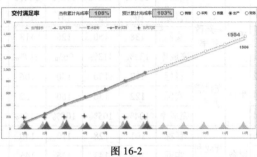

图 16-2

可以看到，图表中很多地方都随着控件变化而变化，例如图表左上角的项目名称，"当前累计完成率"与"预计累计完成率"的数值，图表中间的"累计实际"与"累计目标"趋势线，以及图表底部表示是否完成当月目标的星号等。接下来就将其一一实现。

16.2 | 数据采集：确定数据并规范格式

由于基础数据表已经确定，接下来就要确定并输入相应的数据，以及将数据规范化，以防在计算时出现意外。

在实际工作中，制定好表格以后，数据可能不会齐备到位，例如我们做模型的时间是 1 月，那么 2～12 月的实际数据是无法获取的，这时需要分析人员虚拟一些数据填充到表格中，并根据这些虚拟的数据来制作图表。后期数据到位了直接输入表格中覆盖原来的虚拟数据即可得到真实的图表。

虚拟数据一般使用 RANDBETWEEN 函数来完成，该函数可以生成指定范围内的随机数。该函数的表达式如下所示：

```
RANDBETWEEN(Bottom,Top)
```

其中，Bottom 参数用于指定生成范围内的最小整数，而 Top 参数则用于指定生成范围内的最大整数。这里使用公式"RANDBETWEEN(100,150)"为基础数据表生成数据，结果如表 16-2 所示。

表 16-2

	A	B	C	D	E	F	G	H	I	J	K	L	M	N	O
1				关键绩效指标（KPI）数据									自动计算	手动录入	
2	部门	项目	目标/实际	1 月	2 月	3 月	4 月	5 月	6 月	7 月	8 月	9 月	10 月	11 月	12 月
3	销售	销售完成率	目标	114	111	146	118	104	111	103	117	113	139	119	103
4			实际	134	130	135	110	103	120	117					
5			完成率	118%	117%	92%	93%	99%	108%	114%	0%	0%	0%	0%	0%

续表

	A	B	C	D	E	F	G	H	I	J	K	L	M	N	O
6	采购	采购降本率	目标	102	129	120	130	138	124	124	117	109	112	120	142
7			实际	106	130	132	135	139	135	125					
8			完成率	104%	101%	110%	104%	101%	109%	101%	0%	0%	0%	0%	0%
9	质量	降赔改善率	目标	104	133	131	101	103	137	103	111	133	114	110	102
10			实际	138	150	126	118	114	126	121					
11			完成率	133%	113%	96%	117%	111%	92%	117%	0%	0%	0%	0%	0%
12	生产	交付满足率	目标	117	130	150	106	128	140	132	112	120	127	113	131
13			实际	122	136	160	122	125	146	140					
14			完成率	104%	105%	107%	115%	98%	104%	106%	0%	0%	0%	0%	0%
15	财务	营业利润率	目标	101	128	110	140	145	117	149	131	143	137	104	100
16			实际	104	143	126	145	150	115	165					
17			完成率	103%	112%	115%	104%	103%	98%	111%	0%	0%	0%	0%	0%

> **名师经验**
>
> 　　用 RANDBETWEEN 函数获取虚拟数据，尽可能使数据范围接近真实数据，而且散差不要太大。

　　需要说明的是，"完成率"数据是用当月实际完成量除以目标完成量得出的，如销售部门 1 月"完成率"为"D4/D3"，如图 16-3 所示。

图 16-3

　　此外，还要提醒分析人员的是，当数据从各部门递交到分析部门时，分析人员一定要将数据规范化以后再录入表格中，如果各部门自行录入了数据，分析人员则要进行规范化检测，具体方法已经在第 4 章中讲解过了。

　　当完成基础数据表格的数据采集和填充后，还要制作一个图表数据源，根据此图表数据源绘制图形。

> **名师经验**
>
> 　　很多人在做图表的时候，把基础数据当成图表数据源，采取直接套图的形式，结果无法绘制出自己想要的图。如果想画出自己想要的图，那就必须构建图表的数据源，不同的图表有对应的构建数据源的原则，《Excel 图表应用大全》中介绍了独创的 I Can Do 原则，感兴趣的读者可以研究一下。

　　当用户选择不同控件时，图表数据源会提取出基础数据表格中的相应部门的数据，图形也会因此发生相应的变化。图表数据源如表 16-3 所示。

表 16-3

	C	D	E	F	G	H	I	J	K	L	M	N	O
22	项目	1月	2月	3月	4月	5月	6月	7月	8月	9月	10月	11月	12月
23	当月目标	114	111	146	118	104	111	103	117	113	139	119	103
24	当月实际	134	130	135	110	103	120	117	0	0	0	0	0
25	累计目标	114	225	371	489	593	704	807	924	1037	1176	1295	1398
26	累计实际	134	264	399	509	612	732	849	#N/A	#N/A	#N/A	#N/A	#N/A
27	累计预计	134	264	399	509	612	732	849	966	1079	1218	1337	1440
28	当月完成	118%	117%	#N/A	#N/A	#N/A	108%	114%	#N/A	#N/A	#N/A	#N/A	#N/A
29													
30	1												

注意，在 C30 单元格中有一个数据 1，这是什么意思呢？它的数值是由控件决定的，范围为 1～5，分别代表"销售""采购"等 5 个部门；图表数据源根据这个数值取得不同部门的数据，并绘制出不同的图表。如何将 C30 单元格与图表数据源和控件链接起来，下一步将进行讲解。

16.3 | 公式链接：让数据统计和图表绘制同步进行

只有让基础数据表、图表数据源和图表之间发生有机的联系，才能制作出动态分析模型。

16.3.1　链接 C30 单元格与 5 个单选项控件

可从"开发工具"选项卡中找到代表 5 个部门的单选项控件并插入数据表中。先单击"开发工具"选项卡中的"插入"按钮，在弹出的下拉列表中选择单选项控件，如图 16-4 所示。然后在表上合适的位置单击即可插入控件。之后在控件上单击鼠标右键，在弹出的快捷菜单中选择"设置控件格式"命令，如图 16-5 所示。

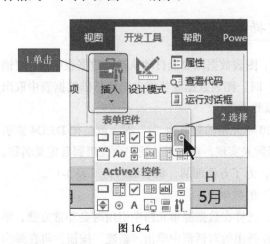

图 16-4

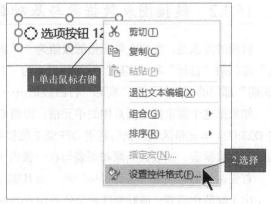

图 16-5

在弹出的对话框中单击"控制"选项卡，在"单元格链接"文本框中输入"C30"并单击"确定"按钮，如图 16-6 所示。

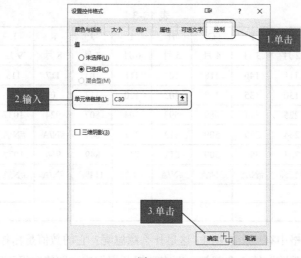

图 16-6

向右复制设置好的控件，一共复制 4 次，如图 16-7 所示。

图 16-7

将 5 个控件改名并重新排列，如图 16-8 所示。

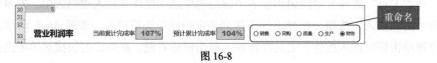

图 16-8

16.3.2　链接图表数据源与基础数据表

　　目前的需求是，当 C30 单元格的数值为"1"时，图表数据源要能自动从基础数据表中取出"销售"部门的"目标"和"实际"行的数据；为"2"时，图表数据源要能自动从基础数据表中取出"采购"部门的"目标"和"实际"行的数据……以此类推。

　　如果把这个需求拆分到具体的单元格，即当 C30 单元格的数值为"1"时，就是把 D3:O4 索引到 D23:O24 单元格区域。我们利用 OFFSET 位移函数来实现。在这里，我们会应用到自定义名称。假设基础数据表、图表数据源和图表均在一张表中，为了方便理解，将表命名为"表 3-1"。

　　首先，我们来获取"当月目标"和"当月实际"的数据。

　　出于规范化需要，最好为这两个公式建立名称，这样在数据源单元格中引用时会非常方便。单击"公式"选项卡下的"名称管理器"按钮，然后在弹出的对话框中单击"新建"按钮，再在弹出的对话框中的"名称"文本框中输入"目标"，并在"引用位置"文本框中输入"OFFSET('表 3-1 '!$C$3,('表 3-1 '!$C$30-1)*3,COLUMN('表 3-1 '!A1),1,1)"，如图 16-9 所示。然后按同样的操作，再新建"实际"名称，并在"引用位置"文本框中输入"OFFSET('表 3-1 '!$C$4,('表 3-1 '!$C$30-1)*3,COLUMN('表 3-1 '!A2),1,1)"。完成后效果如图 16-10 所示，单击"关闭"按钮退出对话框。

图 16-9

图 16-10

将 D23:O23 单元格区域全部赋值为"=目标"，将 D24:O24 单元格区域全部赋值为"=实际"，即可根据 C30 单元格的值自动取得不同部门的数据。

> **名师经验**
>
> 单元格采用"=目标"和"=实际"赋值后，需要检验数据是否正确。如果发现数据有误，需要在"名称管理器"对话框中选择对应内容，然后单击"编辑"按钮，查看和校对公式是否发生了变化。如果有，则根据 OFFSET 位移函数的定位推算是否正确。这一步很关键，如果对公式不熟悉，则可能在这个步骤取错数据。

其次，编写"累计目标"和"累计实际"的计算公式。

"累计目标"用于计算从当月到 1 月的"当月目标"之和，如果"当月目标"没有数据，则同样不输出任何数据。因此，D25 单元格的公式可为：

```
IF(D23="","",SUM($D23:D23))
```

"累计实际"用于计算从当月到 1 月的"当月实际"之和，如果"当月实际"没有数据，则使用 NA 函数输出"#N/A"。因此，D26 单元格的公式可为：

```
IF(D24=0,NA(),SUM($D24:D24))
```

最后，编写"累计预计"和"当月完成"的计算公式。

"累计预计"用于计算当月的预估累计完成目标。如果当月的"累计实际"已有数据，则"累计预计"等于"累计实际"；如果当月的"累计实际"为"#N/A"，则"累计预计"为前一个月"累计预计"加上"当月目标"。因此，D27 单元格的公式可为：

```
IF(ISNA(D26),C27+D23,D26)
```

> **名师经验**
>
> 要注意，这个公式尚不完善，当 1 月没有"累计实际"数据时，该公式不能得到正常的结果。在实际工作中要注意这个问题，进一步修改公式进行解决。

"当月完成"用于计算当月的完成率，即当月实际完成量除以当月目标完成量。如果当月的实际完成量尚无数据，或当月实际完成量小于当月目标量（未完成当月任务），则输出"#N/A"，否则输出当月实际完成量除以当月目标完成量的结果。因此，D28 单元格的公式可为：

```
IF(OR(D24=0,D24<D23),NA(),D24/D23)
```

当 D25:D28 单元格区域的公式都确定以后，直接将它们向右拖动复制到 O 列即可自动得到数据及计算结果。到这里，图表数据源就与基础数据表联系起来了。

16.3.3　链接图表数据源与 KPI 考核项目名称

接下来要将图表数据源与 KPI 考核项目名称链接起来，当 C30 单元格的值变化时，KPI 考核项目名称也应随之而变化，例如，当 C30 单元格的值为 5 时，KPI 考核项目名称应相应变为"营业利润率"，如图 16-11 所示。

图 16-11

KPI 考核项目名称的值是以 B2 单元格为坐标原点，将 C30 单元格的值计算后得到 1、4、7、10、13 这 5 个行偏移量，来分别获取到的 B3、B6、B9、B12、B15 这 5 个单元格的数据，即基础数据表中的"项目"列的数据，其计算公式可为：

```
OFFSET($B$2,(C30-1)*3+1,0,1,1)
```

16.3.4　链接图表数据源与"当前累计完成率"

"当前累计完成率"是用当前月份的"累计实际"除以"累计目标"得到的。由于使用表格时，可能是 1～12 中的任何一个月，例如 6 月，那么"累计实际"和"累计目标"都取 1～6 月的值，因此要用 COUNTIF 函数在"当月实际"统计所有大于 0 的单元格的数量，得到的数值即月份数（因为还没到来的月份是没有"当月实际"数据的），然后用 INDEX 函数得到当月的"累计实际"及"累计目标"数据，并将二者相除。其计算公式可为：

```
INDEX(D26:O26,COUNTIF($D$24:$O$24,">0"))/INDEX(D25:O25,COUNTIF($D$24:
$O$24,">0"))
```

> **名师经验**
>
> 　当前累计完成率公式可能比较长，理解起来可能比较费劲。只要大家明白计算逻辑，当月累计完成率=当月累计实际÷当月累计目标，那么就可以借用其他空白单元格，应用公式分别独自计算出"当月累计实际"（假设为 C55 单元格）和"当月累计目标"（假设为 C66 单元格）数据，然后再应用"C55/C66"就可以了，这样更容易理解。

16.3.5　链接图表数据源与"预计累计完成率"

"预计累计完成率"是用 12 月的"累计预计"除以"累计目标"得到的，因此其计算公式可为：
单元格数据=O27/O25

16.3.6 根据数据源绘制图表

下面根据数据源绘制出图表，并将图表效果调整为预设的样式。选中整个数据源区域（C22:O28 单元格区域），然后单击"插入"选项卡中的"推荐的图表"按钮，如图 16-12 所示。

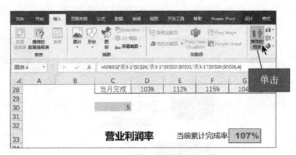

图 16-12

在弹出的对话框中单击"所有图表"选项卡，并单击"组合图"选项，将"累计目标""累计实际""累计预计""当月完成"的类型都修改为"折线图"，单击"确定"按钮，如图 16-13 所示。

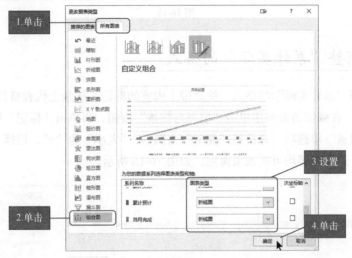

图 16-13

建立了图表以后，可以看到"累计实际"数据线条被挡住了，没有显示出来。此时，可在图表区域单击鼠标右键，在弹出的快捷菜单中选择"选择数据"命令，如图 16-14 所示。

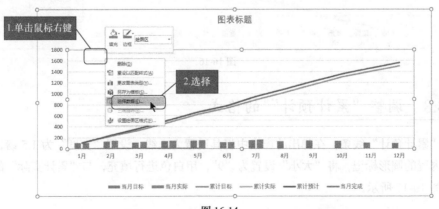

图 16-14

在弹出的对话框中选择"累计实际"图例项，并单击"向下"箭头将其移动到图例项列表的底部，可以看到此时图表中已经显示出了"累计实际"的线条，单击"确定"按钮退出对话框即可，如图 16-15 所示。

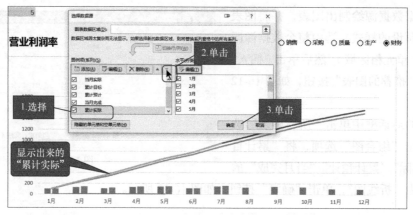

图 16-15

16.3.7　调整"累计实际"的格式

接下来要调整"累计实际"的格式，使之带上内置的标记（线条上代表每月数据的点）。双击"累计实际"线条，在弹出的窗格中单击"填充与线条"按钮，再单击"标记"选项卡，选择"标记选项"下的"内置"单选项，并设置"类型"为圆形，"大小"为"5"，选择"纯色填充"单选项，其余的颜色、透明度等均可视效果而定，如图 16-16 所示。

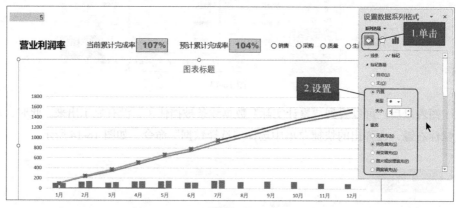

图 16-16

16.3.8　调整"累计预计"的格式

双击"累计预计"线条，在弹出的窗格中将其设置为虚线，设置"宽度"为 1.5 磅，同样也为其添加上内置的圆形标记，将"大小"设置为"9"，用白色进行填充，与"累计实际"的标记进行区分，如图 16-17 所示。

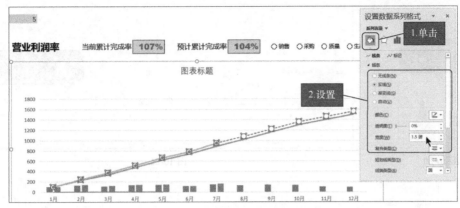

图 16-17

16.3.9 调整"当月目标"和"当月实际"的格式

接下来要将"当月目标"和"当月实际"的格式从柱形调整为异形的三角形，使之看上去更加特别，因此需要先绘制出两个三角形，调整形状后复制到"当月目标"和"当月实际"的柱形图中。首先单击"插入"选项卡中的"形状"按钮，在弹出的下拉列表中选择三角形，如图 16-18 所示。在表格空白处绘制一个三角形，然后单击"格式"选项卡中的"编辑形状"按钮，在弹出的下拉列表中选择"编辑顶点"命令，如图 16-19 所示。

图 16-18

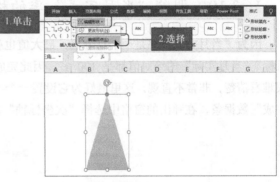

图 16-19

将三角形的腰部中点往内收缩一些，并取消其边框线，用灰色进行填充，然后复制一个同样的三角形到旁边，将填充颜色改成绿色，并将其透明度设置为 30% 左右，如图 16-20 所示。复制灰色的三角形，单击选择"当月目标"中的数据条，然后粘贴，即能让所有的"当月目标"数据条由柱形变为三角形，如图 16-21 所示。

用同样的方法复制绿色三角形到"当月实际"数据条中，此时两个数据条隔得较远，还要调整一下二者的距离。假如要使数据条之间有错位的效果，先双击"当月实际"数据条，然后在弹出的窗格中将"系列重叠"设置为"59%"，"间隙宽度"设置为"45%"，使二者重叠起来，如图 16-22 所示。

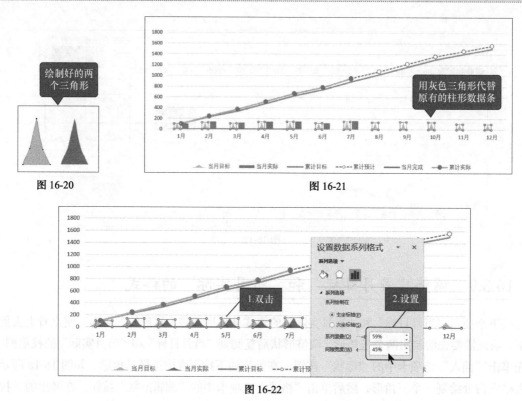

图 16-20　　　　　　　　　　　　图 16-21

图 16-22

16.3.10　调整"当月完成"率的格式

因为"当月完成"率是一个百分比，最大值也就 100%多一些，也就是比 1 大一点，而"当月目标""当月实际"的绝对值都是 100 多，因此完成率与其他数据之间差异太大，在现有坐标系下很难看清楚，非常不直观。这里最好为它设置一个次坐标，使其能够清晰地显示出来。双击"当月完成"数据条，在弹出的窗格中选择"次坐标轴"单选项，如图 16-23 所示。

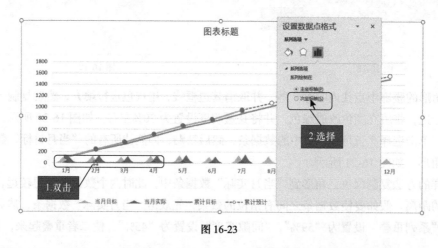

图 16-23

可以看到"当月完成"数据出现在了图表中央。此时需要适当调整次坐标轴，将"当月完成"数据下降到"当月目标"和"当月实际"数据上方。双击图表右侧的次坐标轴，在弹出的窗格中将"最大值"修改为"10"，如图 16-24 所示。

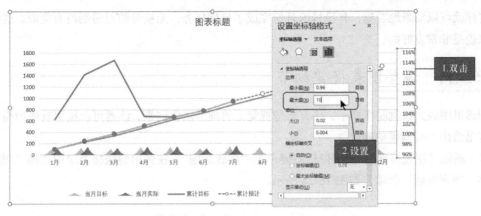

图 16-24

修改完毕后可以看到所有的"当月完成"数据都下降到了合适的位置。之后按照前面介绍过的方法，插入一个形状，绘制出一个十字星号，如图 16-25 所示。将该星号复制到"当月完成"线条上，效果如图 16-26 所示。

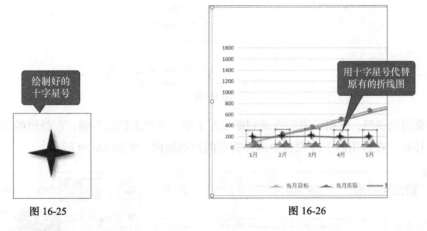

图 16-25　　　　　　　　　　　　　　　　图 16-26

但"当月完成"数据之间还有线条相连，不是很美观，此时可以双击"当月完成"数据，在弹出的窗格中单击"填充与线条"按钮，并选择"无线条"单选项，这样"当月完成"数据之间的线条就消失了，如图 16-27 所示。

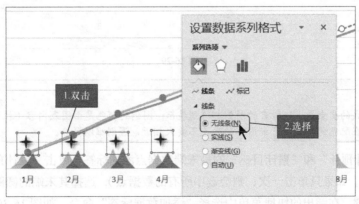

图 16-27

这样就可以清晰地看到，有星号的月份完成了目标任务，无星号的月份则没有完成，这对于读表者来说是非常友好的。

16.3.11　调整图表视觉细节

到这里图表大致就制作好了，还有一些视觉上的细节需要调整，读者可以按照具体的需求来调整，这里给出一些调整的建议。

（1）删除"图表标题"。使用鼠标右键单击"图表标题"，在弹出的快捷菜单中选择"删除"命令，将"图表标题"删除，如图 16-28 所示。

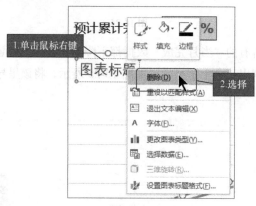

图 16-28

（2）调整图例说明。将图例说明拖动到图表左上角，并单击鼠标右键，在弹出的快捷菜单中单击"边框"按钮，在弹出的下拉列表中选择需要的边框颜色，如图 16-29 所示。

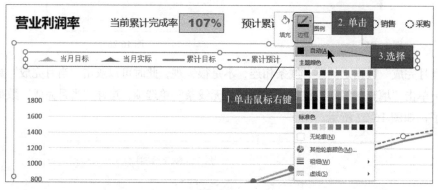

图 16-29

名师经验

调整图例格式的要点是：让所有的图例都得到展示；图例的颜色是由图表内容（柱形图、折线图等）决定的。因此，在配色的时候图表中内容的颜色不要太相近，否则难以区分。

（3）为"累计预计"和"累计目标"的最末端数据点添加标签。单击"累计预计"最末端两次（注意，不是双击。如果只单击一次，则会选中所有的数据点），选择其末端的圆圈符号，选中后在其上单击鼠标右键，在弹出的快捷菜单中选择"添加数据标签"命令，如图 16-30 所示。添加数据标签后，调整其字体、大小和颜色，如图 16-31 所示。

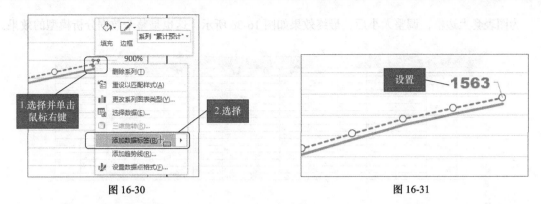

图 16-30   图 16-31

接下来要去掉标签与数据之间的连接线。双击该连接线，在弹出的窗格中选择"无线条"单选项，即可将连接线去掉，如图 16-32 所示。之后再按照同样的方法为"累计目标"的最末端数据点添加标签，如图 16-33 所示。

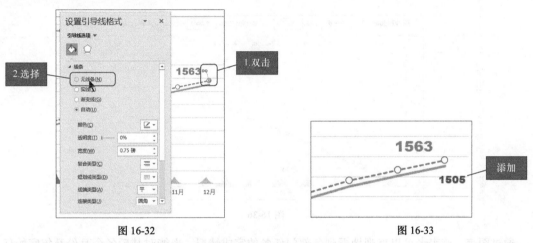

图 16-32   图 16-33

（4）隐藏次坐标。双击次坐标，在弹出的窗格中选择"标签"下"标签位置"下拉列表中的"无"选项，即可将次坐标轴隐藏起来，如图 16-34 所示。

（5）删除网格线。使用鼠标右键单击网格线，在弹出的快捷菜单中选择"删除"命令即可将其删除，如图 16-35 所示。

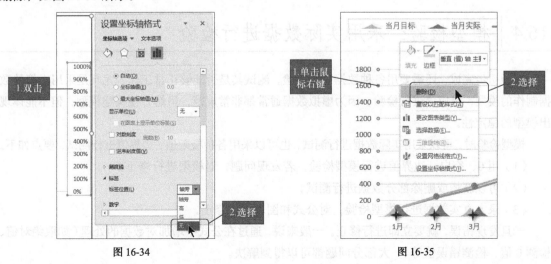

图 16-34   图 16-35

为图表套上边框，调整大小后，最终效果如图 16-36 所示。这也是整个数据分析模型的效果。

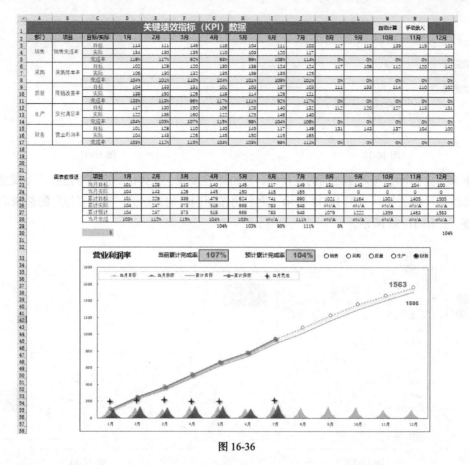

图 16-36

通过图表，读表者可以直观地看到各部门任务的完成情况，也能对其后各个月份及年底的任务量有一个大概的了解。而制表者也只需简单地输入数据就能自动生成美观的图表，极大地减少了工作量，这就是数据分析模型为双方带来的好处。

16.4 ｜ 模型检验：采用实际数据进行检验

模型初步完成，还需要用各种数据进行检验，测试其是否能够正常工作。尤其是采用虚拟的数据制作的模型，更应该进行检验，因为虚拟数据通常都非常规范，虽然方便构建模型，但不能体现出模型的稳定性。

模型检验时，可以采用实际数据进行测试，也可以采用各种极限值、边界值进行测试，要点如下。

（1）用 0、空白、边界值进行模型检验，若发现问题，对模型进行修正。

（2）可以新增或删除部分数据进行测试。

（3）录入真实数据进行模型检验，对公式和图表进行修正。

一旦发现错误，就要立即进行修正。一般来说，通过在公式中增加对数据的处理（如取绝对值、检测 0 值、检测错误值等），大部分问题都可以得到解决。

16.5 | 安全设置：避免他人误操作或恶意修改数据

为了避免他人误操作表格或恶意修改表格中的数据，制表者可以将重要数据隐藏起来，以及保护不允许他人修改的区域，如图 16-37 所示，图中蓝框（浅色框）部分为允许修改的区域，红框（深色框）部分为要隐藏的区域。

关键绩效指标（KPI）数据											自动计算		手动录入	
部门	项目	目标/实际	1月	2月	3月	4月	5月	6月	7月	8月	9月	10月	11月	12月
销售	销售完成率	目标	114	111	146	118	104	111	103	117	113	139	119	103
		实际	134	130	135	110	103	120	117					
		完成率	118%	117%	92%	93%	99%	108%	114%	0%	0%	0%	0%	0%
采购	采购降本率	目标	102	129	120	130	138	124	124	117	109	112	120	142
		实际	106	130	132	135	139	135	125					
		完成率	104%	101%	110%	104%	101%	109%	101%	0%	0%	0%	0%	0%
质量	降赔改善率	目标	104	133	131	101	103	137	103	111	133	114	110	102
		实际	138	150	126	118	114	126	121					
		完成率	133%	113%	96%	117%	111%	92%	117%	0%	0%	0%	0%	0%
生产	交付满足率	目标	117	130	150	106	128	140	132	112	120	127	113	131
		实际	122	136	160	122	125	146	140					
		完成率	104%	105%	107%	115%	98%	104%	106%	0%	0%	0%	0%	0%
财务	营业利润率	目标	101	128	110	140	145	117	149	131	143	137	104	100
		实际	104	143	126	145	150	115	165					
		完成率	103%	112%	115%	104%	103%	98%	111%	0%	0%	0%	0%	0%

图表数据源

项目	1月	2月	3月	4月	5月	6月	7月	8月	9月	10月	11月	12月
当月目标	102	129	120	130	138	124	124	117	109	112	120	142
当月实际	106	130	132	135	139	135	125	0	0	0	0	0
累计目标	102	231	351	481	619	743	867	984	1093	1205	1325	1467
累计实际	106	236	368	503	642	777	902	#N/A	#N/A	#N/A	#N/A	#N/A
累计预计	106	236	368	503	642	777	902	1019	1128	1240	1360	1502
当月完成	104%	101%	110%	104%	101%	109%	101%	#N/A	#N/A	#N/A	#N/A	#N/A

2

图 16-37

名师经验

C30 单元格为什么要设置为允许修改呢？这是因为 C30 单元格的值是用户通过选择控件而设置的，如果不允许修改，控件就会失效。但 C30 单元格会被隐藏起来，所以实际上表格用户也没办法修改它的值，起到了规范输入的作用。

在 Excel 的"审阅"选项卡中有一个"保护工作表"的功能按钮，通过该按钮可以将当前工作表保护起来，让工作表中的数据不被修改。如果允许用户对工作表中的部分单元格进行操作，则在执行保护前，应当解除对这部分单元格的锁定。

16.5.1 开放允许修改的单元格区域

要向用户开放允许修改的单元格区域，其操作非常简单。先选中一个单元格区域，在其上单击鼠标右键，在弹出的快捷菜单中选择"设置单元格格式"命令，如图 16-38 所示。

在弹出的对话框中单击"保护"选项卡，取消对"锁定"复选框的勾选，并单击"确定"按钮，如图 16-39 所示。

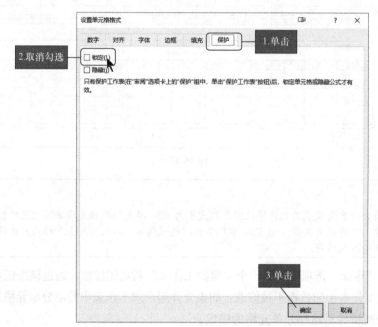

图 16-38

图 16-39

重复此操作，将所有允许用户修改的单元格区域都解除锁定。

16.5.2　隐藏重要的单元格区域

　　工作表中常常有一些重要的单元格区域不允许其他用户观看。对于这些单元格区域，可先进行折叠操作，然后再执行工作表保护，即可将其隐藏起来。这里要隐藏图表数据源及 C30 单元格，因此可选中 20～30 行，单击"数据"选项卡中的"组合"按钮，先将它们组合起来，如图 16-40 所示。

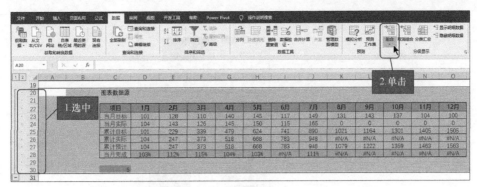

图 16-40

组合后，行号左侧会出现减号按钮，单击该按钮即可将数据区域折叠起来，如图 16-41 所示。

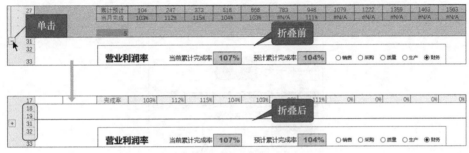

图 16-41

16.5.3 保护数据表

接下来就要执行数据保护操作。在"审阅"选项卡中单击"保护工作表"按钮，如图 16-42 所示。

图 16-42

在弹出的对话框中取消对"选定锁定单元格"复选框的勾选，输入密码并单击"确定"按钮，如图 16-43 所示。在弹出的对话框中再次输入相同的密码，并单击"确定"按钮，如图 16-44 所示。

这样对数据表的保护操作就完成了。除了允许修改的单元格以外，其余所有的单元格都不能被选中，更不能被修改；如果想要展开隐藏的单元格区域，则会弹出警告提示框，提示该操作不能完成，如图 16-45 所示。

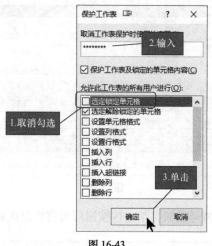

图 16-43

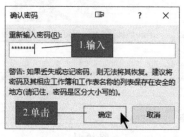

图 16-44

图 16-45

16.6 模型拓展建议

本案例是一个实战案例的缩影，也算是一个缩减版的模型；实际工作中的模型应该比这个模型更复杂，为了更好地练习，大家可以对这个模型做以下拓展。

（1）增加类别：可以为不同部门添加不同指标，还可以设置科室和个人的指标和完成情况。

（2）增加控件：可以实现按钮、列表框、组合框的综合应用，增强功能。

（3）增加数据：基础数据可以经其他表格统计而来，也就是建立基础数据库。

（4）增加难度：有些指标是超过目标则表现好，有些是低于目标则表现好，要进行合理的区别对待。

当然，不同的行业有不同的计算方法，这里讲解的模型仅仅是沧海一粟。不过，笔者希望能通过这样的一种模型，拓展大家的思维，让大家举一反三，学会制作自己行业的数据分析模型。

名师支招

在图表里，巧妙应用 0、空白、无色填充、"#N/A" 等作为辅助，可以实现多种效果，感兴趣的读者可以对图表技术进行进一步的研究。

第 17 章

Power BI 与超级数据透视

前面已经讲解过数据获取、建模与呈现的方法，主要通过 Excel 中的各种功能模块的搭配使用来实现。不过，Excel 虽然能够满足大家日常工作中的需要，但对于大数据量的分析，还是会显得有点"力不从心"，因此微软公司将数据分析中经常用到的功能集成到一个名为"Power BI"的软件中，专门用于复杂的数据分析工作。

17.1 | 两分钟了解 Power BI 组件

数据分析的步骤与做菜很相似。做菜大致分为 3 步：第一步是购买并处理食材，第二步是烹饪，第三步是摆盘上桌。数据分析也会经历类似的步骤，即数据收集整理、数据建模及数据呈现。

为了让 Excel 能够胜任日益复杂的数据分析工作，微软公司往 Excel 里面加入了 4 个重要的插件：Power Query、Power Pivot、Power View 及 Power Map。而后来微软公司推出了独立的 Power BI 软件，该软件整合了这四大插件的功能，并加入了社交分享的功能。由于继承了 Excel 的部分特点，以及集成了更为强大的功能，Power BI 推出后深受用户好评，很多用户都将数据转移到了 Power BI 上来分析。

Power Query、Power Pivot、Power View 及 Power Map 既可以在 Excel 中使用，也可以在 Power BI 中使用。这 4 个插件的功能如表 17-1 所示。

表 17-1

插件	主要功能
Power Query	把不同来源的数据源整合在一起，做合并查询、逆透视等，进行批处理，提升操作性，避免重复对数据进行处理，为数据分析做好准备
Power Pivot	通过 Excel 报表中的数据透视表、透视图、切片器和筛选器，进行数据可视化和交互，创建关系查询
Power View	快速创建各种可视化效果，例如饼图、条形图和气泡图等，并做图像、数据、控件的交互绑定
Power Map	3D 可视化的 Excel 地图插件，可以探索地理与时间维度上的数据变换与图表交互

可以看出，Power BI 是一个功能非常强大的软件，这里限于篇幅，不能详细讲解 Power BI 的使用方法，但会详细介绍这几个组件的作用，给大家日后的学习打下基础。

17.2 | 在 Excel 中加载数据分析插件

很多用户习惯在 Excel 中使用这几个数据分析插件，不过初学者可能不知道如何打开它们，这里简单进行讲解。

1. Power Query

Power Query 其实就隐藏在 Excel 的"数据"选项卡下，打开它的方法非常简单。先选中表格中的任意数据，然后单击"数据"选项卡中的"来自表格/区域"按钮，如图 17-1 所示。

图 17-1

随即会弹出 Power Query 编辑器窗口，表格已经自动加载在 Power Query 中了，如图 17-2 所示。

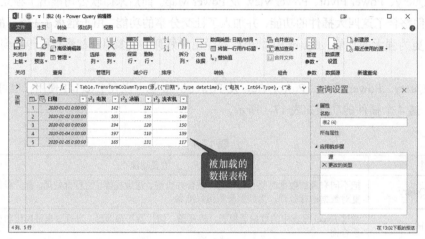

图 17-2

2. Power Pivot

Power Pivot 需要从"开发工具"选项卡中进行加载。不过很多时候 Excel 并没有显示"开发工具"选项卡，需要通过设置才能显示出来。

在 Excel 中单击"文件"选项卡中的"选项"按钮，弹出"Excel 选项"对话框，在该对话框中单击"自定义功能区"选项，并选择"常用命令"选项，勾选"开发工具"复选框，再单击"确定"按钮，如图 17-3 所示。

返回 Excel 主界面后，可以看到菜单栏中多了一个"开发工具"选项卡，单击该选项卡下的"COM 加载项"按钮，如图 17-4 所示。

弹出"COM 加载项"对话框，勾选"Microsoft Power Pivot for Excel"复选框，然后单击"确定"按钮，如图 17-5 所示。

一般情况下会同时将"Microsoft Power Map for Excel""Microsoft Power View for Excel"复选框都勾选上，这样这 3 个插件的加载就一次性完成了。加载后可以看到菜单栏中多出了"Power Pivot"选项卡，如图 17-6 所示。

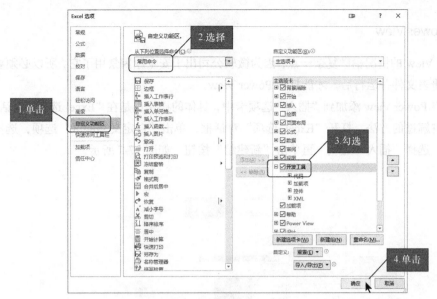

图 17-3

图 17-4

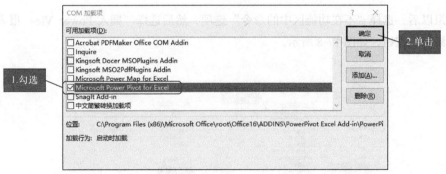

图 17-5

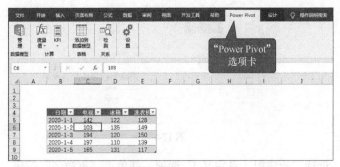

图 17-6

3. Power View

Power View 的情况稍微复杂一点，因为微软公司出于安全原因禁用了它，所以必须要到网上下载 3 个注册表文件并运行后，才能打开 Power View。

先要将 Power View 添加到"插入"选项卡中，具体的操作也是在"Excel 选项"对话框中完成。按照前面讲解过的方法，打开"Excel 选项"对话框，单击"自定义功能区"选项，选择"主选项卡"选项，选择"插入"选项，再单击"新建组"按钮，如图 17-7 所示。

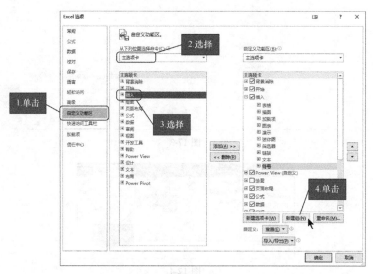

图 17-7

新建组以后，选择"不在功能区中的命令"选项，然后选择"插入 Power View 报表"选项，并单击"添加"按钮，如图 17-8 所示。

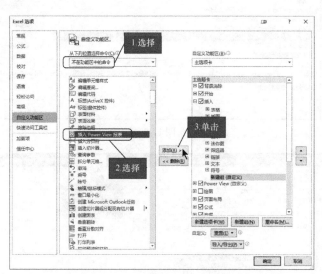

图 17-8

添加成功以后，选择"新建组（自定义）"选项，并单击"重命名"按钮，如图 17-9 所示。在弹出的对话框中输入名称并单击"确定"按钮，如图 17-10 所示。

图 17-9

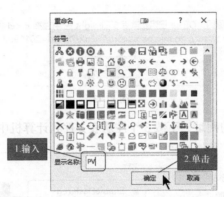

图 17-10

重命名完成后，单击"确定"按钮退出"Excel 选项"对话框，如图 17-11 所示。

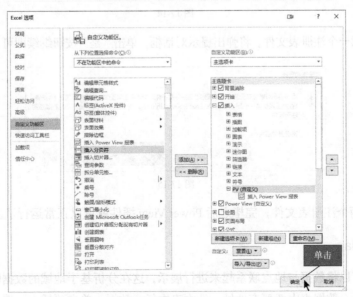

图 17-11

此时，即可在"插入"选项卡中看到新添加的"Power View"按钮，如图 17-12 所示。

图 17-12

很多用户在初次添加"Power View"按钮之后，单击该按钮，会弹出图 17-13 所示的对话框，提示用户出于安全原因无法运行 Power View。

图 17-13

此时访问对话框中提供的网址，下载 3 个注册表文件到计算机中，如图 17-14 所示。

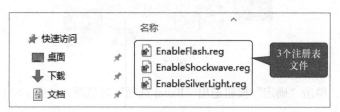

图 17-14

双击其中任意一个注册表文件，将弹出提示对话框，单击"是"按钮继续即可，如图 17-15 所示。

图 17-15

再运行其他两个注册表文件，完毕之后 Power View 插件就可以正常运行了。

4. Power Map

Power Map 可以将数据与地点联系起来进行展示，这在分析基于地域的数据时非常有用，因此要使用 Power Map，数据表中就要有地址。选中表中任意数据，单击"插入"选项卡中的"三维地图"按钮，在弹出的下拉列表中选择"打开三维地图"选项，如图 17-16 所示。

图 17-16

这样就能打开 Power Map 进行基于地理位置的数据展示了。

17.3 | 快速了解 Power Query

Power Query 又称"查询增强版"，它既是一个 Excel 插件，也是 Power BI 的一个组件。Power Query 的特点在于通过简化数据发现、访问和合并的操作，为用户提供无缝的数据发现、数据转换体验。例如，从关系型数据库、Excel、文本和 XML 文件、OData 提要、Web 页面、Hadoop 的 HDFS 等来源中方便地提取数据，并支持搜索功能，便于用户从内部和外部发现相关的数据，把不同来源的数据源整合在一起，建立好数据模型，为用 Power Pivot、Power View、Power Map 进行进一步的数据分析做好准备。

Power Query 常用于数据的加载和清洗，以及进行合并查询、逆透视等操作，合并多个文件的数据进行批处理，提升操作性，避免重复对数据进行处理。下面举几个 Power Query 常用案例供大家参考。

1. 采用逆透视将数据多列转一列

很多人在做表格的时候都有一种习惯，即把日期放在前面，其他项目排在后面，例如某门店销售数据，制作成表格后，结果如表 17-2 所示。

表 17-2

日期	电视	冰箱	洗衣机
2020-1-1	142	122	128
2020-1-2	103	135	149
2020-1-3	194	120	150
2020-1-4	197	110	139
2020-1-5	165	131	117

这样的表格是无法正常透视的，也无法用切片器来进行分析，如图 17-17 所示。

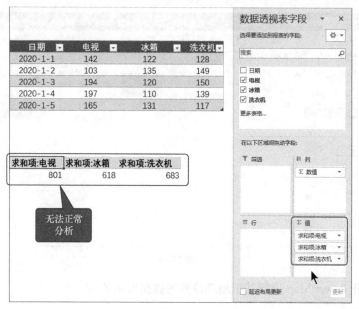

图 17-17

对于这样的表格，使用 Power Query 逆透视可以达到数据透视和分析的效果，同时还可以建立可视化模型，最终的结果如图 17-18 所示。

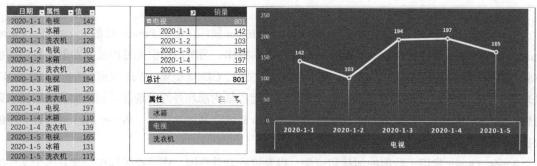

图 17-18

这个结果是如何实现的呢？先要对第一列（日期）以外的其他列使用逆透视。选中表格中任意一个单元格，并单击"数据"选项卡中的"来自表格/区域"按钮，如图 17-19 所示。

图 17-19

选中第 1 列数据，单击"转换"选项卡中的"逆透视"下拉按钮，在弹出的下拉列表中选择"逆透视其他列"选项，如图 17-20 所示。然后单击"数据类型"下拉列表，选择"日期"选项，如图 17-21 所示。

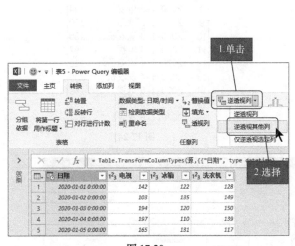

图 17-20

图 17-21

精简日期数据类型后，单击"主页"选项卡中的"关闭并上载"按钮，如图 17-22 所示。上载后会在一张新的工作表中生成逆透视后的表格，如图 17-23 所示。然后将 B 列和 C 列的表头修改一下，如图 17-24 所示。

图 17-22

接下来单击"插入"选项卡中的"数据透视表"按钮，设置好输入的表和区域与放置数据透视表的位置，然后单击"确定"按钮，如图 17-25 所示。

将"类别"和"日期"拖动到"行"区域，将"销量"拖动到"值"区域，如图 17-26 所示。

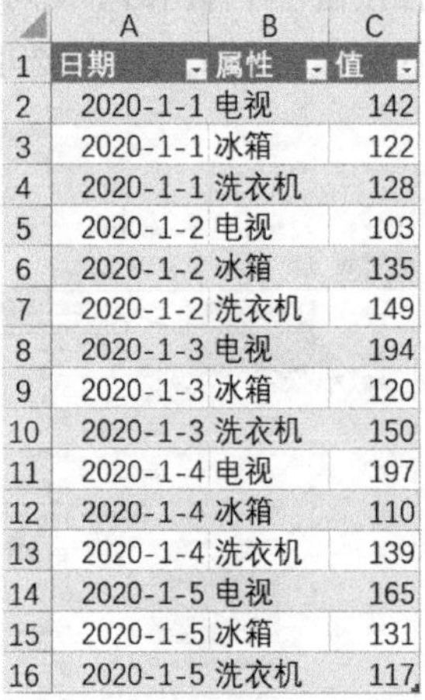

	A	B	C
1	日期	属性	值
2	2020-1-1	电视	142
3	2020-1-1	冰箱	122
4	2020-1-1	洗衣机	128
5	2020-1-2	电视	103
6	2020-1-2	冰箱	135
7	2020-1-2	洗衣机	149
8	2020-1-3	电视	194
9	2020-1-3	冰箱	120
10	2020-1-3	洗衣机	150
11	2020-1-4	电视	197
12	2020-1-4	冰箱	110
13	2020-1-4	洗衣机	139
14	2020-1-5	电视	165
15	2020-1-5	冰箱	131
16	2020-1-5	洗衣机	117

图 17-23

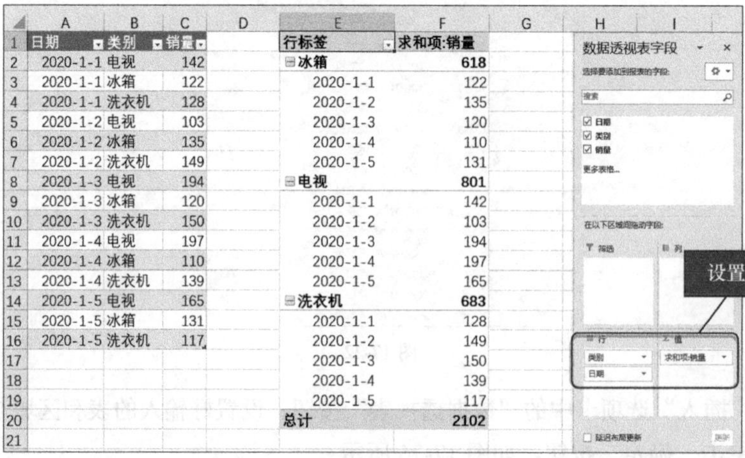

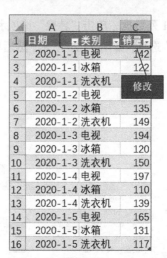

	A	B	C
1	日期	类别	销量
2	2020-1-1	电视	142
3	2020-1-1	冰箱	122
4	2020-1-1	洗衣机	128
5	2020-1-2	电视	103
6	2020-1-2	冰箱	135
7	2020-1-2	洗衣机	149
8	2020-1-3	电视	194
9	2020-1-3	冰箱	120
10	2020-1-3	洗衣机	150
11	2020-1-4	电视	197
12	2020-1-4	冰箱	110
13	2020-1-4	洗衣机	139
14	2020-1-5	电视	165
15	2020-1-5	冰箱	131
16	2020-1-5	洗衣机	117

图 17-24

图 17-25

行标签	求和项:销量
⊟冰箱	618
2020-1-1	122
2020-1-2	135
2020-1-3	120
2020-1-4	110
2020-1-5	131
⊟电视	801
2020-1-1	142
2020-1-2	103
2020-1-3	194
2020-1-4	197
2020-1-5	165
⊟洗衣机	683
2020-1-1	128
2020-1-2	149
2020-1-3	150
2020-1-4	139
2020-1-5	117
总计	2102

图 17-26

为数据透视表新建一个切片器。选中数据透视表中任意单元格，单击“插入”选项卡中的“切

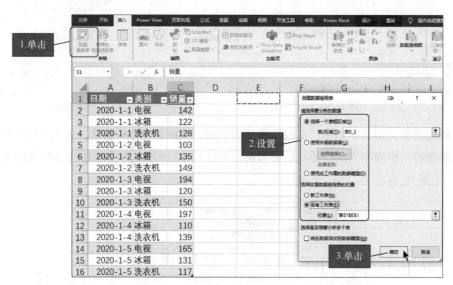

片器"按钮，如图 17-27 所示。

图 17-27

在弹出的对话框中勾选"类别"复选框，然后单击"确定"按钮，如图 17-28 所示。

图 17-28

建好切片器以后，再为数据透视表插入一个图表。选中数据透视表中任意单元格，单击"插入"选项卡中的"推荐的图表"按钮，在弹出的对话框中单击"柱形图"选项，并选择"簇状柱形图"选项，最后单击"确定"按钮，如图 17-29 所示。

这样一个完整的分析模型就建好了，如图 17-30 所示。

按照前面讲解过的方法将图表进行一定的美化，最终效果如图 17-31 所示。

这样就将一个本来难以透视分析的表格，转换成为一个具有数据透视表、切片器和图表的分析模型了。

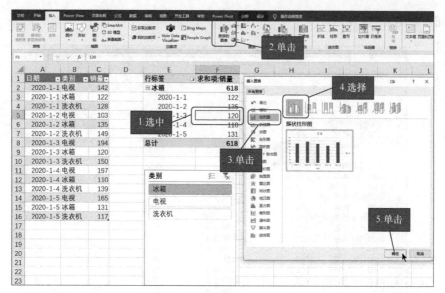

图 17-29

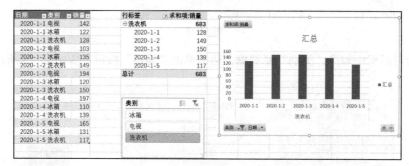

图 17-30

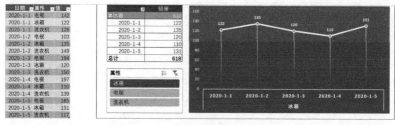

图 17-31

2. 单工作簿多表单合并

现有一个商品销售情况的工作簿，其中 1 月的数据如表 17-3 所示。

表 17-3

日期	年份	月份	产品名称	颜色	销量	价格	金额
2021-1-1	2021	1 月	T 恤	红色	15	660	9900
2021-1-2	2021	1 月	T 恤	黑色	19	550	10450
2021-1-3	2021	1 月	T 恤	黑色	12	690	8280
2021-1-4	2021	1 月	T 恤	红色	14	590	8260

续表

日期	年份	月份	产品名称	颜色	销量	价格	金额
2021-1-5	2021	1 月	衬衣	黑色	13	610	7930
2021-1-6	2021	1 月	衬衣	红色	10	540	5400
2021-1-7	2021	1 月	衬衣	蓝色	19	620	11780
2021-1-8	2021	1 月	高跟鞋	白色	13	500	6500
2021-1-9	2021	1 月	高跟鞋	蓝色	13	700	9100

2 月的数据如表 17-4 所示。

表 17-4

日期	年份	月份	产品名称	颜色	销量	价格	金额
2021-2-1	2021	2 月	T 恤	红色	12	600	7200
2021-2-2	2021	2 月	T 恤	黑色	17	600	10200
2021-2-3	2021	2 月	T 恤	黑色	17	590	10030
2021-2-4	2021	2 月	T 恤	红色	12	640	7680
2021-2-5	2021	2 月	衬衣	黑色	15	500	7500
2021-2-6	2021	2 月	衬衣	红色	13	570	7410
2021-2-7	2021	2 月	衬衣	蓝色	10	680	6800
2021-2-8	2021	2 月	高跟鞋	白色	11	700	7700
2021-2-9	2021	2 月	高跟鞋	蓝色	18	530	9540

3 月的数据如表 17-5 所示。

表 17-5

日期	年份	月份	产品名称	颜色	销量	价格	金额
2021-3-1	2021	3 月	T 恤	红色	20	550	11000
2021-3-2	2021	3 月	T 恤	黑色	14	620	8680
2021-3-3	2021	3 月	T 恤	黑色	13	560	7280
2021-3-4	2021	3 月	T 恤	红色	14	550	7700
2021-3-5	2021	3 月	衬衣	黑色	11	550	6050
2021-3-6	2021	3 月	衬衣	红色	12	680	8160
2021-3-7	2021	3 月	衬衣	蓝色	11	540	5940
2021-3-8	2021	3 月	高跟鞋	白色	10	660	6600
2021-3-9	2021	3 月	高跟鞋	蓝色	16	690	11040

要同时分析 3 张表的数据，可以使用 Power Query 进行合并，并添加相应的透视表、切片器及图表，结果如图 17-32 所示。

那么，如何使用 Power Query 来合并单个工作簿中的多张表单呢？先要在一个新工作簿中导入带有多张表单的工作簿，导入完成后再进行合并。在新建的工作簿中单击"数据"选项卡中的"获取数据"按钮，在弹出的下拉列表中选择"自文件"下的"从工作簿"选项，如图 17-33 所示。然后在弹出的对话框中选择要导入的工作簿并单击"导入"按钮，如图 17-34 所示。

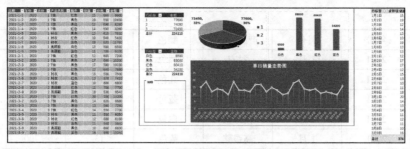

图 17-32

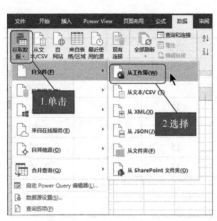

图 17-33

图 17-34

在弹出的对话框中勾选"选择多项"复选框，再勾选"表 1""表 2""表 3"复选框，并单击"转换数据"按钮，如图 17-35 所示。

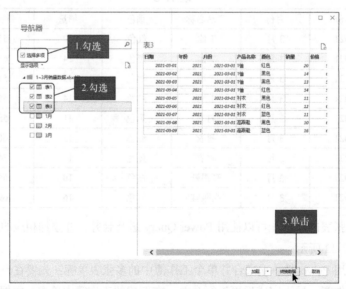

图 17-35

在 Power Query 编辑器窗口中选择"表 1"，并单击"主页"选项卡中的"追加查询"下拉按钮，在弹出的下拉列表中选择"追加查询"选项，如图 17-36 所示。

在弹出的对话框中选择"三个或更多表"单选项，再选择"表 2"并单击"添加"按钮，将表

2 追加到表 1 中, 如图 17-37 所示。

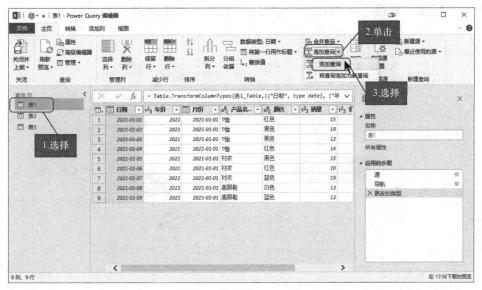

图 17-36

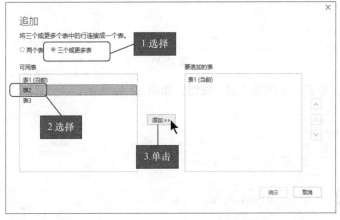

图 17-37

按照同样的方法将表 3 也追加到表 1 中, 操作完毕后单击"确定"按钮, 如图 17-38 所示。

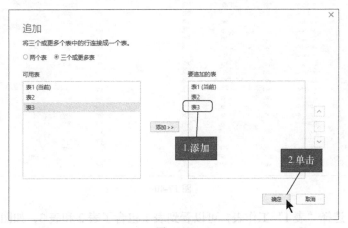

图 17-38

接下来要将月份的格式修改为数字状态。选择"月份"列，在其上单击鼠标右键，在弹出的快捷菜单中依次选择"转换"→"月份"→"月份"选项，如图 17-39 所示。

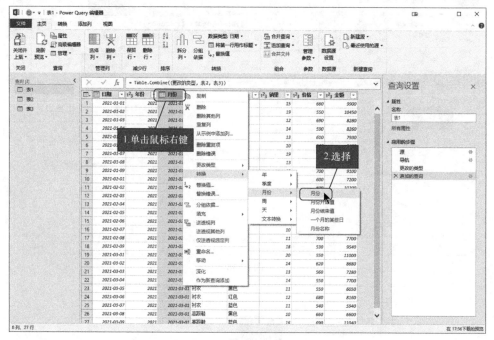

图 17-39

转换完毕以后，单击"关闭并上载"按钮，如图 17-40 所示。

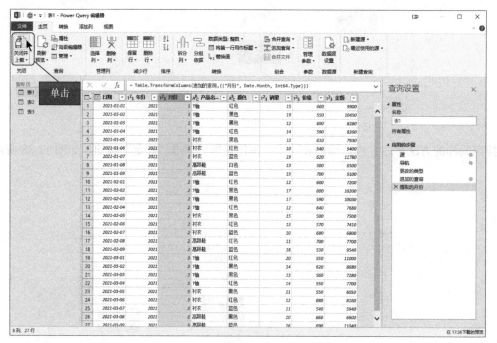

图 17-40

上载完成后，选择"表 1"工作表，可以看到表 1 包含了表 2 和表 3，如图 17-41 所示。

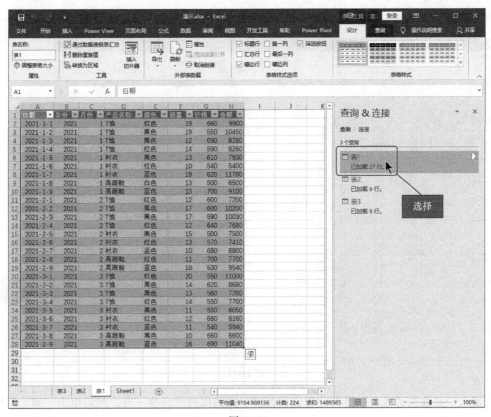

图 17-41

新建以"月份"和"颜色"为行标签的两张透视表。单击"插入"选项卡中的"数据透视表"按钮，在弹出的对话框中选择"选择放置数据透视表的位置"下的"现有工作表"单选项，并确定具体单元格位置，再单击"确定"按钮，如图 17-42 所示。

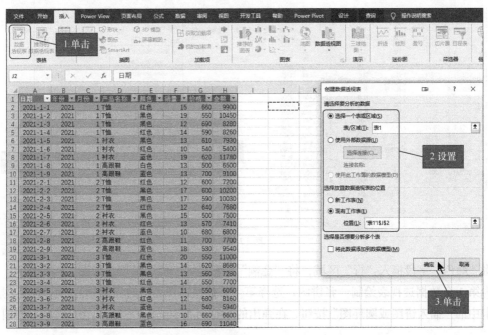

图 17-42

将"月份"字段拖入"行"区域，将"金额"字段拖入"值"区域，如图 17-43 所示。

图 17-43

再插入一张数据透视表，将其位置设置在前一张数据透视表的下方，然后单击"确定"按钮，如图 17-44 所示。

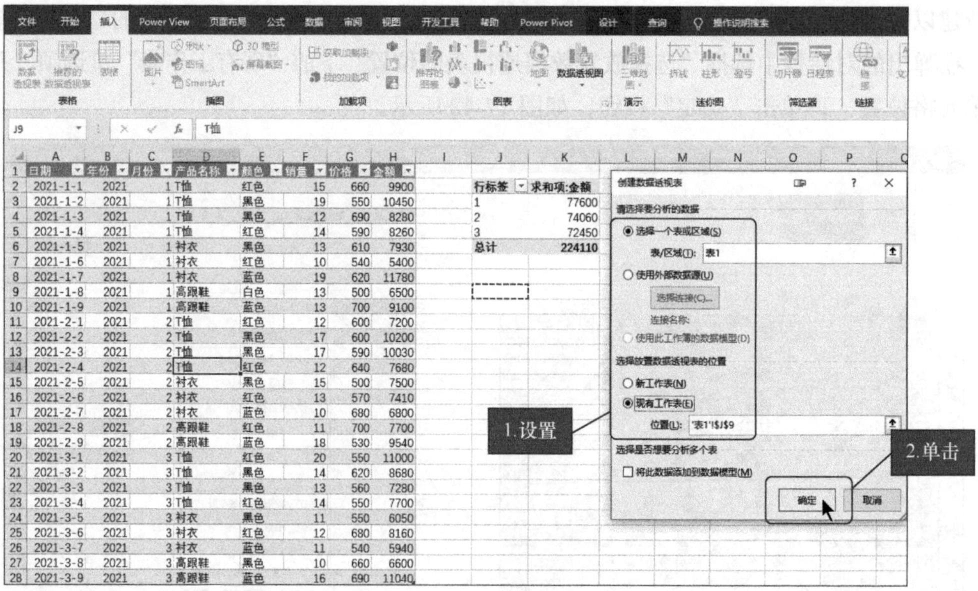

图 17-44

将"颜色"字段拖入"行"区域，将"金额"字段拖入"值"区域，如图 17-45 所示。

为第 1 个数据透视表绘制一张饼图。选择第 1 张数据透视表中的任意单元格，单击"插入"选项卡中的"插入饼图或圆环图"按钮，在弹出的下拉列表中选择"三维饼图"选项，如图 17-46 所示。

图 17-45

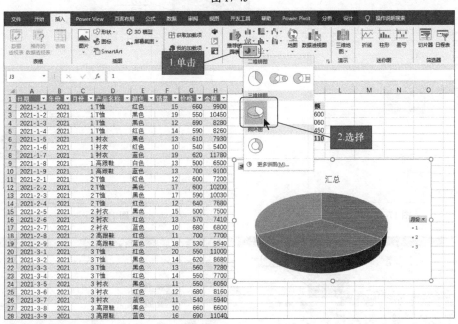

图 17-46

　　为第 2 张数据透视表绘制一张柱形图。选择第 2 张数据透视表中的任意单元格，单击"插入"选项卡中的"插入柱形图或条形图"按钮，在弹出的下拉列表中选择"三维簇状柱形图"选项，如图 17-47 所示。

　　插入第 3 张数据透视表，并将"日期"字段拖入"行"区域，将"销量"字段拖入"值"区域，如图 17-48 所示。接着在"行标签"下任意的月份上单击鼠标右键，在弹出的快捷菜单中选择"取消组合"命令，将该数据透视表展开，如图 17-49 所示。

　　展开数据透视表以后，单击"插入"选项卡中的"插入折线图或面积图"按钮，在弹出的下拉列表中选择"带数据标记的折线图"选项，如图 17-50 所示。

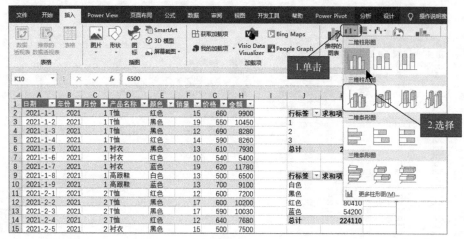

图 17-47

图 17-48

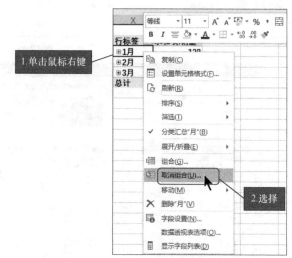

图 17-49

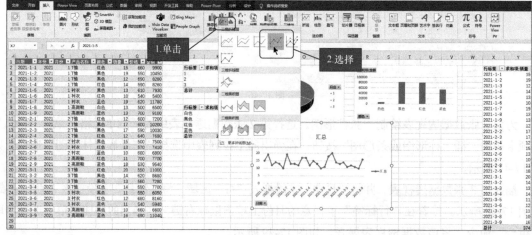

图 17-50

在空白的地方绘制一个说明框，用于添加一些辅助的说明。单击"开发工具"选项卡中的"插入"按钮，在弹出的下拉列表中选择"分组框"选项，在第 2 张数据透视表下绘制一个分组框控件，如图 17-51 所示。

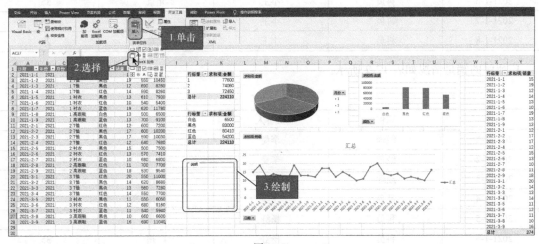

图 17-51

按照前面讲解的方法，经过一定的美化修饰以后，最终效果如图 17-52 所示。

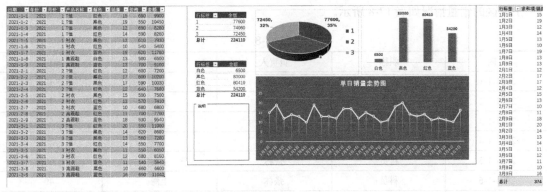

图 17-52

这样不仅能轻松地合并多张工作表，还能创建全面的分析数据与图形，使分析工作变得更加轻松。

3. 多工作簿单表单合并

有时候数据会以多个工作簿的形式汇总到一起，而每个工作簿仅有一张表单。例如某公司有 3 个销售区域，其中北京区的销量情况如表 17-6 所示。

表 17-6

日期	职称	负责人	地区	销量
2021-1-1	经理	王元	北京	35
2021-1-2	经理	王元	北京	25
2021-1-3	经理	王元	北京	58
2021-1-4	经理	王元	北京	66

续表

日期	职称	负责人	地区	销量
2021-1-5	科员	小王	北京	55
2021-1-6	科员	小王	北京	35
2021-1-7	科员	小王	北京	18
2021-1-8	科员	小王	北京	23

广州区的销量情况如表 17-7 所示。

表 17-7

日期	职称	负责人	地区	销量
2021-1-1	经理	李曼	广州	34
2021-1-2	经理	李曼	广州	25
2021-1-3	经理	李曼	广州	55
2021-1-4	经理	李曼	广州	66
2021-1-5	科员	杨舒	广州	48
2021-1-6	科员	杨舒	广州	35
2021-1-7	科员	杨舒	广州	22
2021-1-8	科员	杨舒	广州	26

上海区的销量情况如表 17-8 所示。

表 17-8

日期	职称	负责人	地区	销量
2021-1-1	经理	李爽	上海	40
2021-1-2	经理	李爽	上海	25
2021-1-3	经理	李爽	上海	55
2021-1-4	经理	李爽	上海	66
2021-1-5	科员	张林	上海	60
2021-1-6	科员	张林	上海	40
2021-1-7	科员	张林	上海	25
2021-1-8	科员	张林	上海	35

上述 3 张表格分别在各自的工作簿中，需要将它们合并在一起进行分析。统计人员通过"数据"选项卡中的"获取数据"功能，将数据合并转换，结果如图 17-53 所示。

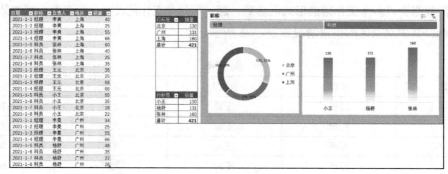

图 17-53

如何实现这样的操作呢？先要对数据源工作表进行一定的预处理，将其从区域转换为表，并赋予名称。这样做是为了实现数据源与合并后的数据进行联动。一般情况下，工作表中的数据是以区域形式存在的，选中数据区域以后，按 Ctrl + T 组合键，在弹出的对话框中单击"确定"按钮，将区域转换为表，如图 17-54 所示。

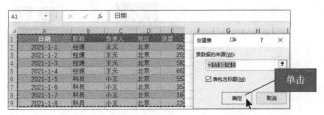

图 17-54

在"设计"选项卡中为表输入一个统一的名称，这里输入"表1"，如图 17-55 所示。

图 17-55

新建一个工作簿，单击"数据"选项卡中的"获取数据"按钮，在弹出的下拉列表中选择"自文件"下的"从文件夹"选项，如图 17-56 所示。在弹出的对话框中输入包含多个工作簿的文件夹的路径，并单击"确定"按钮，如图 17-57 所示。

图 17-56

图 17-57

在弹出的对话框中单击"组合"按钮，在弹出的下拉列表中选择"合并并转换数据"选项，如图 17-58 所示。

在弹出的对话框中选择"表1"选项，并单击"确定"按钮，如图 17-59 所示。

打开 Power Query 编辑器窗口以后，可以看到 3 个工作簿中的工作表已经组合到一起了。单击"关闭并上载"按钮，将数据上载到 Excel 表格中，如图 17-60 所示。

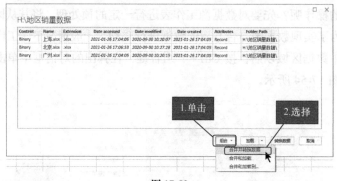

图 17-58

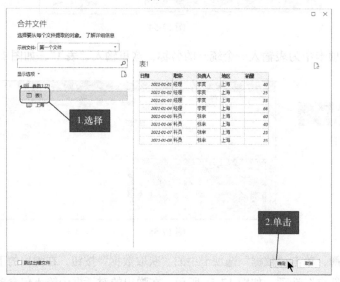

图 17-59

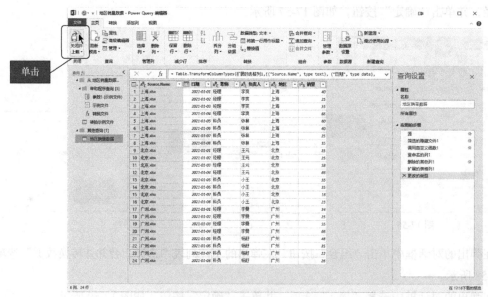

图 17-60

上载完成后，由于不需要第 1 列数据，可在列标号 A 上单击鼠标右键，在弹出的快捷菜单中选择"删除"命令，将第 1 列删除，如图 17-61 所示。然后新建两张数据透视表，第 1 张数据透视表透视不同地区的销量,第 2 张数据透视表透视不同负责人的销量,并为第 1 张数据透视表建立一个以"职称"字段为线索的切片器,在切片器上单击鼠标右键,在弹出的快捷菜单中选择"报表连接"命令,如图 17-62 所示。

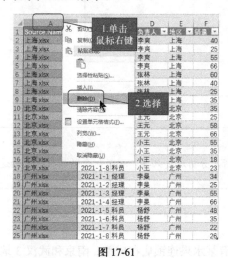

图 17-61   图 17-62

在弹出的对话框中勾选"数据透视表 3"复选框,并单击"确定"按钮,将该切片器与两张数据透视表都连接起来,实现联动,如图 17-63 所示。然后在"选项"选项卡中将切片器的列数设置为"2",并将切片器适当拉长,如图 17-64 所示。

图 17-63

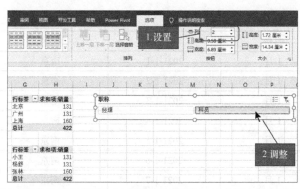

图 17-64

为第 1 张数据透视表绘制一张饼图,为第 2 张数据透视表绘制一张柱形图,如图 17-65 所示。

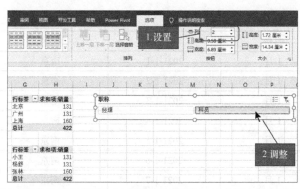

图 17-65

经过美化与格式调整以后，最终效果如图 17-66 所示。

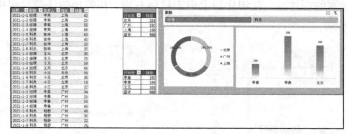

图 17-66

4. 多工作簿多表单合并

最复杂的情况莫过于多工作簿多表单合并。这里有某水果连锁店在成都、南京和武汉 3 地的水果销售情况，分别记录在 3 个工作簿中，每个工作簿里包含当年 1～3 月的销售情况，即共有 3 个工作簿，每个工作簿含有 3 张表。现在要将这些工作簿中的数据全部合并在一起并进行分析，先将所有表合并，结果如表 17-9 所示。

表 17-9

月份	日期	地区	名称	销量
1 月	2021-1-1	南京	梨子	140
1 月	2021-1-2	南京	猕猴桃	190
1 月	2021-1-3	南京	菠萝	100
1 月	2021-1-4	南京	猕猴桃	160
1 月	2021-1-5	南京	梨子	110
1 月	2021-1-6	南京	菠萝	190
1 月	2021-1-7	南京	猕猴桃	160
1 月	2021-1-8	南京	梨子	190
2 月	2021-2-1	南京	梨子	150
2 月	2021-2-2	南京	猕猴桃	270
2 月	2021-2-3	南京	菠萝	190
2 月	2021-2-4	南京	猕猴桃	100
2 月	2021-2-5	南京	梨子	220
2 月	2021-2-6	南京	菠萝	260
2 月	2021-2-7	南京	猕猴桃	300
2 月	2021-2-8	南京	梨子	140
3 月	2021-3-1	南京	梨子	160
3 月	2021-3-2	南京	猕猴桃	270
3 月	2021-3-3	南京	菠萝	150
3 月	2021-3-4	南京	猕猴桃	180

续表

月份	日期	地区	名称	销量
3 月	2021-3-5	南京	梨子	100
3 月	2021-3-6	南京	菠萝	300
3 月	2021-3-7	南京	猕猴桃	250
3 月	2021-3-8	南京	梨子	230
1 月	2021-1-1	成都	梨子	300
1 月	2021-1-2	成都	猕猴桃	270
1 月	2021-1-3	成都	菠萝	200
1 月	2021-1-4	成都	猕猴桃	190
1 月	2021-1-5	成都	梨子	230
1 月	2021-1-6	成都	菠萝	200
1 月	2021-1-7	成都	猕猴桃	260
1 月	2021-1-8	成都	梨子	300
2 月	2021-2-1	成都	梨子	140
2 月	2021-2-2	成都	猕猴桃	260
2 月	2021-2-3	成都	菠萝	220
2 月	2021-2-4	成都	猕猴桃	260
2 月	2021-2-5	成都	梨子	220
2 月	2021-2-6	成都	菠萝	290
2 月	2021-2-7	成都	猕猴桃	280
2 月	2021-2-8	成都	梨子	280
3 月	2021-3-1	成都	梨子	240
3 月	2021-3-2	成都	猕猴桃	240
3 月	2021-3-3	成都	菠萝	230
3 月	2021-3-4	成都	猕猴桃	160
3 月	2021-3-5	成都	梨子	210
3 月	2021-3-6	成都	菠萝	270
3 月	2021-3-7	成都	猕猴桃	250
3 月	2021-3-8	成都	梨子	120
1 月	2021-1-1	武汉	梨子	200
1 月	2021-1-2	武汉	猕猴桃	250
1 月	2021-1-3	武汉	菠萝	130
1 月	2021-1-4	武汉	猕猴桃	180
1 月	2021-1-5	武汉	梨子	210
1 月	2021-1-6	武汉	菠萝	190
1 月	2021-1-7	武汉	猕猴桃	210
1 月	2021-1-8	武汉	梨子	220
2 月	2021-2-1	武汉	梨子	180
2 月	2021-2-2	武汉	猕猴桃	190
2 月	2021-2-3	武汉	菠萝	220
2 月	2021-2-4	武汉	猕猴桃	270

续表

月份	日期	地区	名称	销量
2 月	2021-2-5	武汉	梨子	270
2 月	2021-2-6	武汉	菠萝	260
2 月	2021-2-7	武汉	猕猴桃	170
2 月	2021-2-8	武汉	梨子	260
3 月	2021-3-1	武汉	梨子	300
3 月	2021-3-2	武汉	猕猴桃	160
3 月	2021-3-3	武汉	菠萝	120
3 月	2021-3-4	武汉	猕猴桃	100
3 月	2021-3-5	武汉	梨子	170
3 月	2021-3-6	武汉	菠萝	230
3 月	2021-3-7	武汉	猕猴桃	180
3 月	2021-3-8	武汉	梨子	170

　　然后使用 Power Query 编辑器转换数据，删除多余的列，并输入自定义公式，经过一些操作以后，得到分析结果，如图 17-67 所示。

图 17-67

　　合并 3 个多表单工作簿的操作步骤相对来说要多一点。先新建一个 Excel 工作簿，按照前面讲解过的方法，从文件夹中导入 3 个工作簿，并在弹出的对话框中单击"转换数据"按钮，如图 17-68 所示。

图 17-68

进入 Power Query 编辑器以后，可以看到转换后的数据，由于第 2 列以后的各列数据都对分析没有作用，因此这里要将它们删除。选中第 1 列和第 2 列，在其上单击鼠标右键，在弹出的快捷菜单中选择"删除其他列"命令，如图 17-69 所示。

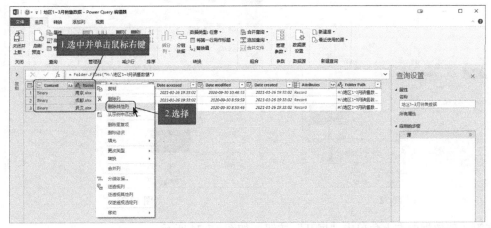

图 17-69

删除完毕后，单击"添加列"选项卡中的"自定义列"按钮，如图 17-70 所示。

图 17-70

在弹出的对话框中输入公式"Excel.Workbook([Content],true)"。

注意公式前的等号是系统自动输入的，在等号后输入公式即可。输入完毕后单击"确定"按钮，如图 17-71 所示。

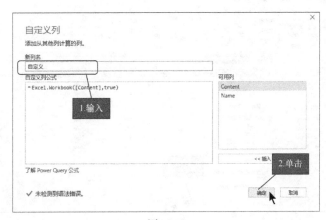

图 17-71

添加自定义列以后，单击该列右上角的"展开"按钮，如图 17-72 所示。然后在弹出的对话框中单击"确定"按钮，如图 17-73 所示。

图 17-72

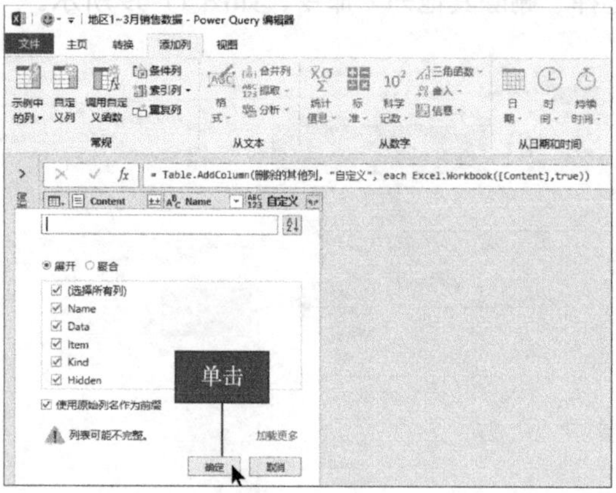

图 17-73

在第 4 列数据的右上角单击"展开"按钮，如图 17-74 所示。

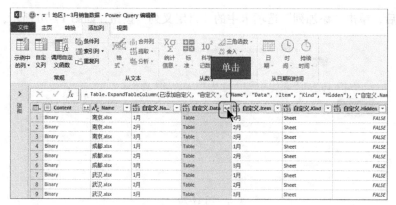

图 17-74

在弹出的对话框中单击"确定"按钮，如图 17-75 所示。

图 17-75

展开完毕后，可以看到数据一共有 11 列，如图 17-76 所示。

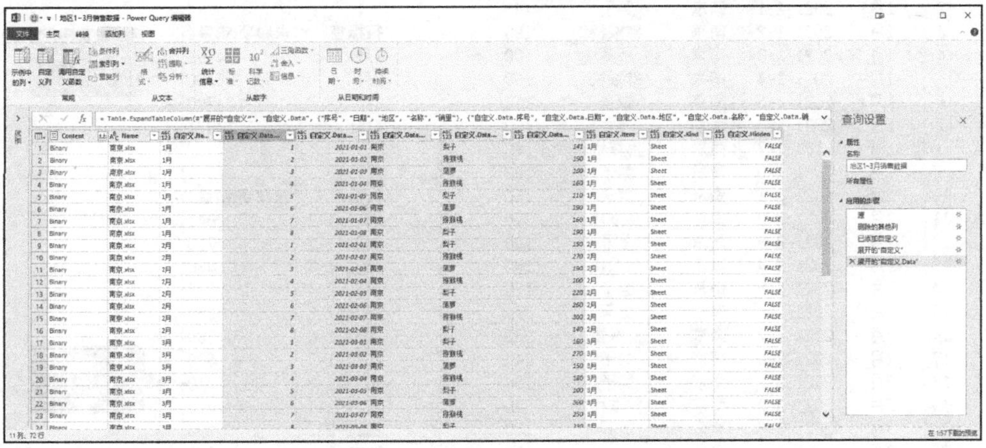

图 17-76

删除其中用不到的列，只剩下图 17-77 所示的列即可，然后修改表头名称，修改完毕后单击"主页"选项卡中的"关闭并上载"按钮。

图 17-77

将数据上载到 Excel 中后，新建两张数据透视表，第 1 张数据透视表使用"月份"作线索来统计"销量"，第 2 张数据透视表使用"日期"作线索来统计"销量"，如图 17-78 所示。

再为第 1 张数据透视表建立一个切片器，并将该切片器与第 2 张数据透视表连接起来，实现联动，如图 17-79 所示。

	A	B	C	D	E	F	G	H	
1	月份	日期	地区	名称	销量				
2	1月	2021-1-1	南京	梨子	141				
3	1月	2021-1-2	南京	猕猴桃	190		行标签	求和项:销量	第1张数据
4	1月	2021-1-3	南京	菠萝	100		1月	4781	透视表
5	1月	2021-1-4	南京	猕猴桃	160		2月	5400	
6	1月	2021-1-5	南京	梨子	110		3月	4790	
7	1月	2021-1-6	南京	菠萝	190		总计	14971	
8	1月	2021-1-7	南京	猕猴桃	160				
9	1月	2021-1-8	南京	梨子	190				
10	2月	2021-2-1	南京	梨子	150		行标签	求和项:销量	
11	2月	2021-2-2	南京	猕猴桃	270		2021-1-1	641	
12	2月	2021-2-3	南京	菠萝	190		2021-1-2	710	
13	2月	2021-2-4	南京	猕猴桃	100		2021-1-3	430	
14	2月	2021-2-5	南京	梨子	220		2021-1-4	530	
15	2月	2021-2-6	南京	菠萝	260		2021-1-5	550	
16	2月	2021-2-7	南京	猕猴桃	300		2021-1-6	580	
17	2月	2021-2-8	南京	梨子	140		2021-1-7	630	第2张数据
18	3月	2021-3-1	南京	梨子	160		2021-1-8	710	透视表
19	3月	2021-3-2	南京	猕猴桃	270		2021-2-1	470	
20	3月	2021-3-3	南京	菠萝	150		2021-2-2	720	
21	3月	2021-3-4	南京	猕猴桃	180		2021-2-3	630	
22	3月	2021-3-5	南京	梨子	100		2021-2-4	630	
23	3月	2021-3-6	南京	菠萝	300		2021-2-5	710	
24	3月	2021-3-7	南京	猕猴桃	250		2021-2-6	810	
25	3月	2021-3-8	南京	梨子	230		2021-2-7	750	
26	1月	2021-1-1	成都	梨子	300		2021-2-8	680	
27	1月	2021-1-2	成都	猕猴桃	270		2021-3-1	700	
28	1月	2021-1-3	成都	菠萝	200		2021-3-2	670	
29	1月	2021-1-4	成都	猕猴桃	190		2021-3-3	500	
30	1月	2021-1-5	成都	梨子	230		2021-3-4	440	
31	1月	2021-1-6	成都	菠萝	200		2021-3-5	480	
32	1月	2021-1-7	成都	猕猴桃	260		2021-3-6	800	
33	1月	2021-1-8	成都	梨子	300		2021-3-7	680	
34	2月	2021-2-1	成都	梨子	140		2021-3-8	520	
35	2月	2021-2-2	成都	猕猴桃	260		总计	14971	

图 17-78

图 17-79

　　然后为第 1 张数据透视表建立柱形图, 为第 2 张数据透视表建立带数据标记的折线图, 如图 17-80
所示。

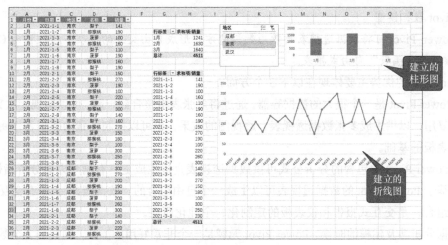

图 17-80

经过美化以后，最终效果如图 17-81 所示。

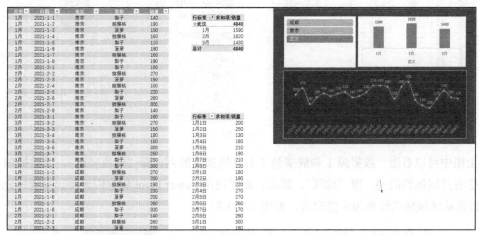

图 17-81

17.4 | 快速了解 Power Pivot

Power Pivot 主要用于汇集和分析 Excel 工作簿中大量的、不同类别的 Power Pivot 数据，在各表之间创建关系，以便将来自多种数据源的数据连接到一个新的复合数据源中，通过 Excel 中的数据透视表、数据透视图、切片器和筛选器，添加数据可视化和交互功能。

Power Pivot 的功能非常强大，利用它可以导入、筛选数百万行数据，远远超过 Excel 中一百万行的限制。而且其排序和筛选操作都非常快，这是它独特的机制决定的。从某种程度上讲，可以将 Power Pivot 看作一个加强版的 Excel，它具有如下特点。

◇ 除了计算列/汇总行，Power Pivot 还能在底层直接编辑存储更为复杂的公式，供分析时使用，称为"数据分析表达式（DAX）计算列/计算字段"。

◇ Power Pivot 可将数据分类放置于多张表格，并能将多张表格进行关联，这被称为"Power

Pivot 数据模型"。

❖ Power Pivot 可将数据透视表拆散为数据魔方，形成自由交互的报表，这被称为 OLAP"多维数据集函数"自由式报表。

Power Pivot 的优势主要体现在以下 3 个方面。

（1）Power Pivot 是一个很大的数据容器。通过将多张表格整合到一起，可以实现一次数据准备，多次数据复用，以供生成多张数据透视表、透视图的效果，也可以控制多张动态图表，属于交互式报告和仪表板的基础。

（2）Power Pivot 中包含的分析公式可供数据透视表直接生成更具有洞察力的分析指标。

（3）基于 Power Pivot 的数据透视表可以生成一个自由组合的"数据魔方"，带有交互性并可将指标自由组合，是交互式报告和仪表板的定制化、个性化所在。

在数据分析涉及建模的时候，Power Pivot 无疑是一个非常好用的工具，例如有 3 个数据源，相互之间有相同的部分，则可通过 Power Pivot 将它们有机地连接起来进行分析，如图 17-82 所示。

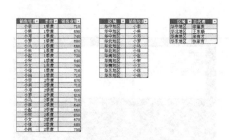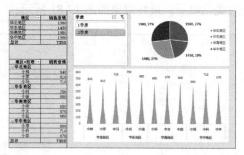

图 17-82

从上图中可以看出，数据源 1 和数据源 2 有共同属性的列，即"销售经理"，而数据源 2 与数据源 3 也有共同属性的列，即"地区"。那么，如何使用 Power Pivot 将它们连接起来呢？先要将这 3 个数据源从区域形式转换为表格形式，如图 17-83 所示。

图 17-83

转换完成后，选中表 1 中的任意单元格，单击"Power Pivot"选项卡中的"添加到数据模型"按钮，在弹出的窗口中即可看到添加到 Power Pivot 中的表 1，如图 17-84 所示。

使用同样的方法将表 2 和表 3 都添加到 Power Pivot 中，如图 17-85 所示。

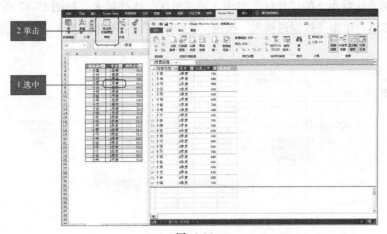

图 17-84

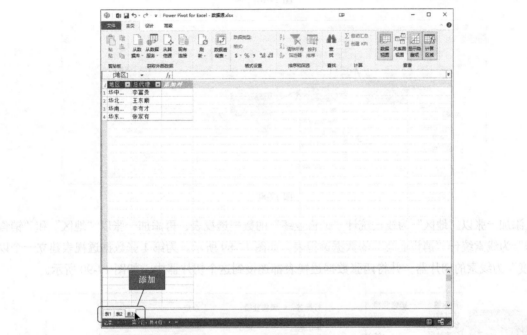

图 17-85

添加完成后，单击"关系图视图"按钮，并拖动表 1 的"销售经理"，使之与表 2 的"销售经理"连接起来，如图 17-86 所示。

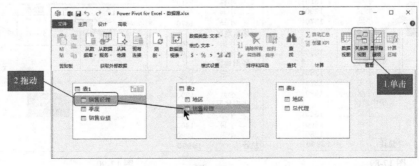

图 17-86

使用同样的方法将表 2 的"地区"与表 3 的"地区"连接起来，如图 17-87 所示。

连接完成以后，单击"数据透视表"按钮，在弹出的下拉列表中选择"数据透视表"选项，如图 17-88 所示。

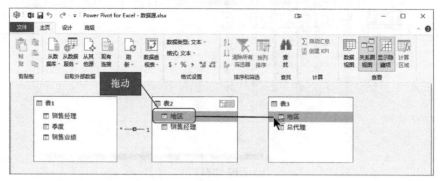

图 17-87

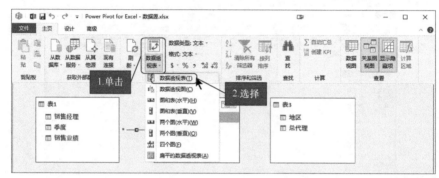

图 17-88

添加一张以"地区"为线索统计"销售业绩"的数据透视表，再添加一张以"地区"和"销售经理"为线索统计"销售业绩"的数据透视表，如图 17-89 所示。为第 1 张数据透视表建立一个以"季度"为线索的切片器，并将两张数据透视表都连接到这个切片器中，如图 17-90 所示。

图 17-89

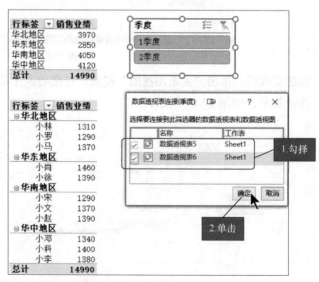

图 17-90

再为第 1 张数据透视表添加一张饼图，为第 2 张数据透视表添加一张柱形图，如图 17-91 所示。

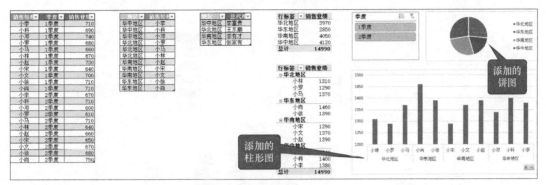

图 17-91

经过美化以后，其最终效果如图 17-92 所示。

图 17-92

由此可以看出，当多个数据源之间有相同属性时，通过 Power Pivot 来整合分析是比较方便的。

17.5 快速了解 Power View

Power View 的主要功能就是将数据以图表、图形、地图和其他视觉效果进行呈现，使数据具有更好的说服力，更易被受众所理解。

利用 Power View 可以快速创建各种视觉效果，从表格到矩阵，从饼图、条形图到气泡图，还能创建多张图表的集合。每张 Power View 工作表都有自己的图表、表格和其他可视化效果，用户可以将图表或其他可视化效果从一张工作表复制并粘贴到另一张，但前提是这两张工作表必须基于同一个数据模型。

Power View 制作的图表非常美观，同时也含有丰富的信息，专业的数据分析报告几乎都会用到它，如图 17-93 所示。

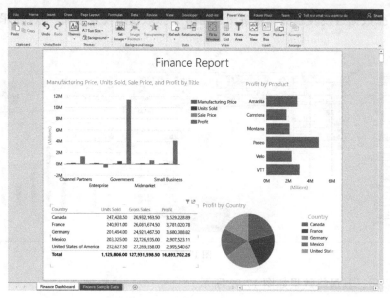

图 17-93

17.6 | 快速了解 Power Map

　　Power Map 又称"地图增强版",是一种 3D 可视化的 Excel 地图插件,可以让用户研究地理与时间维度上的数据变换,发现新的数据线索,也特别方便呈现具备地理位置的数据集合,如全国的连锁店的盈利率、全球的代理商进货量等。由于 Power Map 是基于地理位置呈现数据的工具,因此它要求数据集中必须包含地理位置信息,如城市、国家或经纬度等。利用 Power Map 处理过的数据可以以柱形、圆形等形状非常直观地分布在地图之上,并利用各种过滤器进行动态的展示。

第 18 章

制作高质量的数据分析报告

之前讲解的内容中反复强调过，数据分析的三大目的是：发现问题、预测未来、优化决策。那么要制作出高质量、有价值的数据分析报告，就要围绕这几个目的进行编写。

编写数据分析报告时主要讲究报告逻辑与报告形式。首先，报告的逻辑只要符合常规逻辑，那么受众就容易理解，只要逻辑严密，受众就容易接受报告结果；其次，报告的形式也非常重要，如果逻辑严密，但是报告形式很乱，仍然会让受众难以抓住重点，起不到好的报告作用。

图 18-1

报告形式分为 4 种，分别是口头报告、Excel 报告、Word 报告、PPT 报告，如图 18-1 所示。

18.1　口头报告的要点

有时候大家听别人做口头报告，对方说了很多，自己听起来感觉还是一头雾水，不知道对方要表达什么，重点是什么，结论是什么。不知道大家是否有这样的经历呢？如果有，那就说明报告人在做口头报告的时候没有抓住重点。

口头报告与正式场合的报告不一样，最好不要铺天盖地地讲细节。因为限于场景，报告时不能辅以图片、表格，所以报告人讲得越细，受众越难以理解，例如下面这个例子。

领导：数据里有什么问题？

回答：领导，当时的情况是这个样子的……我分析了很久很久，从很多维度做了分析，做了很多表格，而且数据还存在不规范的地方……

上例中领导问的是事情的结论，不需要讲那么多细节。这可能是很多人的报告习惯，喜欢先说事情的原因、经过，然后才得出结论。在职场中，领导很不喜欢啰唆的报告。因此，想要让自己的口头报告更有感染力，那就直奔主题，直接表达数据分析的结果，这就是"结论先行"。

"结论先行"是一种开门见山，问啥答啥的表达形式。在做口头报告时，最好直接回答和报告数据分析所发现的问题、预测的趋势、最优决策等结果。这个在口头报告中非常关键。如果领导还想知道细节，那么再进一步阐述细节。

18.2　Excel 报告的要点

最常见的数据分析报告是 PPT 报告和 Word 报告，很少有人用 Excel 来撰写报告。其实，在工作中很多时候大家会直接使用 Excel 数据展示的形式进行报告，而不会专门撰写 PPT 报告或 Word 报告，这样做报告反而比较方便快捷。

由于 Excel 形式的报告具有一定的特殊性，即长于表达图形与表格，适合动态展示数据模型，而拙于表达大篇幅的文字，因此其撰写时要注意与 PPT 报告或 Word 报告区别开。

这里先讲解撰写 Excel 报告的逻辑，然后再讲解应该注意的细节。

Excel 报告的逻辑结构如图 18-2 所示。

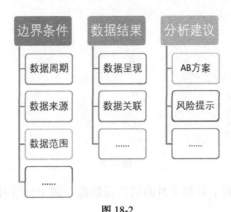

图 18-2

18.2.1　边界条件

所谓边界条件，即需要分析的数据的前提条件。在数据分析的过程中，必须把分析和测算数据的前提条件表达清楚，否则就会没有收敛，让别人怀疑数据的真实性。例如，计算数据的周期是全年还是半年？数据是从哪里来的？投资费用预算是多少？类似这样的边界条件必须要明确。

◇ 数据周期：说明数据获取的时间段。如果现阶段只能获取 1～10 月的数据，而需要预测下一年全年的数据，那么就把边界条件说清楚。

◇ 数据来源：需要说明数据是从哪里来的。例如数据是由财务部提供、销售部提供、质量部提供、从某咨询网站获取的等。

◇ 数据范围：说明数据包括的内容是哪些。例如包括了全公司的销售数据、几个部门的数据、几个工厂的数据等。

数据测算的边界比较多，也不可能穷举，分析者只能根据自己分析的数据内容来识别。

18.2.2　数据结果

数据分析者的分析逻辑、分析思维直接影响数据结果的呈现，以及受众对数据分析结果的接受程度，因为这部分内容是受众最关心的，也是最核心的内容。

1. 数据的呈现

数据通常是用表格或图表进行展示的，绝不能把原始基础表写入报告，这样会让整个报告显得非常乱。没有整理和归纳的报告会让受众觉得数据分析者没有做数据统计和分析的能力，不能做概括性的报告，只是在做数字的呈现。

数据呈现会直接体现数据的现状，同时也会体现数据的结果、预测的数据。例如，在报告中直接可以看到今年销售数据的现状，同时也能直接看到每个月数据的对比，可以直接在数据中发现问题，如图 18-3 所示。

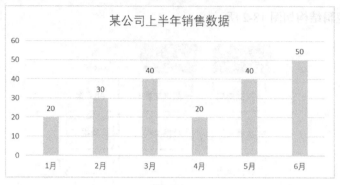

图 18-3

从图上可以很直观地看到 1 月和 4 月的销售量较低，属于异常月，因此需要进一步分析具体原因。

2. 数据的关联

数据的关联是指工作表、工作簿及外部数据之间的调用。通常情况下，数据的关联要注意以下两点。

（1）不要连接跨工作簿数据：连接跨工作簿数据后，很可能会因为数据刷新导致数据源连接不上，让文件数据出现"#N/A"的情况，从而导致整个文件数据结果完全失效。在做报告时若出现这样的问题，会浪费受众的时间，影响受众的情绪。

> **名师经验**
>
> 笔者经常听同事或朋友抱怨在报告时出现了这样的情况，本来是很好的一个分析报告，结果就因为没检查数据连接而导致报告无法进行，前功尽弃。因此请读者注意，尽量不要跨工作簿连接数据，如果连接了，那么做报告之前一定要检查。

（2）同工作簿数据要连接：如果同一工作簿内的数据存在计算、索引、查找等关系，且需要用公式、透视表做连接，则一定要做成模型。这样某处的数据一修改，相关数据会自动进行更新，自动计算结果。有时候，受众需要修改几个数据，看看影响程度有多大，如果因为没有数据关联，无法实时看到结果，那就太浪费时间了。

18.2.3　分析建议

分析结果出来后，分析者必须提出建议，没有建议的报告就是"半成品"。分析建议可从以下两个方面进行撰写。

（1）AB 方案：在做建议方案时，不能只有一套方案，如果只有一套方案，那就会让领导感觉分析工作没有做到位，没有仔细思考解决方案。因此，报告者要多做几套方案让领导定夺，这样的结果自然会让领导满意。方案最好不要超过 3 套，如果太多，结果则会适得其反。

（2）风险提示：在报告中不管是哪套方案，都要有风险预警提示，以及建议对策。如果不提风险，那是分析者的责任，如果提了领导没有重视，那就是领导的责任。

18.3 | PPT 报告的要点

在较为正式的场合，PPT 数据分析报告应该是最常见的一种报告形式。PPT 的数据呈现方式与 Excel 报告差异较大，报告者应将数据提炼后再展示出来。同时 PPT 的美化空间较大，能较好地迎合受众的审美。

18.3.1 PPT 报告的逻辑

PPT 报告的逻辑基本已经模块化，主要分为报告首页、目录页、分析正文页、结尾页，这一套分析架构可以很直观地让受众理解报告的逻辑，让受众愿意听下去，也较易被说服。PPT 报告的逻辑示意如图 18-4 所示。

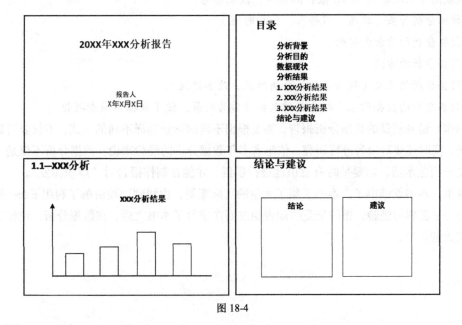

图 18-4

具体的 PPT 报告制作在这里就不细讲了，只要在报告中体现出数据分析的目的、结论、建议，就抓住了重点。

> **名师支招**
>
> PPT 报告可以用适合的背景、图片进行修饰，增加 PPT 报告的亲和力、感染力。动画效果要根据报告的内容和场景进行适当的添加，切忌用错场景，不然就会让报告黯然失色。例如，非常正式的报告中如果使用了过多的、炫目的动画效果，则会让受众感觉不成熟。

18.3.2 PPT 报告的误区

有些分析者做了很多的分析，感觉报告的效果一定会很好，但实际效果却不尽如人意。这其实是因为 PPT 报告的呈现走入了误区，影响了报告的说服力。那么，PPT 数据报告中有哪些常见的误区呢？

　　◇　杂：展示的内容太多，受众看不到重点。

　　◇　乱：不讲究对齐、居中、重复、留白等技巧，排版太乱，受众看不到重点。

　　◇　花：配色不讲究，没有主色、辅色、强调色，整个版面五颜六色，让受众不适。

　　要避免走入这些误区，就要求分析者平时多积累，加强对表达逻辑、文字排版与色彩搭配等方面的学习。

18.4 ｜ Word 报告的要点

　　Word 报告也是数据分析报告的常用形式。Word 数据分析报告和 PPT 报告的形式差不多，但其页面方向多为竖向，与 PPT 页面的横向有所区别，在排版时应注意这点。

　　这里就简单给出编写 Word 报告的思路，仅供参考。

　　◇　数据分析开头（标题、报告人、报告时间）。

　　◇　数据分析的背景和目的。

　　◇　数据分析的方法。

　　◇　数据分析的正文（数据现状、分析结果、改善建议）。

　　◇　数据分析的数据附录（把分析的数据源作为附录，便于数据审核者校验）。

　　要制作一份高质量的数据分析报告，需要根据不同的场景选择不同的方式，不仅要对数据进行精准分析，同时还要对报告进行研究。依笔者多年数据分析的经验来说，数据分析不仅是一门技术活，也是一门艺术活，需要平时有意识地进行积累，才能在制作报告时"厚积薄发"。

　　到这里，本书就结束了。本书采集了大量的实际案例，由浅到深地讲解了利用 Excel 进行数据分析的方法、逻辑与经验，相信亲爱的读者朋友们在学习了本书之后，在数据分析、建模方面的水平会有较大的提升。